世纪英才 高等职业教育课改系列规划教材 （计算机类） Computer Class

3ds Max 2011 基础项目实践教程

鲁家皓 ◎ 主编

王荻 张捷 黄蕾 王晓 张涵 张馨月 ◎ 副主编

3ds Max 2011 Jichu Xiangmu Shijian Jiaocheng

人民邮电出版社
北京

图书在版编目（CIP）数据

3ds Max 2011基础项目实践教程 / 鲁家皓主编. -- 北京 : 人民邮电出版社, 2015.2
世纪英才高等职业教育课改系列规划教材. 计算机类
ISBN 978-7-115-37751-7

Ⅰ. ①3… Ⅱ. ①鲁… Ⅲ. ①三维动画软件－高等职业教育－教材 Ⅳ. ①TP391.41

中国版本图书馆CIP数据核字(2015)第013446号

内容提要

本书以培养学生的三维建模及动画技能为核心，以工作过程为导向，以三维的建模为主，三维的动画为辅，三维软件的插件为延伸，详细介绍了 Polygon 模型制作、Nurbs 模型制作、材质贴图制作、变形器动画制作、渲染输出、刚体动力学等方面的知识及操作等内容。

本书以项目为导向，采用项目教学的方式组织内容，包括 9 个由简单到复杂的项目，每个项目由项目概述和项目实施部分组成。通过学习和训练，学生不仅能够掌握三维建模的多种方法及动画制作的方法，而且能够使用多种常用插件进行制作，达到三维建模师的水平。

本书可作为高等职业技术院校计算机应用类、多媒体技术类、艺术设计专业的教学用书，也可供有关技术人员参考、学习、培训之用。

◆ 主　　编　鲁家皓
　副 主 编　王　荻　张　捷　黄　蕾　王　晓　张　涵
　　　　　　张馨月
　责任编辑　王小娟
　责任印制　张佳莹　彭志环

◆ 人民邮电出版社出版发行　　北京市丰台区成寿寺路 11 号
　邮编　100164　　电子邮件　315@ptpress.com.cn
　网址　http://www.ptpress.com.cn
　北京中新伟业印刷有限公司印刷

◆ 开本：787×1092　1/16
　印张：14.25　　　　2015 年 2 月第 1 版
　字数：354 千字　　　2015 年 2 月北京第 1 次印刷

定价：32.00 元

读者服务热线：(010)81055256　印装质量热线：(010)81055316
反盗版热线：(010)81055315

前　言

本书是为了满足高等职业院校学生对 3ds Max 的学习需要编写的。本书主要采用 3ds Max 2011 进行三维建模、三维动画的制作，特别是使用插件制作特殊效果。在内容安排上强调实践教学，注重提高学生动手能力。

本书主要内容涉及机械飞机建模、Nurbs 模型制作——静物建模、关键帧动画制作——小球弹跳、路径动画制作——飞机飞行、变形器动画制作——布袋动画、渲染输出制作——静物渲染输出、MP3 的舞蹈、刚体动力学项目制作等，涵盖的知识和技术面广，是一本三维动画的实用型基础教学用书。

本书以项目体系构建教学布局，由浅入深，既突出了主要知识点，又给授课教师和学生以充分发挥的余地，使学生能从点到面、从面到点的学习。

本书教学实践建议总课时为 60 课时：项目一 12 课时，项目二 8 课时，项目三 8 课时，项目四 4 课时，项目五 4 课时，项目六 4 课时，项目七 6 课时，项目八 8 课时，项目九 6 课时。

本书由上海电子信息职业技术学院的鲁家皓担任主编，上海电子信息职业技术学院的王荻、上海大学的张捷、东海学院的黄蕾、上海电子信息职业技术学院的王晓和张涵、北京农业职业学院的张馨月担任副主编。其中，项目一、二、三由鲁家皓编写，项目四由王晓编写，项目五由张馨月编写，项目六由张涵编写，项目七由王荻编写，项目八由张捷编写，项目九由黄蕾编写。蔚芝敏、秦嘉艺、倪逸丞提供了本书的部分素材，在此表示感谢！

3ds Max 技术发展迅速，作者学识有限，在此由衷希望读者批评指正。

编　者

2014 年 12 月

目 录

项目一　3ds Max 2011 基础知识

1.1　3ds Max 2011 界面介绍

1.1.1　界面元素介绍

3ds Max 2011 安装成功之后，单击快捷启动标志，进入 3ds Max 2011 的操作界面，它大致由快速访问工具栏、菜单栏、主工具栏、命令面板、状态栏、时间控制器、视图区和视窗控制区 8 个界面元素组成，如图 1-1 所示。下面逐一介绍它们的功能和使用方法。

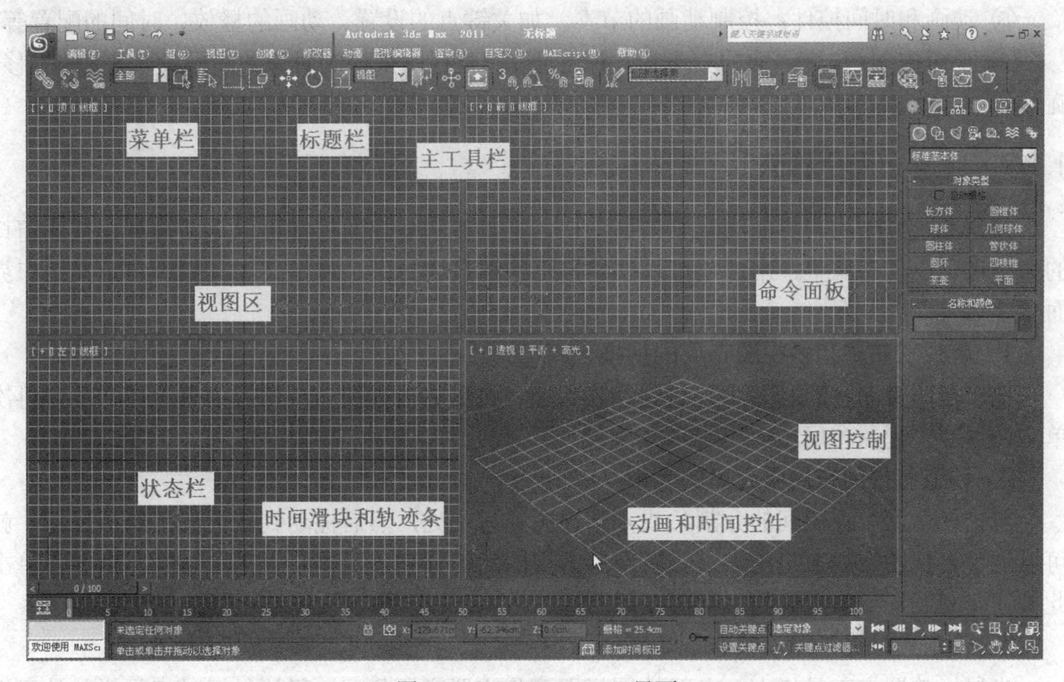

图 1-1　3ds Max 2011 界面

① 标题栏：位于操作界面的最上方，左边为新建场景等文件的管理图标，中部有当前打开 Max 文件的名称，右边有搜索帮助中心等，最右边为程序窗口控制按钮。

② 菜单栏：位于快速访问工具栏下方，提供了所有的操作命令，每个菜单中包含若干个菜单项，在菜单项中可以选择具体命令。

其中图标按钮：取代了 3ds Max 2011 之前版本中的“文件”菜单项，主要包括常用的文件管理命令，如新建、打开、重置、保存等命令，还显示被用户最近打开或编辑过的记录。

③ 主工具栏：位于菜单栏下方，包含使用频率较高的工具图标按钮，如对象的选择、变换、测试渲染场景等图标按钮，直观方便。当鼠标指向某项图标按钮时，会自动弹出该图标按钮的名称及用途提示。在自定义菜单中→显示 UI→显示主工具栏命令可以控制主工具栏的显示或隐藏。在主工具栏空白处单击既可以控制主工具栏的打开显示或隐藏，也可以打开所需要的浮动工具栏。

④ 视图区：中间最大的区域为视图区，也称为视口区或视窗区，是用户主要的工作区域。每个视图区的左上角都有该视图的名称及对象的显示方式，常用的视图有顶视图、前视图、左视图、透视图，还有摄影机视图、用户视图、后视图、右视图，可根据需要进行视图的切换。

⑤ 命令面板：位于视图区的右边，主要包括创建、修改、层次、运动、显示、工具共 6 个分类面板图标按钮，每次只有一个面板可见，单击不同的图标按钮即可进入到相应的面板中。命令面板包含创建对象、创建动画、修改对象等所需要的所有命令。

⑥ 时间滑块和轨迹条：主要用于动画的制作，可以通过轨迹条完成动画中关键帧的选择、移动和删除操作。

⑦ 状态栏：位于界面的左下方，显示当前选择物体的坐标和操作提示信息。时间控制器控制动画顺序及播放、暂停等。

⑧ 动画和时间控件：控制动画的节奏，如关键点的设置、动画的播放、时间的配置等。

⑨ 视窗控制：位于界面的右下角，主要通过调整视图来控制对象的显示，如视图的平移、旋转和缩放等。

1.1.2 自定义用户界面

3ds Max 2011 用户界面的元素如菜单栏、工具栏和命令面板都可以重新排列，视图窗口的大小也可以动态调整，用户还可以创建自己的键盘快捷键、自定义工具栏、自定义用户界面颜色。

1. 单视图布局和多视图布局的切换

单击视图控制区的最大化视口切换按钮，可以将多视图布局切换为单视图布局，再次单击，返回多视图布局。

2. 调整多视图布局中窗口的大小

单击任意两个视图间的分割条或 4 个视图的相交处，然后拖动到新位置并释放鼠标，就可以调整多视图布局窗口的大小。右键单击视图间的分割条，显示“重置布局”命令，单击此按钮将视图还原为默认的多视图布局。

3. 使工具栏处于浮动状态

当鼠标放置在工具栏上，出现图标即可将它脱离原位置，释放鼠标时工具栏就处于浮动状态。在工具栏的空白处右键单击，也可以选择停靠或浮动命令，能够选择将工具栏停靠在界面的顶、底、左、右 4 个位置。

4. 使命令面板处于浮动状态

当鼠标放置在命令面板上，出现图标即可将它脱离原位置，释放鼠标时工具栏就处于浮动状态。在命令面板的空白处右键单击，也可以选择停靠或浮动命令，能够选择将命令面板停靠在界面的顶、底、左、右 4 个位置。

5. 调整命令面板水平方向的大小

当鼠标放置在命令面板的边缘上，光标变成↔双箭头，拖动光标来增大或缩小命令面板的宽度。

6. 显示 UI 元素

在自定义菜单栏“显示 UI”选项中，能够控制命令面板、浮动工具栏、主工具栏、轨迹栏、功能区的显示或隐藏，如图 1-2 所示。

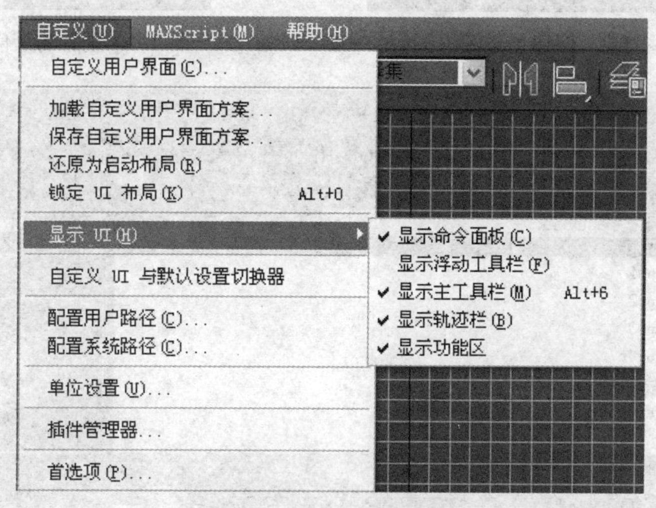

图 1-2　显示 UI 元素面板

1.2　3ds Max 基础操作

1.2.1　文件操作

用户使用 3ds Max 设计或修改的场景内容都必须以文件的形式存储起来，而操作之前也必须先打开已有文件或空白文件才能进行操作。

1. 文件的新建和重置

每次打开 3ds Max 软件时默认新建了一个新的场景文件。如果想要在制作了一个场景后再新建一个场景则可以进行新建或重置。

选择“文件”→“新建”命令，或按“Ctrl+N”组合键，便会打开一个“新建场景”的对话框，如图 1-3 所示，在该对话框中选择相应的选项后，单击“确定”按钮。

选择“文件”→“重置”命令，此时会弹出一个信息提示框，确认是否要重置场景，如图 1-4 所示，重置场景可以清除所有原来的数据并重新进行系统设置。

2. 文件的打开

在 3ds Max 中打开一个已经存储在磁盘上的文件有两种方法。

第一种方法是使用“打开文件”对话框。

选择“文件”→“打开”命令，或按“Ctrl+O”组合键，或单击快速访问工具栏的打开文件图标，就会弹出“打开文件”对话框，如图 1-5 所示。

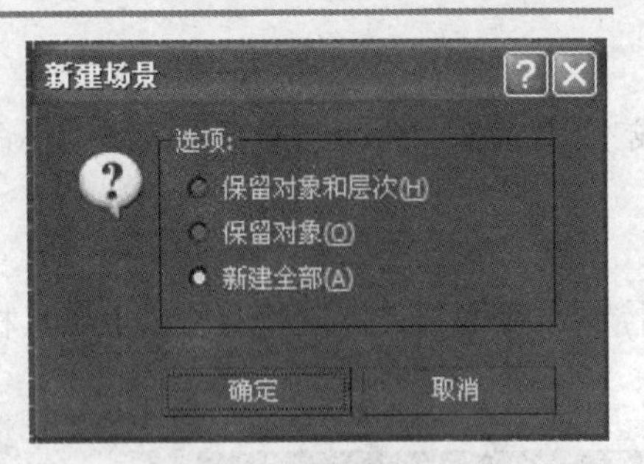

图 1-3　新建场景

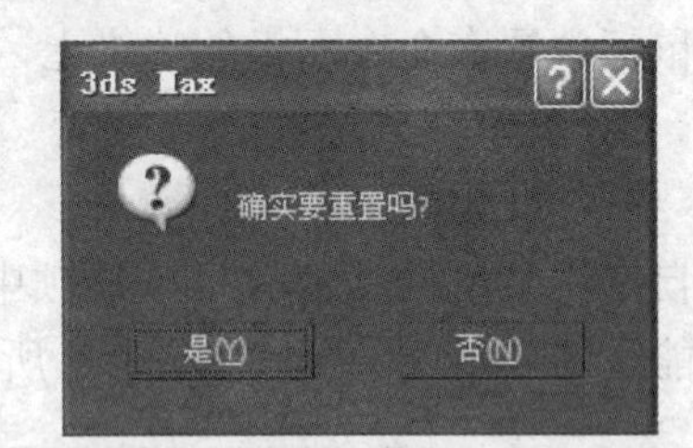

图 1-4　重置场景信息提示框

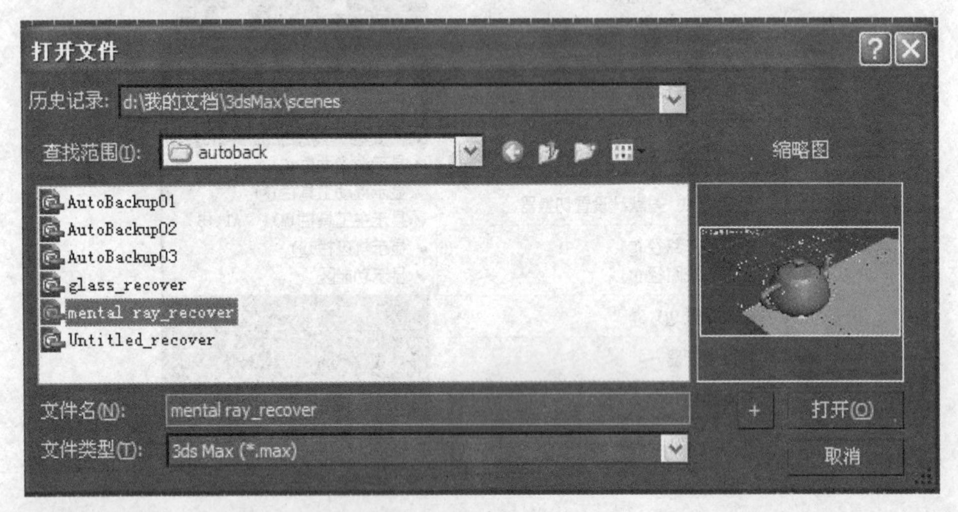

图 1-5　打开文件

在“查找范围”下拉列表中选择文件存储的路径，该文件夹中的文件就会在白色区域中显示。如需限定所需文件的格式，可以在下方“文件类型”下拉列表中选择所需的文件格式，默认类型为 3ds Max（*.max）；在白色区域选中所需的文件或在“文件名”输入框中输入要打开的文件名称，单击“打开”按钮即可打开相应的文件。

第二种方法是打开最近使用的文档。

如果重新打开上次打开的文件，就可以选择“文件”菜单中“最近使用的文档”项，单击要打开文件的文件名。

3. 文件的保存

选择“文件”→“保存”命令，或按“Ctrl+S”组合键，或单击快速访问工具栏的保存文件图标，就会弹出“文件另存为”对话框，如图 1-6 所示。

在该对话框中单击“保存在”下拉列表，选择需要保存文件的路径；在“文件名”输入框中输入要保存的文件名；在“保存类型”下拉列表中选择相应的文件格式，单击保存按钮即可。

之前保存过的文件再次编辑后需要保存，选择“文件”→“保存”命令，或按“Ctrl+S”组合键即可。

如果当前文件曾以一种格式保存过，需要另存为其他格式、文件名或路径，可以通过另存储文件，将改动后的文件都保留下来。选择“文件”→“保存为”命令，打开“文件另存为”对话框即可。

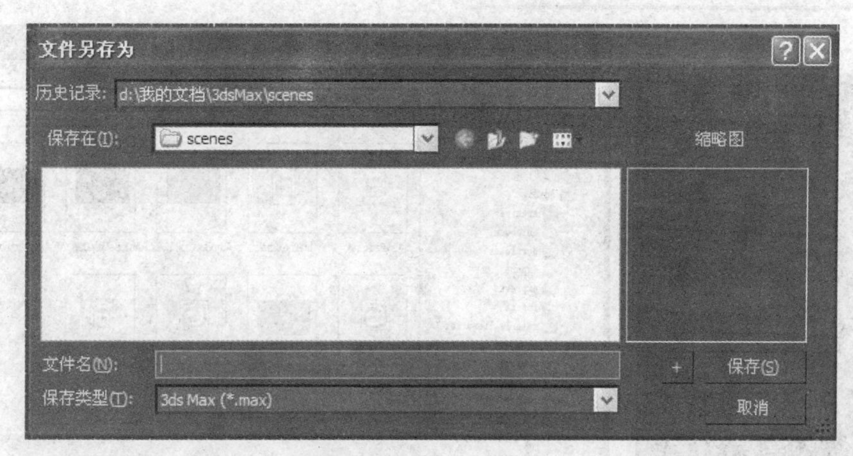

图 1-6　文件保存对话框

4. 暂存场景和取回场景

在工作中可能有一些操作不会按预期的效果进行，或有一些不熟悉的操作导致错误，又或有一些无法撤销的操作，这时可以将场景暂存，在进行相关操作之前，选择“编辑”→“暂存”命令，或按“Alt+Ctrl+H”组合键，将文件临时保存在磁盘上。

如果没有获得预期效果，则选择“编辑”→“取回”命令，或按“Alt+Ctrl+F”组合键，返回到先前保存的“暂存”状态。使用暂存只能保存一个场景。

5. 合并文件

合并文件可以将其他场景文件中的对象放入到当前场景中，使用该文件可以把整个场景与其他场景组合。

6. 外部参考对象和场景

3ds Max 支持工作小组通过网络使用一个场景文件工作。通过选择“文件”→“参考外部对象”或“文件”→“参考外部场景”命令，实现该工作流程。

如果制作这正在设计一个场景的环境，而另一个制作者正在设计同一个场景中角色的动画，这时可以使用“文件”→“参考外部对象”命令将角色以只读方式打开到三维环境中，以便观察两者是否协调。可以周期性地更新参考对象，以便观察角色动画工作的新进展。

7. 资源浏览器

“资源浏览器”按钮位于“工具”命令面板上，如图 1-7 所示，单击“资源浏览器”按钮，会弹出“资源浏览器”对话框，如图 1-8 所示。

使用“资源浏览器”可以在硬盘或共享网络驱动器上浏览位图纹理和几何体文件的缩略图显示，也可以浏览 Internet 来查找纹理示例和产品模型，然后可以查看它们或将其拖动到有效贴图按钮或示例窗中。在“资源浏览器”中使用拖动的基本方法有 3 种，具体介绍如下。

① 本地拖放：可以将缩略图拖动到目录树中，而且可以将文件从一个目录复制或移动到另一个目录。

② 位图拖放：可以将代表位图文件的缩略图拖动到任何位图或界面中的贴图示例窗中，也可以将其拖动到视口中的任何对象上，而且也可以将缩略图拖动到视口背景中。

③ 场景拖放：可以直接将代表“*.max”场景文件的缩略图拖动到活动视口中，这样就可以将该场景与当前场景合并。

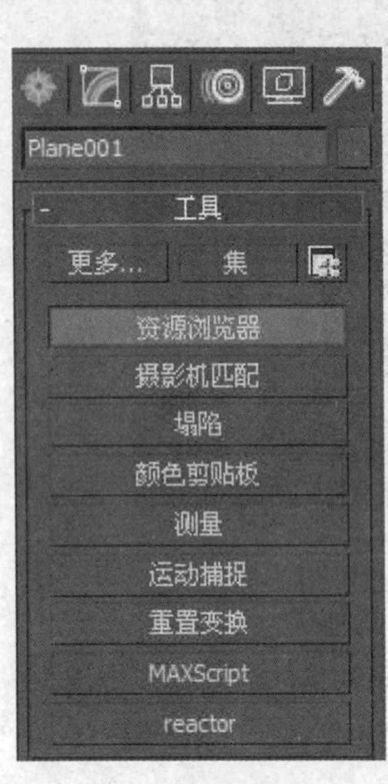

图 1-7　工具面板

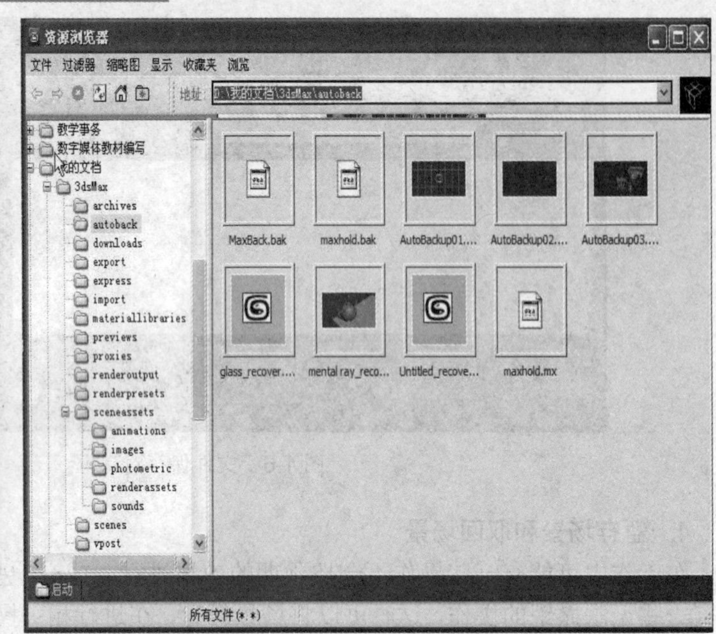

图 1-8　资源浏览器

1.2.2　对象的选择

3ds Max 中的大多数操作都离不开对场景中对象的选择，只有在视图中选择对象，才能应用命令。因此对象的选择是 3ds Max 最基础的操作。

1. 单击选择

打开配套光盘上的“标准基本体.max”文件，场景如图 1-9 所示。

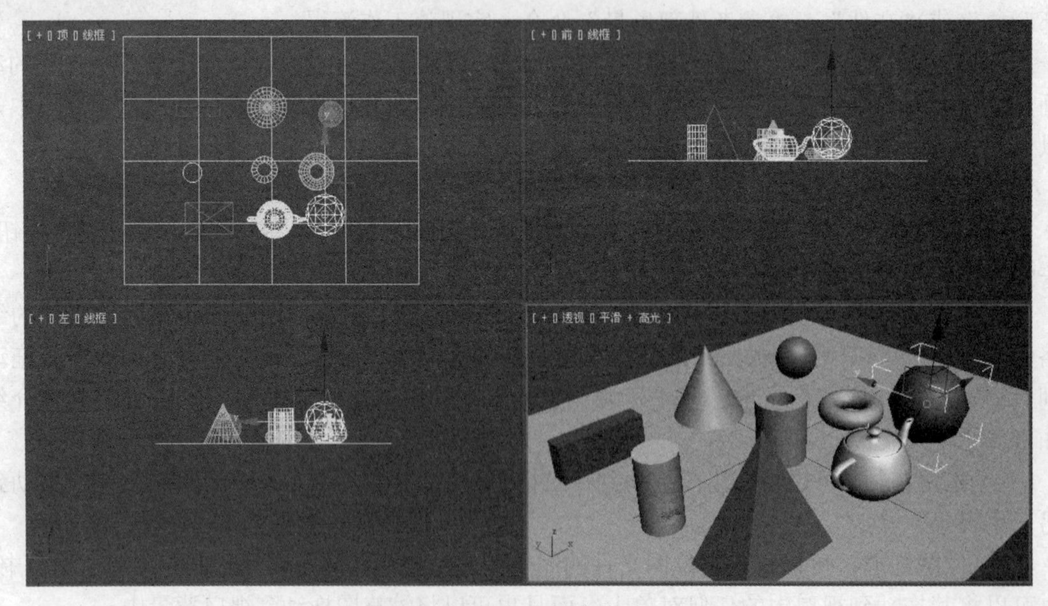

图 1-9　标准基本体 1

单击工具栏上的 “选择对象”按钮，然后在任一视图中单击需要选择的对象，如在透

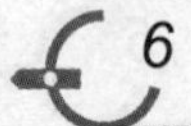

视图中单击几何球体，此时几何球体在顶视图、前视图、左视图中都以白色显示，在透视图中被一个白色的矩形边框框住，这表明当前几何球体正处于被选择的状态，如图 1-9 所示。

在左视图中选择圆柱体，此时圆柱体处于选择状态，几何球体已经不再处于选择状态了。如图 1-10 所示。

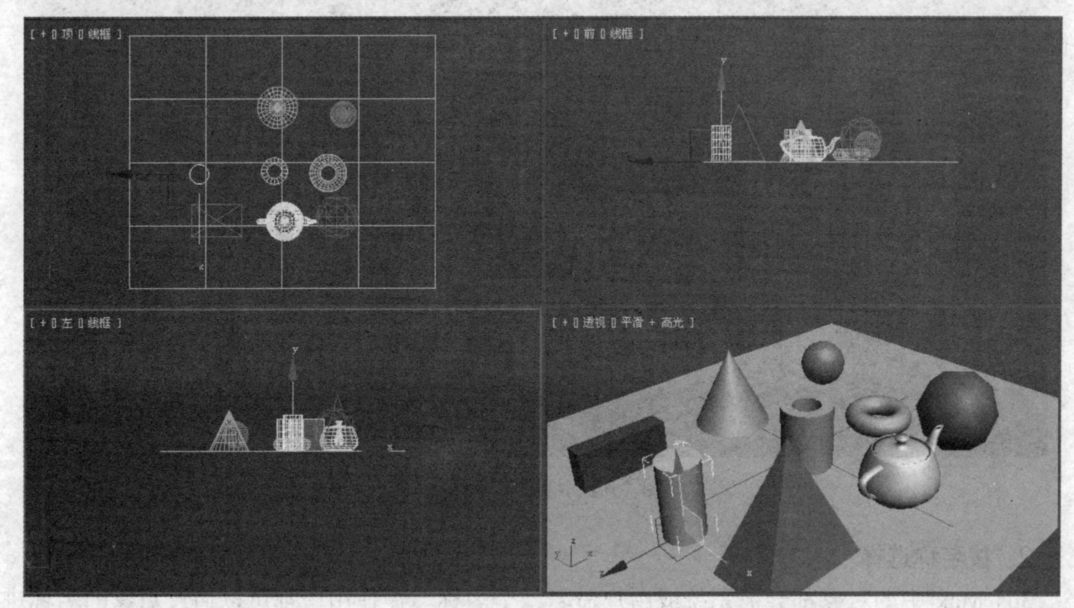

图 1-10　标准基本体 2

按住“Ctrl”键的同时单击对象，可以将多个对象同时选择，如按住“Ctrl”键的同时单击球体，此时圆柱体和球体同时被选择，如图 1-11 所示。

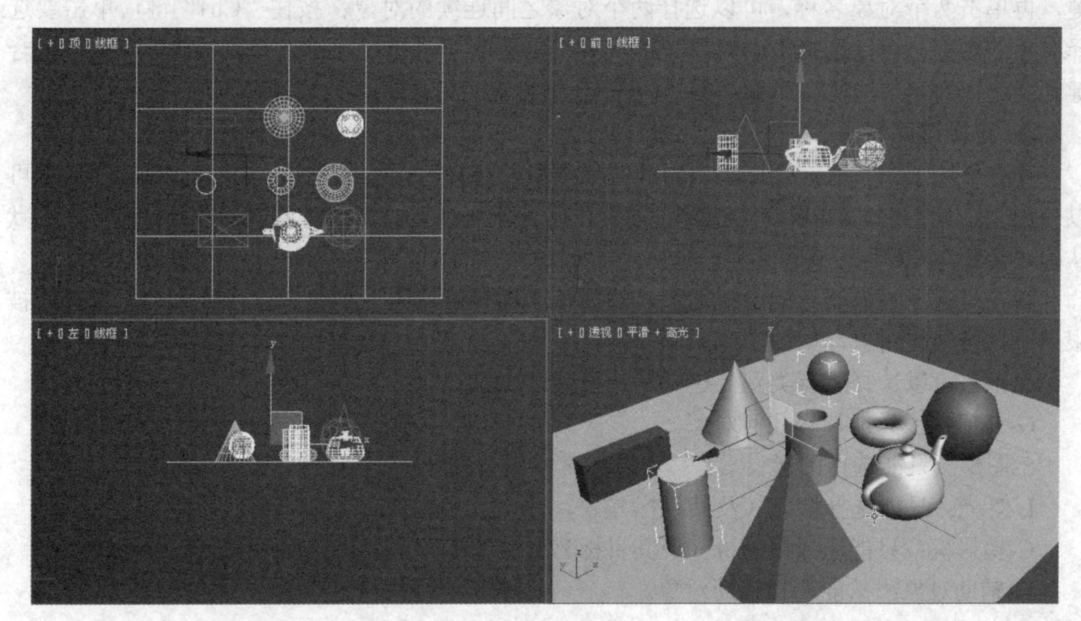

图 1-11　标准基本体 3

按住“Alt”键的同时单击对象，可以取消该对象的选择，如按住“Alt”键的同时单击球体，则会取消球体的选择只有圆柱体处于选择状态了，如图 1-12 所示。

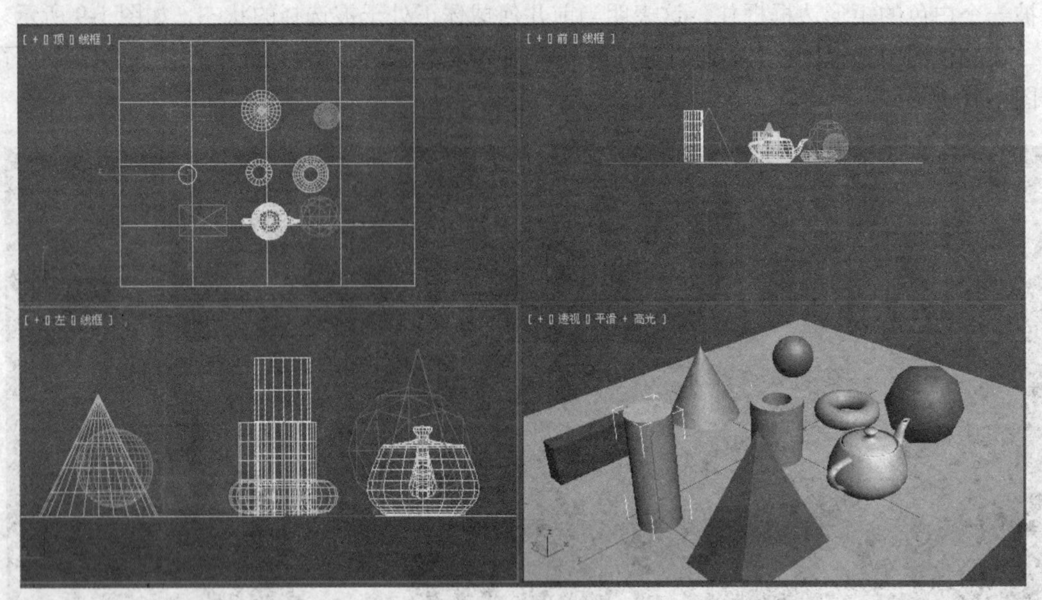

图 1-12　标准基本体 4

2. 按名称选择

3ds Max 中的对象都会被系统或用户命名一个名称，在使用中都可以通过对象的名称进行选择，以选择特定的对象。

在主工具栏上单击“按名称选择”按钮或按下键盘上的快捷键“H”，将显示“从场景选择”对话框，被选择的对象在列表中以高亮显示，如图 1-13 所示。在列表中按住“Shift”键，再单击两个对象名称，可以选择两个对象之间连续的对象；按住“Ctrl”键，单击要选择对象的名称，可以选择多个对象，再次单击则会取消对该对象的选择；按“Ctrl+A”组合键则会选择列表中的所有对象；按“Ctrl+I”组合键，可以进行反选操作。

3. 选择过滤器

在一个场景中，通常有许多不同的对象类型，选择时很容易混淆。在 3ds Max 中通常可以使用主工具栏上的“选择过滤器”列表分别对某一类别对象进行选择，通常系统默认为“全部（All）”方式。

单击“选择过滤器”的下拉箭头，然后从“选择过滤器”列表中选择“类别”选择就被限定于该类别的对象，如图 1-14 所示。

全部：可以选择所有类别，这是默认设置。

G-几何体：只能选择几何对象。

S-图形：只能选择图形。

L-灯光：只能选择灯光（及其目标）。

C-摄影机：只能选择摄影机（及其目标）。

H-辅助对象：只能选择辅助对象。

W-扭曲：只能选择空间扭曲。

组合：显示用于创建自定义过滤器的“过滤器组合”对话框。

骨骼：只能选择骨骼对象。

IK 链对象：只能选择 IK 链中的对象。

点：只能选择点对象。

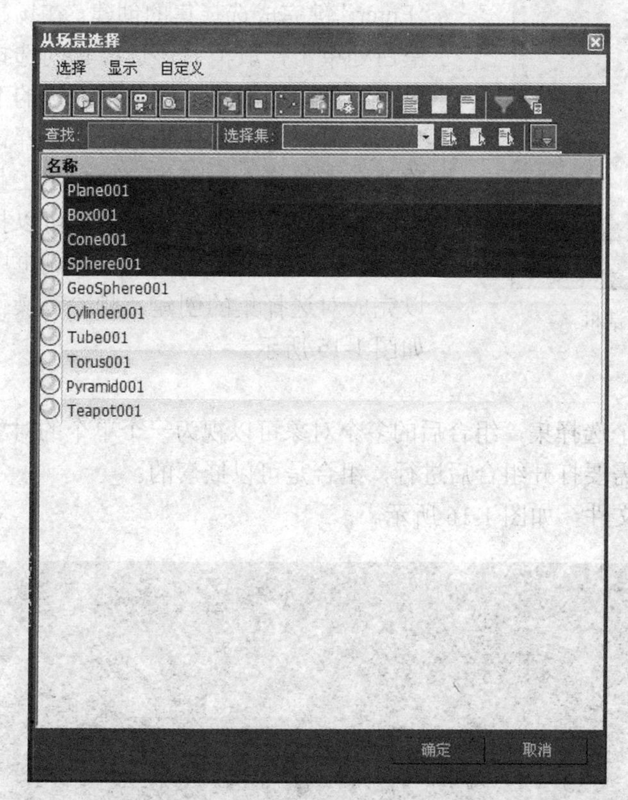

图 1-13　“从场景选择”对话框

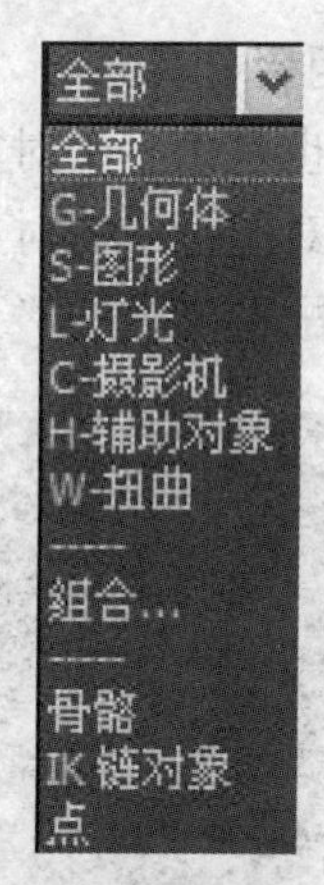

图 1-14　“选择过滤器”对话框

4. 区域选择

除了可以单击鼠标选择物体外，还可以使用“区域选择”按钮来选择物体。该按钮通常和“窗口/交叉”按钮一起使用，“窗口”方式只选择完全位于选择区域之内的对象，“”交叉方式选择位于区域之内并与区域边界交叉的所有对象，该方式为默认方式，在该按钮上单击，窗口/交叉两种方式可以互相切换。单击“区域选择”按钮后，从多个对象的左上角按住鼠标左键并拖动，可以看到一个矩形的选框，用此选取框架可以选择一个或多个对象。按住“Ctrl”键的同时使用“区域选择”按钮还可以在原有选取的基础上添加或删除选择的对象。“区域选择”按钮共有 5 种区域类型可供选择，介绍如下。

矩形区域：拖动鼠标以选择矩形区域。

圆形区域：拖动鼠标以选择圆形区域。

围栏区域：通过交替使用鼠标移动和单击操作，可以画出一个不规则的选择区域轮廓。

套索选择区域：拖动鼠标将创建一个不规则区域的轮廓。

绘制选择区域：在对象或子对象上拖动鼠标，以便将其纳入到所选范围之内。

5. 命名选择集

一般的选择操作都是暂时性的，常常在操作中取消了选择后又需要再次选择，这时给一组选择对象的集合指定一个名称，也就是创建一个选择集。当定义了一个选择集后就可以通过使用命名选择集一次操作选择一个对象集。

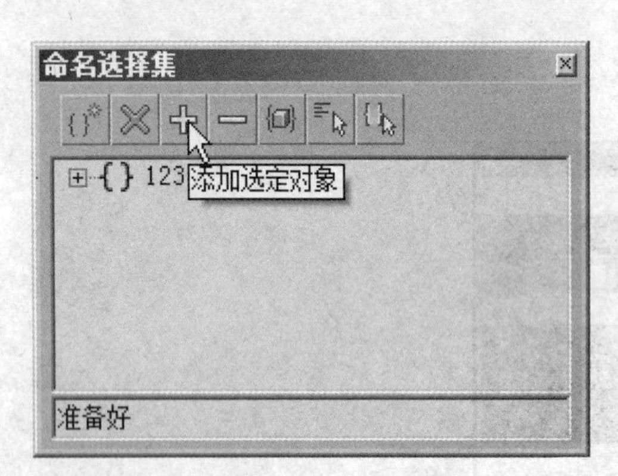

图 1-15 “命名选择集”对话框

在主工具栏上 “创建选择集”输入框中输入选择集的名称，按“Enter”键完成选择集的创建。在场景的空白处单击，取消对该选择集的选择。单击“创建选择集”输入框右边的下拉列表，可以看到选择集名称，选择该名称就会选择这个对象集。单击主工具栏上的编辑命名选择集按钮，可以打开“命名选择集”对话框，在该对话框中可以完成对选择集的创建、删除等操作，如图 1-15 所示。

6. 组合

组合也是由多个对象组成的一个选择集，组合后的多个对象可以视为一个单个的对象进行操作，对组合中的对象进行操作需要打开组合后进行，组合是可以嵌套的。

打开配套光盘的“茶具.max”文件，如图 1-16 所示。

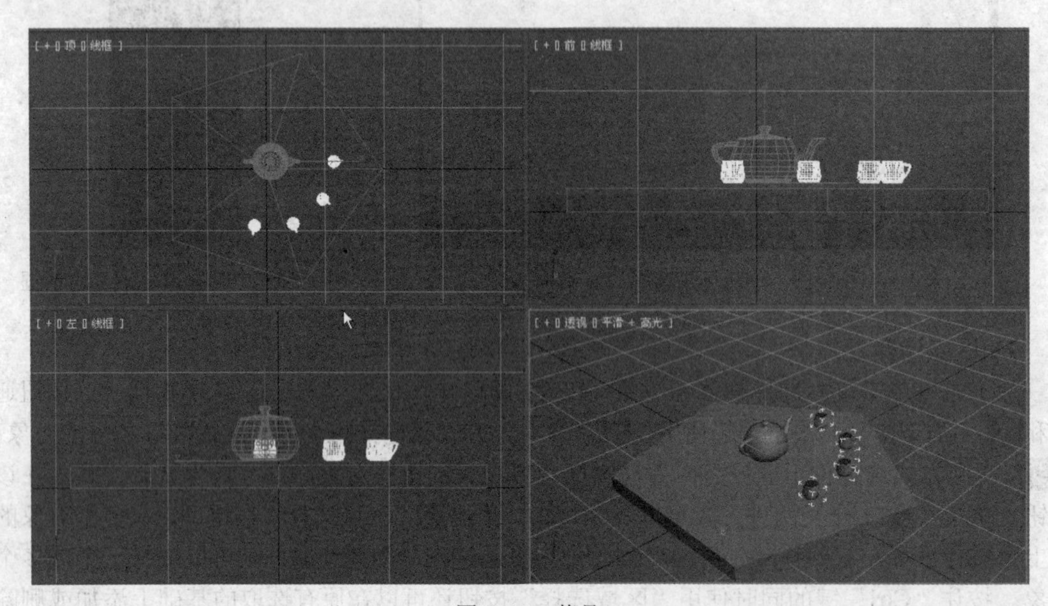
图 1-16 茶具

选择场景中的所有茶杯，使用菜单“编辑”→“组”→“成组”命令，打开“组”对话框，如图 1-17 所示。在对话框中输入“chabei”作为组合的名称，单击“确定”按钮，场景中的茶杯被一个白色矩形选择框框住，如图 1-18 所示。使用“组”→“解组”命令，打开“组”对话框，场景中的茶杯各自被白色矩形选择框框住，如图 1-19 所示。

图 1-17 “组”对话框

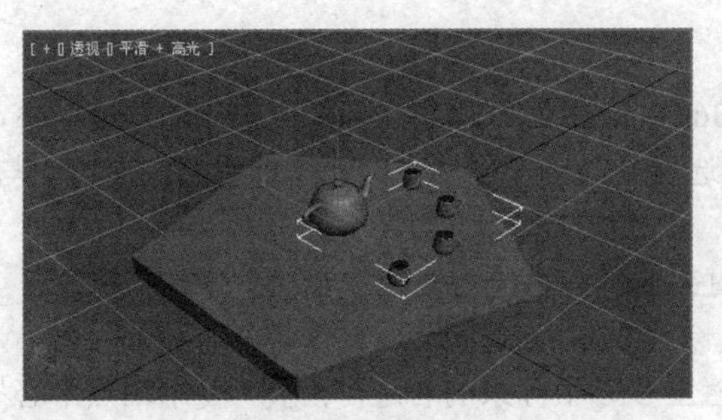
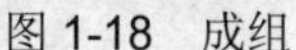
图 1-18　成组

图 1-19　解组

1.2.3　对象的变换

在 3ds Max 中，利用工具栏上的“选择并移动”按钮、“选择并旋转”按钮、“选择并缩放”按钮可以对对象进行移动、旋转、缩放等操作，这样的操作称为对象的变换。对象的变换与对象的坐标系和变换中心密切相关。

1. 变换坐标系

3ds Max 是一个用计算机模拟出来的三维空间，因此其中的对象定位就成为一个重要的问题。3ds Max 2011 提供了视图、屏幕、世界、父对象、局部、万向、栅格、工作和拾取共 9 个坐标系。通过单击主工具栏上“参考坐标系”下拉列表按钮，即可弹出坐标系下拉列表，如图 1-20 所示。在列表中选择一种坐标系即可切换到该坐标系。

图 1-20　坐标系下拉列表

① “视图”坐标系：3ds Max 系统的默认坐标系，是世界坐标系和屏幕坐标系的混合坐标系。“视图”坐标系对于正交视图是以“屏幕”坐标系体现的，对于非正交视图是以“世界”坐标系体现的。

② “屏幕”坐标系：在激活的视图中对坐标轴进行重新定向，对于激活的视图（无论是什么视图），x 轴始终表示水平方向，y 轴垂直方向，z 轴为始终表示垂直于屏幕的深度方向。“屏幕”坐标系一般用于顶视图、前视图和左视图等正交视图，而不要用于非正交视图。非正交视图有用户视图、透视图等。每次激活不同的视图，对象的坐标系就会发生改变。

③ “世界”坐标系：“世界”坐标系是不随视图的改变而改变，它总是唯一而且固定不变的。

④ “父对象”坐标系：与“拾取”坐标系的使用方法是相同的，就是选择对象后，在坐标系下拉列表中选择“父对象”选项，如果此对象有父对象，则使用其父对象“局部”坐标系，如果没有父对象，则使用“世界”坐标系。因为没有链接关系的对象实际上是整个场景的子对象，这是默认的。

⑤ “局部”坐标系：使用选定对象自身的坐标系作为变换中心。在使用“局部”坐标系时，坐标系的原点位于对象的轴心，对象的轴心可以通过使用“层”命令面板的“轴”部分的“调整轴”卷展栏中的按钮进行调整。当需要物体沿着自身的轴向进行变换时，使用“局部”坐标系是最佳选择。

⑥ “万向”坐标系：通常与 Euler XYZ 旋转控制器配合使用。它与“局部”坐标系类似，

但其3个旋转轴不一定互相垂直。

⑦“栅格”坐标系：除了主栅格之外，在3ds Max中还可以建立任意个定制的栅格对象，这些对象可以被放置在场景中的任意位置。当选择“栅格”坐标系时，坐标系的取向自动与当前激活的栅格相匹配。

⑧“拾取”坐标系：拾取场景中另一个对象的坐标系作为变换中心。

2. 变换坐标中心

3ds Max的变换中心有3个，位于主工具栏上参考坐标系的右边，在“使用轴点中心”按钮上按住鼠标会弹出3个按钮。

“使用轴点中心”按钮：使用对象自身的轴心作为变换中心。

“使用选择中心”按钮：使用选择物体的公共中心作为变换中心。

“使用变换坐标中心”按钮：使用当前被激活的变换坐标系的原点作为变换中心。

这3个按钮对于旋转操作来说有非常重要的作用，可用于确定旋转的轴心。

3. 对象的复制

在建立场景的时候，有时需要创建许多相同的对象，而且它们都具有相同的属性，这时就需要复制对象。在3ds Max 2011中提供了5种复制对象的方法：直接复制、镜像复制、阵列复制、快照复制、间距复制。

（1）直接复制

对象的复制有3种方式，即Copy（复制）、Instance（关联）和Reference（参考）。它们主要是从原对象和复制对象的相互关系来划分的。

Copy（复制）：该方式复制的对象是与原对象是完全相同的、独立的复制对象，它们之间不产生任何关系。对原对象或复制对象中的任何一个对象进行修改都不会影响到另一个对象。

Instance（实例）：该方式复制的对象是原来对象在场景中不同位置的另一种存在形式，对原对象或实例对象的修改都体现在另一个对象上，即修改原对象，实例对象同时也被修改，修改实例对象，原对象也同时被修改。它们之间相互影响的原因是共同使用一个修改器。

Reference（参考）：该方式与Instance关联方式有些相似，对原对象进行修改会影响到参考对象，而修改参考对象不会影响到原对象。

（2）镜像复制

这种方法是利用镜像工具把选择的对象复制出来，具体步骤如下。

① 重置3ds Max 2011。

② 在顶视图中创建一个茶壶。

③ 单击工具栏上的镜像按钮，将会弹出镜像对话框。

在该对话框中有镜像轴和克隆当前选择两个选项组，镜像轴用来确定复制对象时以哪个轴向进行及复制对象的偏移距离；克隆当前选择用来确定是否进行复制及以何种方式复制。默认为沿x轴镜像，只对对象进行镜像而不复制。

选择沿z轴、实例方式复制，单击“确定”按钮，此时复制出来的茶壶翻转过来处于原来茶壶的下方，在它们中间就好像有一面镜子一样，如图1-21所示。

（3）阵列复制

阵列复制是通过“工具”→“阵列”命令实现的，它可以一次性复制出多个对象，并且使这些对象以某种顺序或形式进行排列。阵列包括一维阵列、二维阵列和三维阵列。在图1-22的工具栏的空白处单击鼠标右键，在弹出的菜单中选择“附加”命令，如图1-23所示，在浮

动工具栏中单击阵列按钮，便会弹出阵列对话框；使用菜单栏“工具”→“阵列”命令也可以弹出阵列对话框。在阵列对话框中设置阵列参数，单击“确定”按钮便可完成对象的阵列复制，如图 1-24 所示。

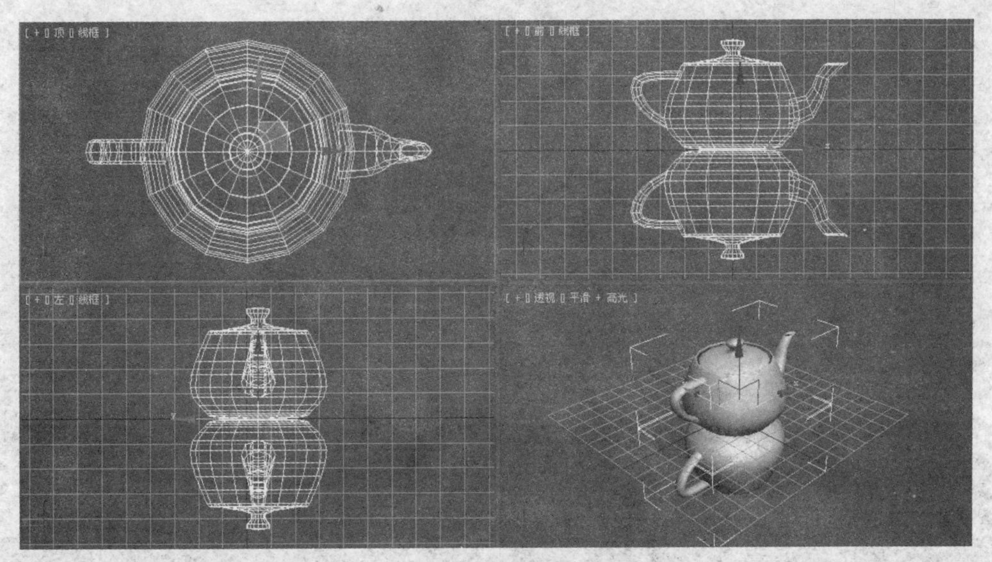

图 1-21　镜像复制

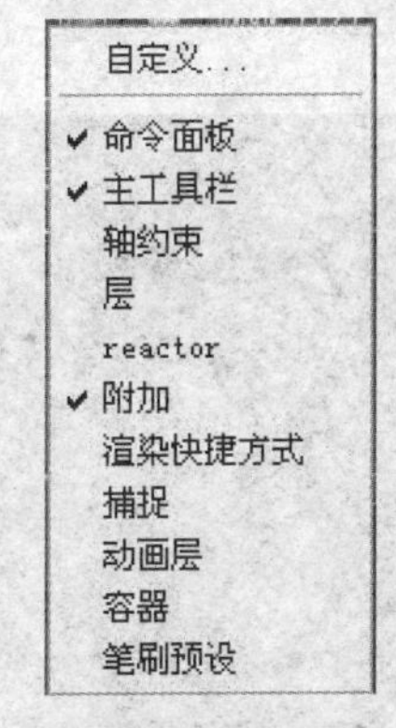

图 1-22　工具栏

图 1-23　“附加命令“框

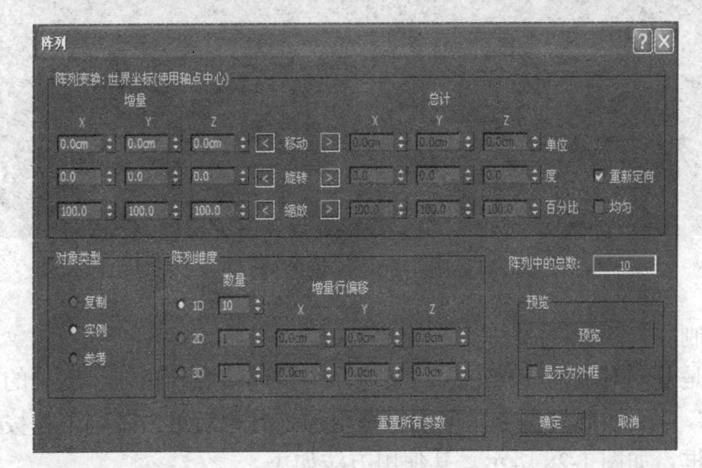

图 1-24　“阵列”对话框

图 1-25、图 1-26、图 1-27 分别是完成一维、二维、三维阵列的场景及其相应的参数设置。

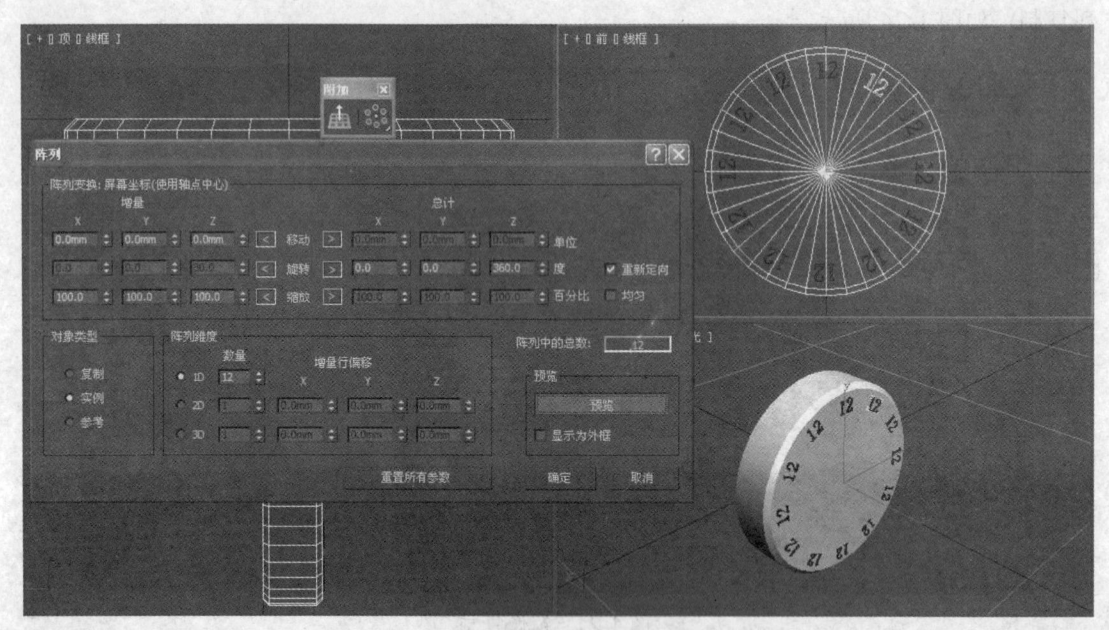

图 1-25　一维阵列

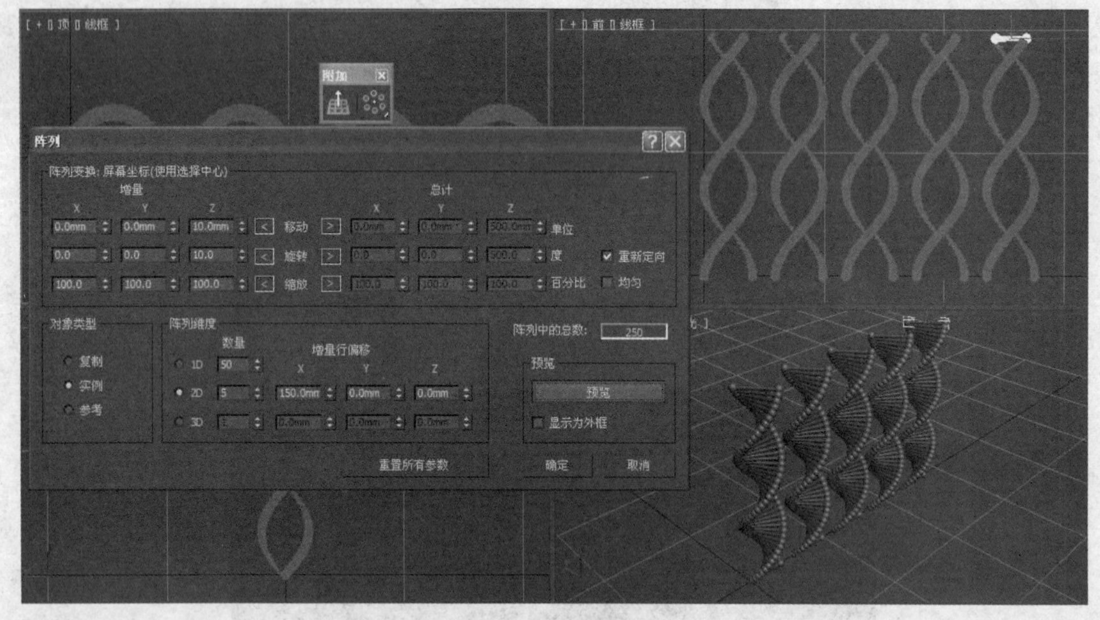

图 1-26　二维阵列

（4）快照复制

快照复制也是复制对象的一种方式，它像一个快速的照相机，将运动的对象拍摄下来。可以通过“工具”→“快照”命令实现或打开附加工具栏后单击阵列下拉按钮中的快照按钮打开快照对话框，如图 1-28 所示。其使用方法如下。

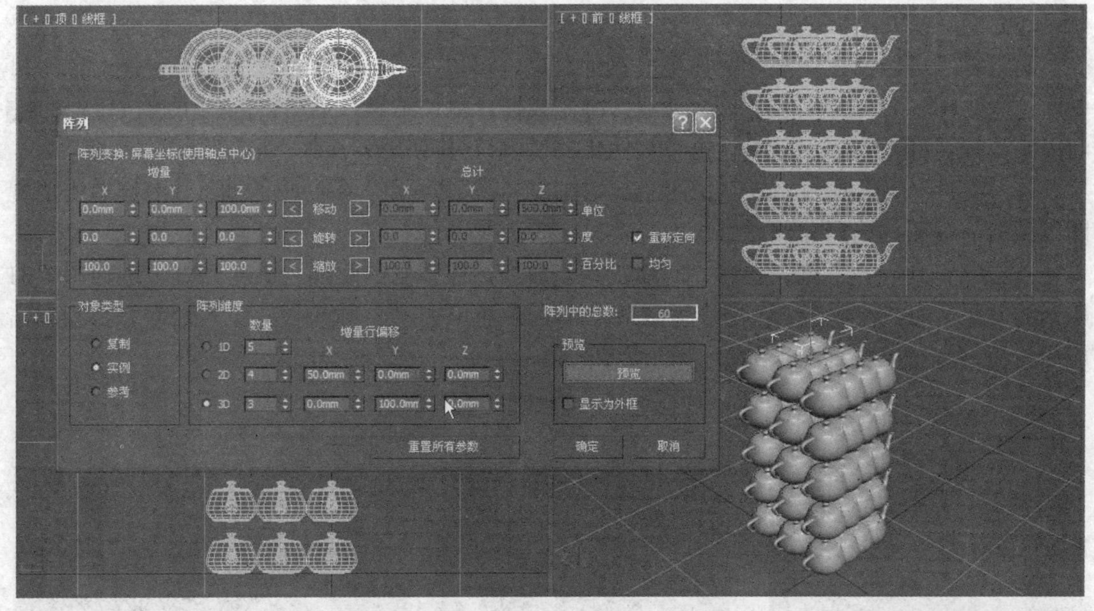

图 1-27　三维阵列

打开文件“快照复制.max”，场景中的红色小球，采用 reactor 动力学模拟产生了自由落体的轨迹动画。

右键单击前视图以激活前视图，单击动画控制区的播放按钮，就可以看到小球自由落体的运动。

单击“工具”→“快照”命令，在弹出的快照对话框中进行图 1-29 所示的设置，即在快照选项组中勾选“范围”，然后在副本中输入 8，在克隆方法选项组中勾选“复制”，然后单击确定按钮，就可以看到复制结果，即小球自由落体的运动轨迹，如图 1-30 所示。

图 1-28　附加工具栏

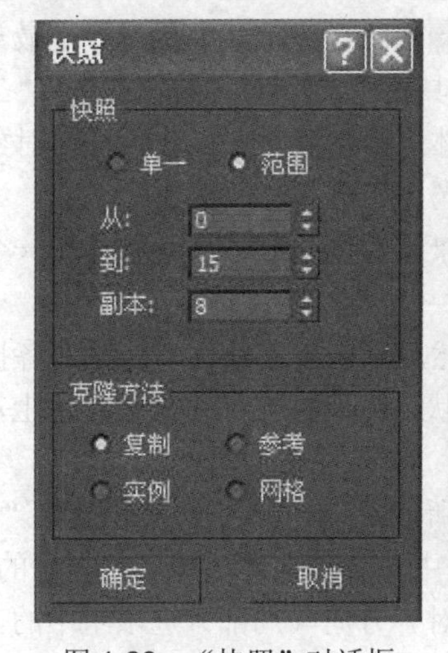

图 1-29　“快照”对话框

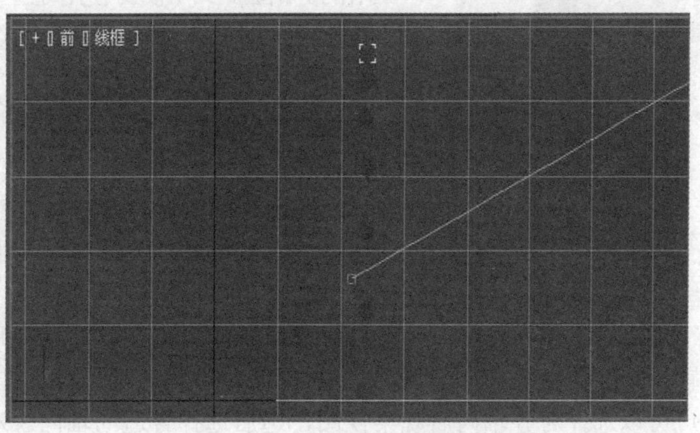

图 1-30　“快照”复制结果

（5）间距复制

间距复制可以创建在规则距离下复制的对象，可以沿着某条曲线或指定点复制对象。可以通过“工具”→“对齐”→“间隔工具”命令或打开附加工具栏后单击阵列下拉按钮中的间隔工具按钮打开间隔工具对话框，如图1-31所示。其使用方法如下。

打开文件“间隔复制.max”，场景已经创建好一个球体和一条心形的曲线。右键单击前视图以激活前视图，选择球体。

单击“工具”→“对齐”→“间隔工具”命令，在弹出的间隔工具对话框中进行图1-31所示的设置，即在计数选项组中设置数量为59，在对象类型选项组中勾选“实例”，然后单击应用按钮，就可以看到图1-32所示的复制结果。

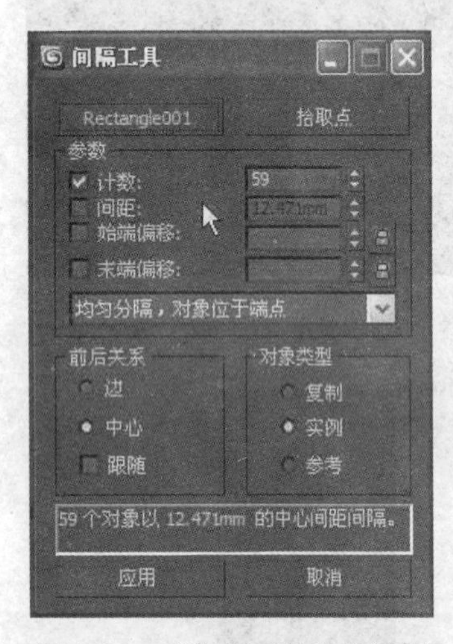

图1-31　“间隔工具”对话框

图1-32　“间隔工具”复制结果

4. 对象的对齐

对齐工具用于使当前选定的对象按指定的坐标方向和方式与目标对象对齐。单击主工具栏中的对齐按钮会弹出6种对齐方式按钮，分别是对齐、快速对齐、面法线对齐、高光点对齐、摄像机对齐和视图对齐，其中对齐是最常用的。如图1-33所示。使用主工具栏中的对齐按钮或选择“工具”→“对齐”命令可以对物体进行精确对齐操作，任何对象都可以应用对齐操作，包括灯光、相机和空间扭曲。

图1-33　对齐方式按钮

打开文件“对齐.max”，场景已经创建好一个管状体和一个圆柱体。

在前视图中选择圆柱体，然后单击主工具栏中的对齐按钮，这时鼠标光标会变为形状，将鼠标光标移到管状体上，光标会变为形状。

单击管状体，弹出“对齐当前选择”对话框，如图1-34所示。“X位置”、“Y位置”、“Z位置”表示要对齐的轴向，视图中对象的对齐状态是与对话框中对齐轴向的选择实时显示的，用户可以选择对齐轴向后观察视图，选后选择合适的轴向。对齐方向（局部）选项组中的 x 轴、y 轴、z 轴表示方向上的对齐。

在“对齐当前选择”对话框中勾选“Y 位置”与“Z 位置”，进行当前对象的中心与目标象的中心对齐操作，然后单击“应用”按钮，如图 1-35 所示。再次勾选“X 位置”，进行当前对象的最大与目标对象的最小对齐操作，然后单击“确定”按钮，如图 1-35 和图 1-36 所示。

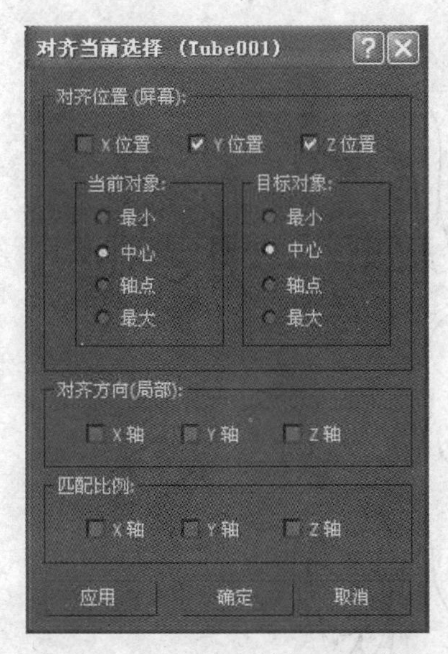

图 1-34　“对齐当前选择”对话框 1

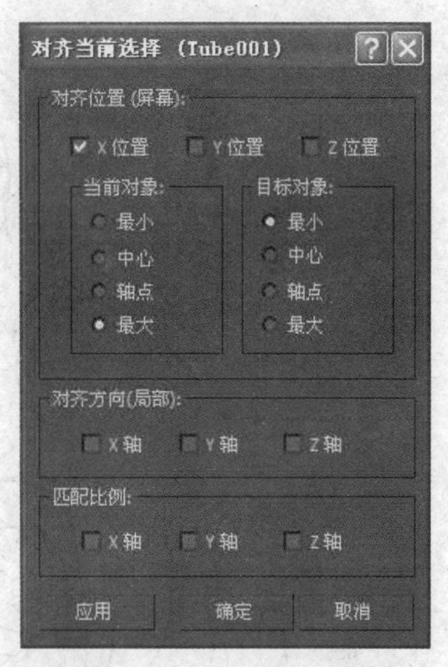

图 1-35　“对齐当前选择”对话框 2

图 1-36　对齐结果

1.3　动画基本理论

动画是以人类视觉的原理为基础。如果快速查看一系列相关的静态图像，人们会感觉到这是一个连续的运动。每一个单独图像称之为帧。人体的视觉器官在看到的物象消失后，仍可暂时保留视觉的印象。经科学家研究证实，视觉印象在人的眼中大约可保持 0.1 秒之久。如果两个视觉印象之间的时间间隔不超过 0.1 秒，那么前一个视觉印象尚未消失，而后一个视觉印象已经产生，并与前一个视觉印象融合在一起，就形成视觉残（暂）留现象。

摄影机中的胶片每秒钟拍摄 24 个画格（早期电影的拍摄和放映速度都是每秒 16 格），放映时胶片在放映机中的速度也是每秒 24 个画格。

动画片是逐格拍摄的，先排好一幅幅画面，拍摄了一个画格之后，让摄影机停止转动，换上另一幅画面，再拍一个画格，如此拍完后放映时，胶片在放映机中的运转速度也是每秒

24格，这样，动画片就动起来了。

通常，创建动画的主要难点在于动画师必须生成大量帧。一分钟的动画大概需要720到1 800个单独图像，用手来绘制图像是一项艰巨的任务。因此出现了一种称为关键帧的技术，图1-37所示为表情动画关键帧。

图1-37　表情动画关键帧

1.3.1　3ds Max动画的工作流程

1. 前期制作

在制作之前，对动画进行前期规划，比如文学剧本创作、分镜头剧本创作、造型设计、场景设计等。每个步骤都很重要，缺一不可。造型设计包括人物设计、动物造型、器物造型。造型设计要求比较严格繁杂，包括标准造型、转面图、结构图、比例图、道具服装分解图等，通过角色的典型动作设计，并以文字来说明，突出角色特征合乎运动规律。

2. 片段动画制作

在这个流程中，一般包含了建模、贴图、后期合成部分。建模部分会有建模师来从事该工作，建模一般采用多边形建模、样条曲线建模、细分建模3种方式来建模。材质贴图就是就是材质的质地，赋予生动的表面特性，具体表现在物体的颜色、透明度、反光度、反光强度、自发光及粗糙程度等特性上，模型的材质与贴图要与现实生活中一致。

灯光的添加：设定时要最大限度地模拟自然界的光线和人工类型光线。三维软件中灯光一般有泛光灯和方向灯。灯光起着照明场景、投射阴影和增添氛围的作用。

摄像机控制：依照摄影原理在三维软件中使用摄像机工具，实现分镜头剧本设计的镜头效果。

动画：根据分镜头脚本与动作设计，运用已经设计好的造型制作片段。动作与画面的变化通过关键帧来实现，设定动画的主要画面是关键帧，关键帧中间的过渡由计算机来完成。

3. 后期合成

将之前做好的片段、声音等素材，按照分镜头剧本设计，通过非线性的编辑软件，生成最终的动画。

1.3.2　3ds Max 动画的种类

1. 帧动画

要在 3ds Max 中创建关键帧，就必须在打开动画按钮的情况下在非第 0 帧改变某些对象。一旦进行了某些改变，原始数值被记录在第 0 帧，新的数值或者关键帧数值被记录在当前帧。这时第 0 帧和当前帧都是关键帧。这些改变可以是变换的改变，也可以是参数的改变。例如，已创建了一个球，打开动画按钮，到非第 0 帧改变球的半径参数，这样，3ds Max 就会创建一个关键帧。只要自动关键点按钮处于打开状态，就一直处于记录模式，3ds Max 将记录用户在非第 0 帧所做的任何改变。

创建关键帧之后就可以拖曳时间滑动块来观察动画。

通常在创建了关键帧后就要观察动画。可以通过拖曳时间滑动块来观察动画。但是除此之外，还可以使用时间控制区域的回放按钮播放动画。

播放动画：用来在激活的视口播放动画。

停止播放动画：用来停止播放动画。单击按钮播放动画后，播放按钮就变成了停止播放按钮。单击该按钮后，动画被停在当前帧。

播放选择对象的动画：它是的弹出按钮。它只在激活的视口中播放选择对象的动画。如果没有选择的对象，就不播放动画。

到开始：单击该按钮后，将时间滑动块移动到当前动画范围的开始帧。如果正在播放动画，那么单击该按钮后动画就停止播放。

到结束：单击该按钮后，将时间滑动块移动到动画范围的末端。

下一帧：单击该按钮后，将时间滑动块向后移动一帧。当关键帧模式切换按钮被打开后，单击该按钮后，将把时间滑动块移动到选择对象的下一个关键帧。

前一帧：单击该按钮后，将时间滑动块向前移动一帧。当关键帧模式切换按钮被打开后，单击该按钮后，将把时间滑动块移动到选择对象的上一个关键帧。也可以在 49 区域设置当前帧。

Key Mode Toggle（关键帧模式）：当按下该按钮后，单击下一帧和前一帧时间滑动块就在关键帧之间移动。

2. 轨迹动画

“轨迹”卷展栏显示对象随时间运动的路径。通过选择（运动面板）→ 轨迹 可以使用控件：“将样条线转换为轨迹”、“将轨迹转换为样条线”、“将任何变换控制器塌陷为可编辑关键点”。

显示对象轨迹，操作如图 1-38 所示。

① 选择一个随时间移动的动画对象。

② 右键单击对象，然后选择“属性”。

③ 在“显示属性”组中，单击“按层”以更改此按钮为“按对象”。如图 1-39 所示。

④ 启用“轨迹”，然后单击“确定”。

（1）样条线转化

将关键帧位置轨迹转化为样条线对象，或将样条线对象转化为关键帧位置轨迹。这允许为对象创建样条线轨迹，然后将样条线转化为对象的位置轨迹的关键帧，以便做各种指定关键帧的功能，也可以将对象的位置关键帧转化为样条线对象。如图 1-40 所示。

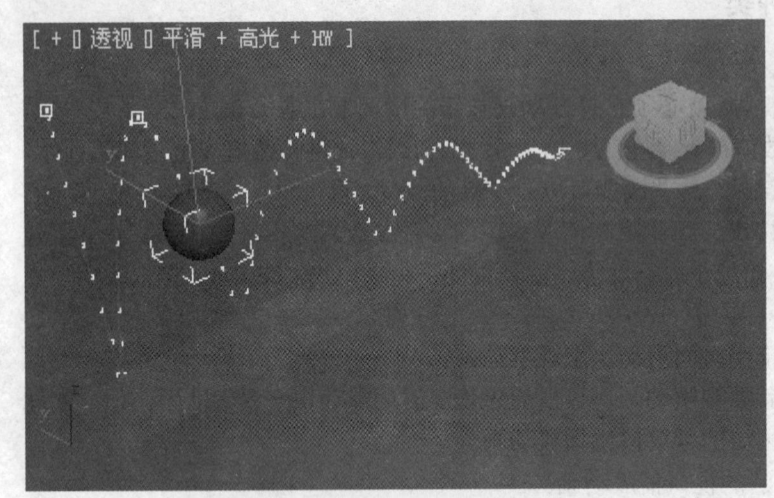

图 1-38　轨迹对象　　　　图 1-39　显示属性

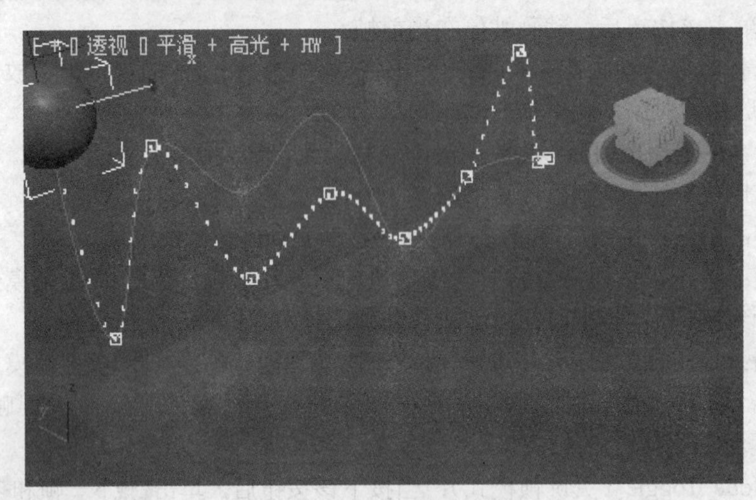

图 1-40　小球弹跳样条线轨迹

（2）塌陷变换

生成基于当前选中对象的变换的关键点。可以将这应用到指定对象的任何类型的变换控制器，但是这个功能的主要目的是“塌陷”参数变换效果，如将“路径”约束生成的效果“塌陷”为标准的、可编辑的关键点。

3. 角色动画

3ds Max 含有两套完整、独立的角色动画设置子系统：CAT 和 Character Studio。两套系统均提供可高度自定义的内置、现成角色绑定，可采用 Physique 或 Skin 修改器对角色绑定应用蒙皮，均与诸多运动捕捉文件格式兼容。每套系统都具有其独到之处，且功能强大，但两者之间也存在明显区别。

在两套系统中，CAT 较先进，且相对较简单，更适合绑定多腿角色和非人体角色，并可

对这些角色进行动画设置。该系统的内置绑定包括许多多肢生物，如蜘蛛和蜈蚣等。CAT 提供肌肉和肌肉股对象，以模拟角色肌肉组织。如图 1-41 所示。

图 1-41 CAT 角色动画系统

Character Studio 包括丰富的角色动画工具集，可用于多腿角色，但主要用于两足动物绑定，因此其基本绑定对象的名称为 Biped。同时，Character Studio 也包括用于为角色绑定应用蒙皮的 Physique 修改器部件。

1.4 材质及渲染

1.4.1 渲染输出基础

渲染是 3ds Max 制作的重要环节，也是三维制作过程的收尾阶段。在进行了三维模型制作、动画制作、设置仿真材质、添加灯光之后，通过渲染才能把三维图像或动画效果表现出来。

1. 渲染器设置

渲染命令位于 3ds Max 2011 的主工具栏上，有渲染设置、渲染帧窗口和渲染产品 3 个按钮。

单击主工具栏上的渲染设置按钮，或者执行渲染菜单上的渲染设置命令，或者按下快捷键“F10”，都可以打开图 1-42 所示的渲染场景对话框。在该对话框中可以设置渲染的各种参数，如渲染的帧数、尺寸，还可以指定渲染器，如图 1-43 所示。

2. 渲染输出

公共参数卷展栏中的参数是所有渲染器的公用参数，如图 1-44 所示。

时间输出：用于设置渲染的时间。

单帧：渲染当前帧，是 3ds Max 默认的渲染方式，渲染结果为静态图像。

活动时间段: 0 到 100：对当前活动的时间段进行渲染，当前活动的时间段为屏幕下方时间滑块的位置。

范围: 0 至 100：指定渲染的起始和结束帧，还可以指定为负值。

帧: 1,3,5-12 ：指定单帧或时间段渲染，帧与帧之间用逗号隔开，时间段之间用“-”连接。

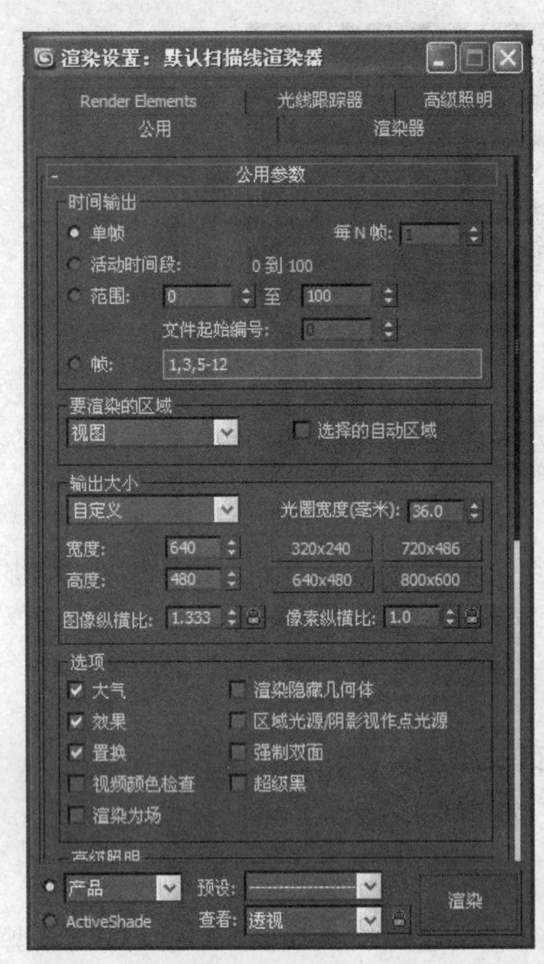

图 1-42 渲染场景对话框

图 1-43 渲染设置

每N帧: 1 ：将按设定的间隔进行渲染，对于较长的动画，可以使用这种方式简略观察动作的完整性。

文件起始编号: 0 ：设置起始帧保存时文件的序号，对于逐帧保存的图像会按照自身的帧号增加文件序号。

输出大小：用于控制最后渲染图像的大小和比例。可以在 自定义 下拉列表框中直接选取预先设置的尺寸，如图 1-45 所示，也可以直接指定图像的宽度和高度，这些设置将影响渲染图像的纵横比。

宽度: 640 和 高度: 480 ：用于设置渲染图像的宽度和高度，单位是像素。如果锁定了 图像纵横比: 1.333 选项，那么其中一项数值的改变将影响另外一项数值。

320x240 等四组预设的分辨率按钮：单击其中的任何一个按钮都会将渲染图像的尺寸改变成按钮指定的大小。

图像纵横比: 1.333 ：设置图像长度和宽度的比例。当长度和宽度值制定后，它的值为根据公式“图像纵横比=长度/宽度”自动计算出来。

像素纵横比: 1.0：为其他显示设备设置像素的比例。如果渲染后的图像在其他显示设备上播放时变形，可以调整“像素纵横比”来修正。

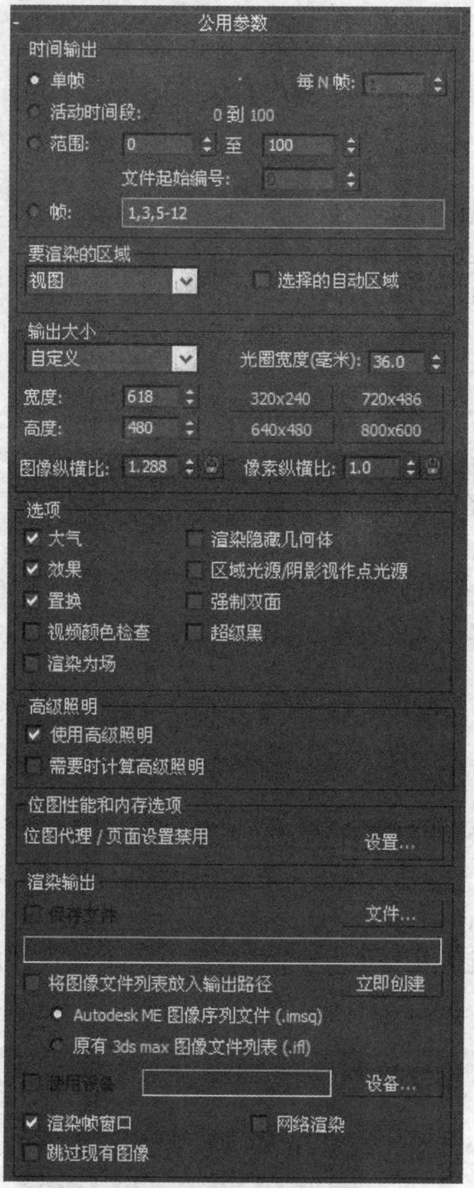

图 1-44　公共参数卷展栏

图 1-45　渲染图像大小

光圈宽度(毫米): 36.0：针对当前摄影机视图的摄影机设置，确定它渲染输出的光圈宽度。

选项：包含 9 个复选框用来激活或不激活不同的渲染选项。

大气：用于控制是否渲染场景中的雾和体积光等大气效果。

渲染隐藏几何体：勾选该复选框，将渲染场景中隐藏的物体。

效果：勾选该复选框，将渲染场景中的 Lens Effects 特效。

区域光源/阴影视作点光源：将所有区域光或影都当作发光点来渲染，这样可以加速渲染过程。设置了光能传递的场景不会被这一选项影响。

置换：该复选框控制是否渲染置换贴图。

强制双面：选中复选框，将对物体内外表面都进行渲染，能够避免法线错误造成的不正确表现渲染。

视频颜色检查：这个选项扫描渲染图像，寻找视频颜色之外的颜色。

超级黑：为进行视频压缩而对几何体渲染的黑色进行限制。

渲染为场：当为电视创建动画时，设定渲染到电视的扫描场，勾选该复选框可以避免抖动现象。

高级照明：用于设置渲染时使用的高级光照属性。

使用高级照明：勾选该复选框，3ds Max 2011 将调用高级照明系统进行渲染。

需要时计算高级照明：选中复选框，3ds Max 2011 将根据需要对物体相对位置发生变化的帧进行光线分布计算。

渲染输出：用于设置渲染后文件的保存方式。

保存文件和 文件...：选中“保存文件”复选框，渲染的图像就被保存在硬盘上。

文件...：用来指定保存的路径。

使用设备：只有当使用了支持的视频设备时该复选框才可用，选中该复选框，可以直接渲染到视频设备上，而不生成静态图像。

渲染帧窗口：勾选该选项会在渲染帧窗口中显示图像的渲染情况。

网络渲染：勾选网络渲染后，就会出现网络任务分配对话框。这样就可以同时在多台机器上渲染动画。

跳过现有图像：勾选该选项会跳过与渲染图像名称相同的文件。

1.4.2 材质渲染技术

指定渲染器卷展栏可以进行渲染器的更换，按下 ... 选择渲染器按钮，就会弹出选择渲染器窗口，3ds Max 2011 附带 4 种渲染器，其他渲染器可能作为第三方插件组件提供。3ds Max 2011 附带的渲染器有扫描线渲染器、mental ray 渲染器、Quicksilver 硬件渲染器和 VUE 文件渲染器，如图 1-46 所示。选择后将会使用指定渲染器作为当前的渲染器，3ds Max 2011 默认采用扫描线渲染器，如图 1-47 所示。

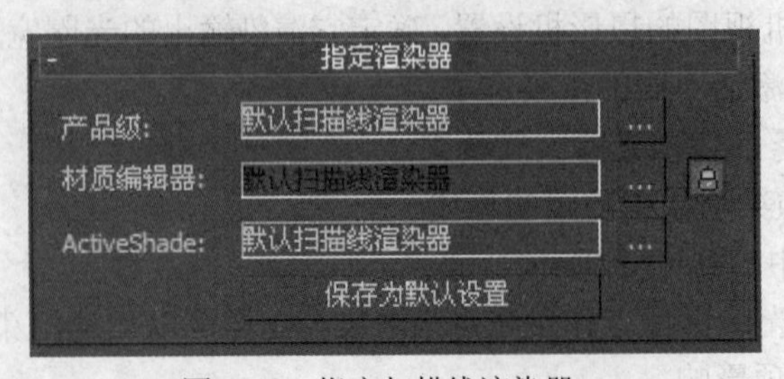

图 1-46 指定扫描线渲染器

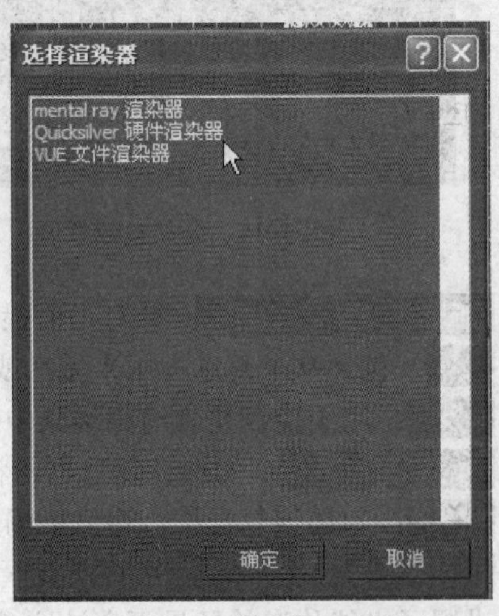

图 1-47 选择渲染器对话框

默认扫描线渲染器是以一系列水平线来渲染场景的，可用于扫描线渲染器的“全局照明”选项包括光线跟踪和光能传递。扫描线渲染器也可以渲染到纹理（“烘焙”纹理），其特别适用于为游戏引擎准备场景。

Quicksilver 硬件渲染器是 3ds Max 2011 新增的渲染器，能够根据实际场景需要设置渲染的复杂程度，在渲染复杂场景时，它能够在短时间内取得渲染效果。

mental ray 渲染器可以生成非常真实的高质量图像。利用这一渲染器可以实现反射、折射、焦散、全局照明等其他渲染器很难实现的效果。该渲染器以一系列方形“渲染块”来渲染场景，不仅提供了特有的全局照明方法，而且还能够生成焦散照明效果。在“材质编辑器”中，各种 mental ray 明暗器可以提供只有 mental ray 渲染器才能显示的效果。

VUE 文件渲染器是一种特殊用途的渲染器，可以生成场景的 ASCII 文本说明。视图文件可以包含多个帧，并且可以指定变换、照明和视图的更改。

3ds Max 2011 中有两种不同类型的渲染方式：产品级渲染和 ActiveShade 渲染。默认情况下，产品级渲染处于激活状态，通常用于进行最终的渲染，产品级渲染可使用上述 4 种渲染器中的任意一种。ActiveShade 渲染使用默认的扫描线渲染器来创建预览渲染，从而帮助用户查看更改照明或材质的效果，它随着场景的变化交互更新。通常，使用产品级渲染较精确，它的另外一个优势是可以使用不同的渲染器，使用 mental ray 渲染器或第三方插件组件如 Vray 渲染器。按下...就可以选择所需要的渲染器。

1.4.3 材质球编辑器

材质编辑器是 3ds Max 2011 中功能很强大的模块，是制作材质、赋予贴图及生成多种特效的利器。在 3ds Max 2011 中为模型物体指定材质，实际上是规定了物体的颜色、反光强度、透明度、粗糙或光滑程度等表面属性。将这些属性指定给物体或者物体的某些面，就可以在渲染时真实反映它所模拟的客观效果。

指定到材质上的图形称为贴图。在 3ds Max 2011 中材质与贴图的建立或编辑都是通过材质编辑器来完成的，并且通过渲染把它们表现出来，使物体表面显示出不同的质地、色彩和纹理。

1. 材质编辑器的使用

材质编辑器是用于创建、编辑和指定物体材质及贴图的对话框，3ds Max 2011 提供了精简材质编辑器（也就是材质编辑器）和石板材质编辑器（也可称作板岩或平板材质编辑器）两种材质编辑器，如图 1-48 和图 1-49 所示。材质编辑器对话框是浮动的，可将其拖曳到屏幕的任意位置，这样便于查看场景中材质赋予物体的结果。有 3 种方法可以打开材质编辑器对话框，分别是单击工具栏上的材质编辑器按钮（精简材质编辑器）或（平板材质编辑器）、单击渲染菜单中的材质编辑器命令和按下快捷键“M”。

平板材质编辑器是 3ds Max 2011 版本中新增的，不同于精简材质编辑器以节点、连线、列表的方式来显示材质层级，这种节点式材质编辑器以更为直观的方式来编辑材质，让用户可以一目了然地观察和编辑材质。在 3ds Max 2011 平板中，材质编辑器和精简材质编辑器可以方便地相互切换。

2. 材质编辑器的基本参数

材质编辑器也就是精简材质编辑器，继承了 3ds Max 软件版本的编辑器。按照功能划分，可以将精简材质编辑器窗口大致分为四大部分，分别为材质菜单、材质示例窗、材质编辑工具按钮和材质参数卷展栏，如图 1-50 所示。

图 1-48　材质编辑器

图 1-49　石板材质编辑器

① 材质菜单位于材质编辑器的顶端，可以从中调用各种材质编辑工具，其中模式菜单可以实现精简材质编辑器与平板材质编辑器的相互切换。

② 材质示例窗是显示材质效果的窗口，共有 24 个材质样本，样本形态有球体（示例球）、圆柱体和立方体 3 种，默认显示 6 个示例球，可以通过拖动材质示例窗下方和右侧的滚动条

显示其他示例球，材质示例球显示了当前材质设置的最终效果，是一种简单预览材质的方式，每个材质示例球对应一个单独的材质或贴图。

③ 材质编辑工具按钮显示各种材质编辑工具，有水平和垂直两排，水平工具按钮大多用于材质的指定、保存和层级切换；垂直工具按钮大多针对示例窗中的显示。水平工具按钮下面是材质的名称，右侧是材质的类型按钮，它会调出材质贴图浏览器，从中选择各种类型的材质和贴图。水平工具按钮与垂直工具按钮的具体含义依次如下。

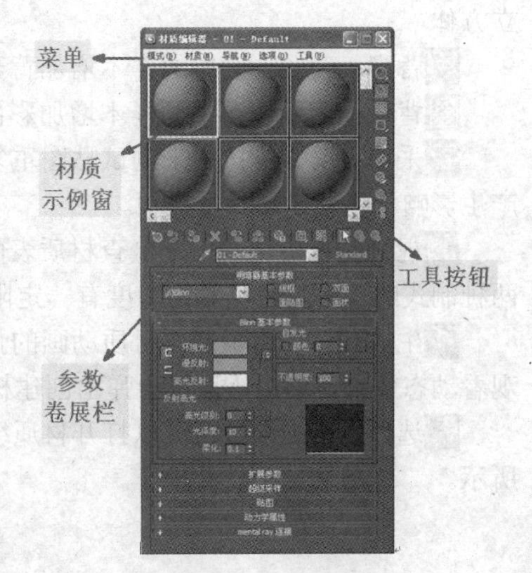

图 1-50　精简材质编辑器

获取材质：单击该按钮，可以打开材质/贴图浏览器对话框，进行材质/贴图的浏览和选择。

将材质放入场景：在编辑完材质之后将它重新应用到场景中的物体上，这个按钮的使用有两个条件：在场景中有物体的材质与当前编辑的材质同名；当前材质不属于同步材质。

将材质指定给选定对象：将当前激活示例窗中的材质指定给当前选择的物体，同时此材质会变成一个同步材质。

重置贴图/材质为默认设置：对当前示例窗的编辑重新设置为初始（默认）值。

生成材质副本：该按钮只对同步材质起作用，按下该按钮，会将当前同步材质复制成一个相同参数的非同步材质，并且名称相同，以便在编辑时不影响场景中的物体。

使唯一：使用该按钮可以避免对多维次物体材质中的顶级材质进行修改时，影响到与其关联的次材质。

放入库：单击该按钮，会弹出放置到库对话框，会将当前材质永久保存到当前的材质库中。如图 1-51 所示。

图 1-51　“放置到库”对话框

材质 ID 通道：通过材质的 ID 通道可以在 Video Post 视频合成器和 Effects 特效编辑器中为材质指定特殊效果。

在视口中显示标准贴图：在贴图材质的贴图层级，按下该按钮可以在场景中显示材质的贴图效果。

显示最终结果：该按钮是针对多维材质等具有多个层级嵌套的材质，在次级层级中按下该按钮，将会显示出最终材质的效果，松开该按钮则显示当前层级的效果。

转到父对象：转到上一个材质层级，只在复合材质的次级层级有效。

转到下一个同级项：可以快速转到另一个同级材质。

采样类型：用于控制材质示例窗中样本的形态，默认为球体，还可以显示为圆柱体或立方体。

背光：为示例窗中的样本增加背光效果，主要用于调节金属材质。

背景：为示例窗中的样本增加彩色方格背景，主要用于调节透明和反射的材质效果。

采用U V平铺：用来测试贴图重复的效果，这只改变示例窗中的显示，对实际贴图不产生影响，包括3个重复级别。

视频颜色检查：用于检查材质表面色彩是否有超过视频限制的，对于 NTSC 和 PAL 两种制式的视频，对色彩饱和度有一定限制。

生成预览：用于制作材质动画的预览效果，对于有动画设置的材质，可以用它来实时观看动态效果，单击该按钮会弹出创建材质预览对话框，如图1-52所示。

选项：单击该按钮可以打开材质编辑器选项对话框，进行材质编辑的控制，如图1-53所示。

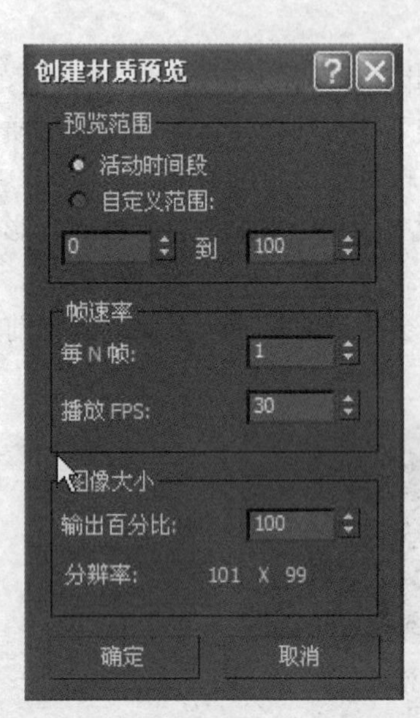

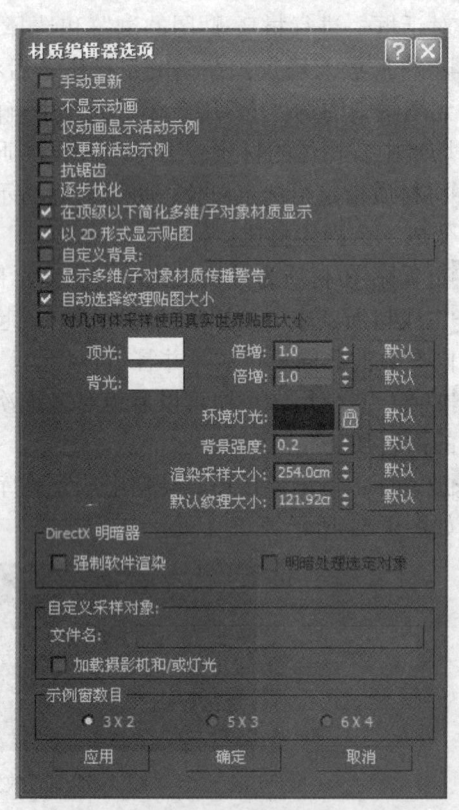

图1-52 “创建材质预览”对话框　　图1-53 “材质编辑器选项”对话框

按材质选择：该按钮可以通过选择当前材质选择对应的物体，按下该按钮，能够激活选择对象对话框，如图1-54所示，附有该材质的物体名称都会高亮显示出来。

材质/贴图导航器：是一个提供材质/贴图层级或复合材质与次材质关系快速导航的对话框。

④ 材质参数卷展栏，根据材质类型的不同以及贴图类型的不同，其内容也不同。一般的参数控制都包含多个项目，它们分别放置在各自的控制面板上，通过伸缩条展开或收起。

Slate Material Editor 平板材质编辑器，也称为石板精简材质编辑器或板岩材质编辑器，是3ds Max 2011新增的基于节点的材质编辑器。按照功能划分，可以将平板材质编辑器窗口

大致分为菜单栏、工具按钮、材质/贴图浏览器、状态栏、材质视图区、材质视图导航区、材质参数编辑区、视图控制区八部分，如图 1-55 所示。

图 1-54　“选择对象”对话框

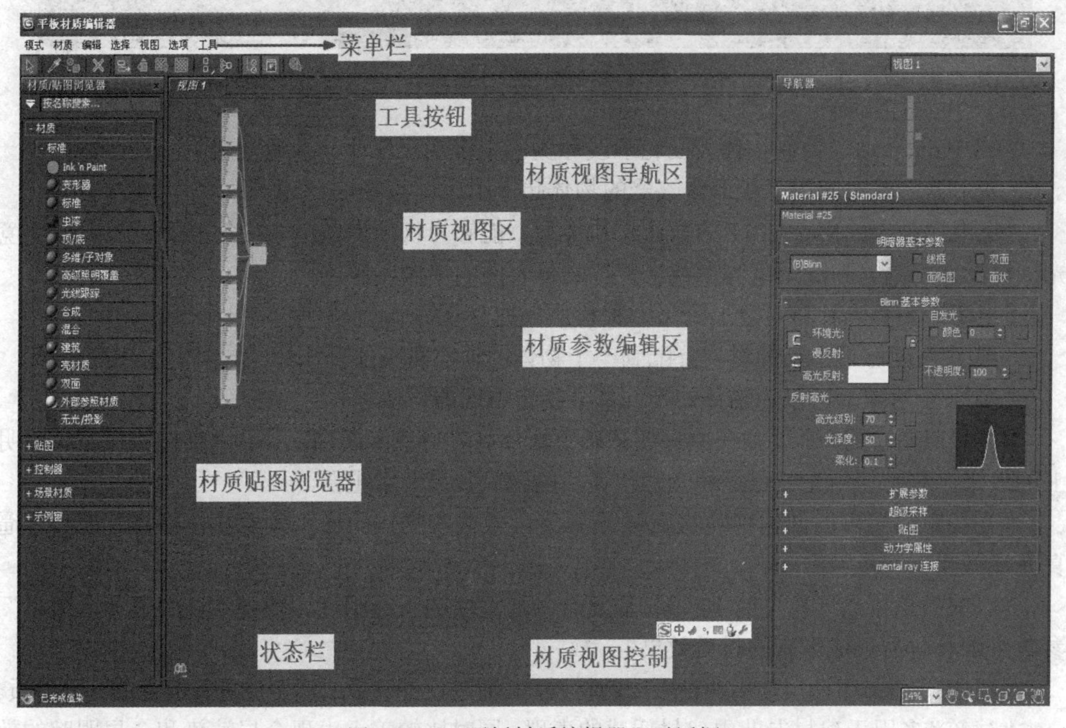

图 1-55　“平板材质编辑器”对话框

3. 基本材质类型

3ds Max 2011 一共提供了 15 种材质类型，每种材质有不同的特点和用途。其中混合、合成、双面、变形、多维/子对象、虫漆、顶/底材质都属于复合材质，即含有两种或两种以上的材质，如图 1-56 所示。

图 1-56 “平板材质编辑器—材质类型”对话框

“Ink Paint”通过控制物体表面轮廓线和颜色来表现表现手绘卡通效果。

“变形器”只对应用了变形修改器的物体起作用。

“标准”是 3ds Max 2011 的默认材质类型，能够为物体提供单一均匀的颜色，通过环境光、漫反射、高光和过滤色等参数来模拟物体表面的反射属性。

“虫漆”是将一种材质叠加到另一种材质上的复合材质。

“顶/底”能够把不同的材质分配到一个物体的顶部和底部。

“多维/子对象”可以为物体的不同部分指定不同的材质。

“高级照明覆盖”主要是在原材质基础上增加高光特效等属性，用于调整材质在高级照明上的效果，对于使用光线跟踪和光能传递后的渲染效果非常重要。

“光线跟踪”可以创建精确的反射/折射光学效果和物体的透明效果，使物体表面具有逼真光泽效果。

“合成”是将卷展栏里的 10 种材质复合，通过增加不透明度、减少不透明度和“数量”参数来混合材质形成丰富的材质效果。

“混合”是上、下两层使用两种不同的材质，并通过设置遮罩或混合量进行混合的一种材质。

“建筑”多用于建材专业中建材质感的表现，同时比较善于表现全局渲染和全局跟踪的效

果，使用它能够快速使用系统优化好的建筑材质。

“壳材质”用于贴图烘焙的制作。

“双面”可以对物体内外两个表面指定不同的材质，常用于表现两面不一致的物体。

“外部参照材质（无光/投影材质）”，被赋予该材质的物体在场景中无法被渲染出来，但是它可以表现其他物体的投影效果，通常被用于模拟地面的物体上。

mental ray 材质专用于 mental ray 渲染器，因此要使用这种类型的材质首先要将当前的渲染器切换为 mental ray 渲染器。

标准材质的参数分别位于 7 个参数面板中，分别是明暗器基本参数、Blinn 基本参数、扩展参数、超级采样、贴图、动力学属性、mental ray 链接。单击面板可以展开或收起相应的参数面板，鼠标指针呈手形时可以进行上下滑动。

mental ray 材质的控制项目比较少，主要通过各组件加载不同的明暗器来实现不同的效果。其设置与 mental ray 连接参数面板中的设置完全一样，mental ray 材质还增加了凹凸组件，如图 1-57 和图 1-58 所示。

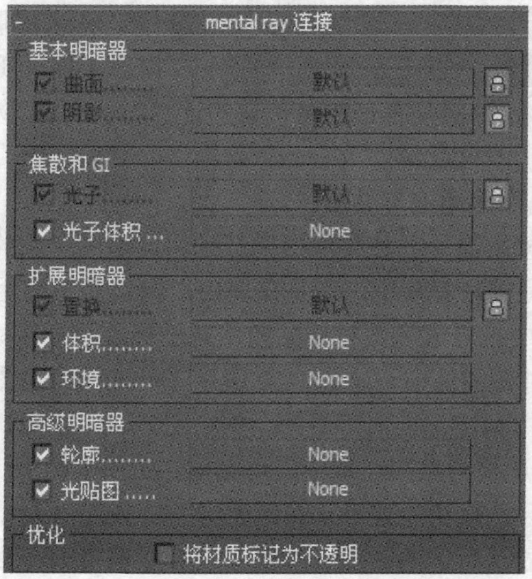

图 1-57 标准材质的 mental ray 链接参数面板

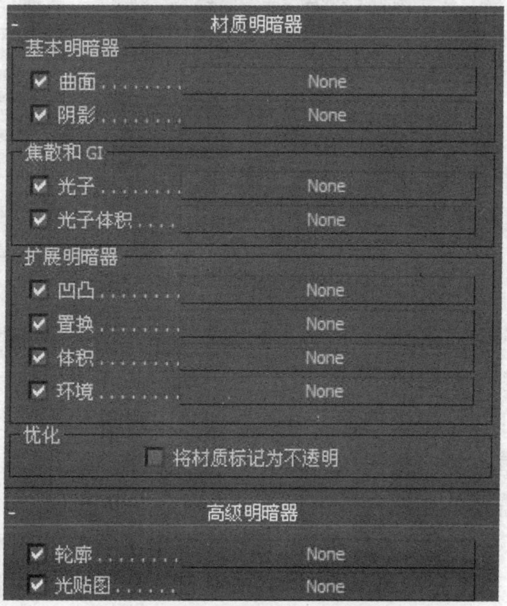

图 1-58 mental ray 材质参数面板

mental ray 的 Arch & Design 是专门用于建筑与工业设计的材质。它是基于物理法则设计的材质模拟系统，擅长表现各种金属、木材和玻璃等硬表面材质，并且还内置了许多模板，从而使参数的调节更加方便快捷。此外它的细节表现力非常强，通过各种内置参数，可以快速而精确的调节出高质量的画面。如图 1-59 所示。

Autodesk 系列材质也是基于物理学参数而设计的一类专门用于建筑构造设计和环境表现的材质。该材质适合表现基于真实尺寸的几何体和光度学灯光的场景，可以和 Autodesk 的其他建筑软件如 AutoCAD、Autodesk Inventor 等共享，内置了陶瓷、混凝土、玻璃、硬木、砖石、金属、金属漆、塑料、石头、水等建筑表现中常用的纹理，调节较少的参数就可以达到精美的效果。

Car Paint：车漆材质，专门用于表现汽车表面的金属漆效果。车漆有金属片涂料层、

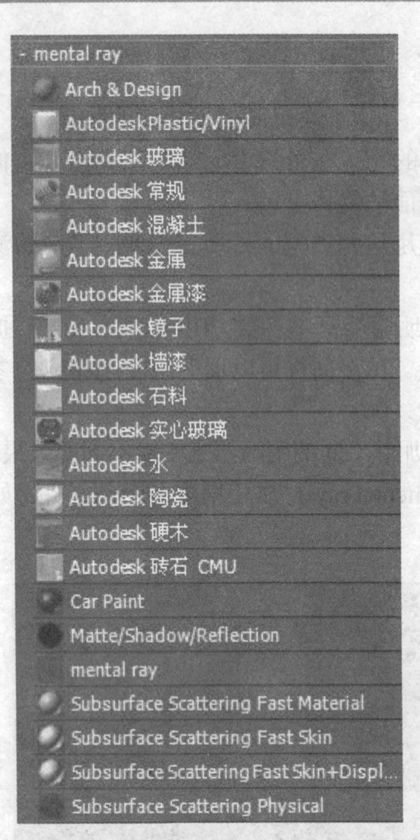

图 1-59 mental ray 各类材质

清漆层和 Lambertian 尘土层，不仅可以真实的再现金属烤漆工艺形成的各种细节，还能模拟附着在汽车表面的各种污渍。

Matte/Shadow/Reflection：无光/投影/反射材质类似于 3ds Max 2011 自带的无光投影材质，可以使照片背景与 3D 场景进行无缝合成。它不仅可以设置遮挡物体，还能调节出真实的阴影和反射效果，并且支持凹凸贴图、环境光阻挡及间接照明等高级技术。

次表面散射材质的全称是 Subsurface Scatter，也称为 3S 材质，适合表现透光而不透明的物体，如玉石、蜡烛、皮肤等。这些材质在受到强烈光照时，有晶莹剔透的感觉，这是由于光线穿透到材质表面的一定深度内得到的照明效果。mental ray 提供了 Subsurface Scattering Fast Material 3S 快速、Subsurface Scattering Fast Skin 3S 快速皮肤、Subsurface Scattering Fast Skin+Displacement 3S 快速皮肤+位移、Subsurface Scattering Physical 3S 物理 4 种材质。其中 3S 快速材质是最简单快速的计算方式、3S 物理是最精确的材质。

4. 贴图通道与贴图

对象表面的各种纹理效果都是通过贴图产生的，贴图通常和材质一起使用，贴图并不是简单地应用在材质中，而是需要用户指定具体应用在哪个贴图通道中。用户可以从材质/贴图浏览器中打开大多数材质贴图，对于标准材质来说，打开贴图卷展栏，可以看到其中可以使用的各种贴图通道，如图 1-60 所示。单击任何贴图通道右侧的按钮也可以打开材质/贴图浏览器，其中列出了当前可用的全部贴图方式。选择一种需要的贴图方式，并单击“确定”按钮，即可在选择的贴图通道中应用贴图，如图 1-61 所示。

“环境光颜色”：将贴图应用于材质的阴影区，默认为禁用状态，通常不单独使用。

“漫反射颜色”：最为常用，物体过渡区将显示所选的贴图，应用漫反射原理将贴图平铺在对象上，用以表现材质的纹理效果。

“高光颜色”：将贴图应用于材质的高光区。

“高光级别”：与高光区贴图相似，但强弱效果取决于参数区中的高光强度设置。

“光泽度”：贴图出现在物体的高光处，控制对象高光处贴图的光泽度。

“自发光”：当使用自发光贴图后，贴图浅色部分产生发光效果，其余部分不变。

“不透明度”：依据贴图的透明程度在物体表面产生透明效果，贴图颜色深的部分透明，颜色越浅的部分越不透明。

“过滤色”：根据贴图图像像素的深浅程度产生透明颜色效果。

“凹凸”：贴图颜色浅的部分产生突起的效果，颜色深的部分产生凹下的效果。

“反射”：用以表现材质反射光线的效果，是创建发射特效的重要手段。

“折射”：用于制作水、玻璃等材质的折射效果，用户可以通过设置参数中的折射率来控制折射效果。

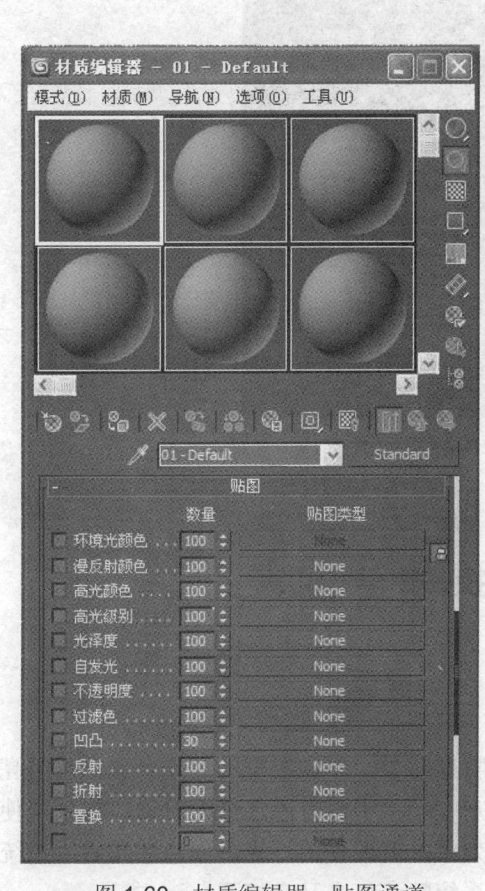

图 1-60　材质编辑器—贴图通道

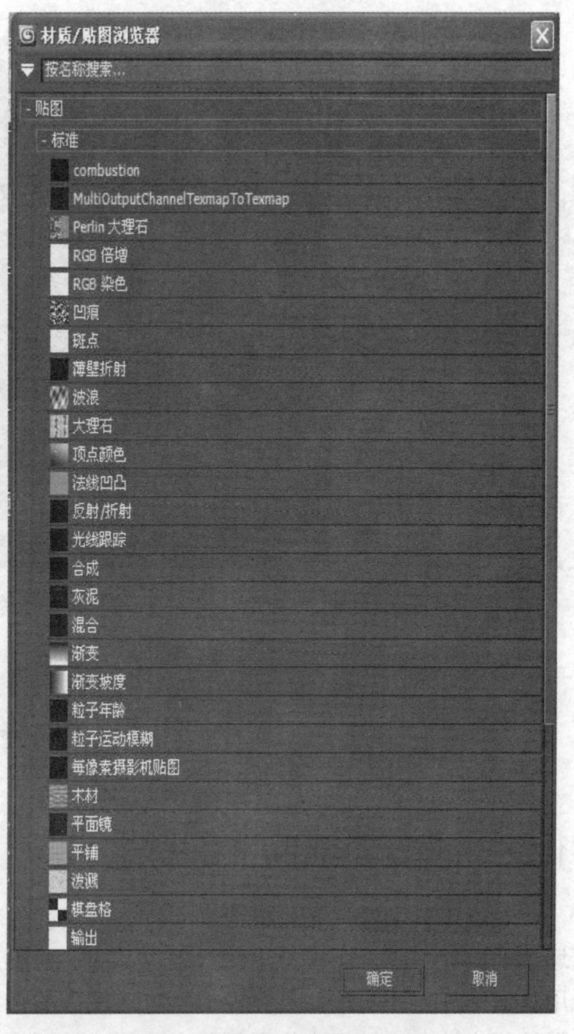

图 1-61　材质/贴图浏览器

“置换”：使物体产生一定的位移，即对对象上的点进行拉伸，使对象产生一种膨胀的效果。

5. 贴图纹理与 UV 编辑

3ds Max 2011 提供了几十种贴图方式，可分为二维贴图、三维贴图、程序贴图、反射与折射贴图五大类。许多贴图有多个公用卷展栏，包括坐标、噪波等，除这些卷展栏外每种贴图还有自己的参数卷展栏，如图 1-62 所示。

二维贴图使用二维的图像贴在对象表面或者作为环境贴图为场景创建背景图像，位图贴图、combustion 贴图、棋盘格贴图、渐变贴图、渐变坡度贴图、漩涡贴图都属于二维贴图。

在二维贴图的参数卷展栏中，贴图类型有“纹理”和“纹理”，选项把贴图作为纹理应用于对象的表面，纹理将跟着对象的移动而移动。“环境”选项创建一张环境贴图，环境贴图锁定在世界坐标系统而不是一个对象中。

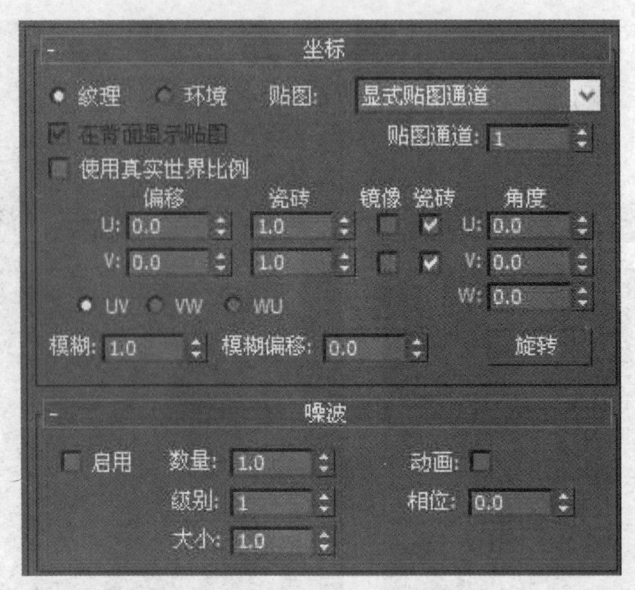

图 1-62 贴图卷展栏

1.5 灯光技术

1.5.1 三维场景中灯光的使用方法

三维场景中的灯光是模拟真实灯光效果的一种特殊对象。不同类型的灯光对象，其照亮场景的原理不同，所模拟出的效果也不同。如果用户在场景中没有添加灯光对象，则系统使用默认的灯光照明。如果要模拟特定环境下的真实效果，就要使用灯光。创建灯光后，系统默认灯光被自动关闭，如果删除全部创建的灯光，系统默认灯光又会打开。

要创建一个逼真的三维场景，需要模型、材质、灯光等多方面要素的配合。通常在如下几种情况下应该使用灯光。

① 要增加场景的亮度。场景默认的灯光效果不足以实现明亮的场景效果。

② 通过真实的灯光特效模拟真实世界。设置合适的灯光参数及用多种灯光配合使用，可以模拟出非常逼真、自然的效果。

③ 用灯光创建逼真的阴影效果。所有的灯光类型都可以创建阴影，而且还可以设置物体是否生成阴影以及它是否能够接受阴影。

④ 灯光可以在场景中作为放映机，放映静态或动态的图像。

⑤ 使场景中的对象作为模拟光源，如灯泡、探照灯等。因为 3ds Max 2011 中的灯光物体本身是不能被渲染的。

当照亮场景时，最好使用不只一盏灯光，通常使用有主光（关键灯）、辅助灯、背光灯（环境灯）的三点照明方式。

主光也称为关键灯，在场景中它是主要的投射阴影照明，通常使用聚光灯，位于对象的前面，相对于对象稍稍偏上一些。

辅助灯光用以填满光线的缺口和洞，能放置在主体地面上的任何一个方向，强度设置比主光低，并且不设置投射阴影。可以在幕后放一盏附加的背光灯照明主体，这盏灯应该很昏暗并且同样不产生阴影。

背光灯也称为环境灯，提供场景的全部照明并且放置阴影过黑。背光灯不直接从源头射来，通过创建偏斜的灯光照向对象的侧面。

不同类型的灯光有不同的参数设置和效果，后面会详细介绍。下面介绍在场景中创建灯光的基本方法。

1.5.2 灯光的类型

3ds Max 2011 中包含多种不同的灯光类型，如图 1-63 所示。这些灯光类型的主要差别在于光线投影进场景的方式。在场景中没有添加其他灯光时照明来自默认灯光，光线也可以来自环境灯。

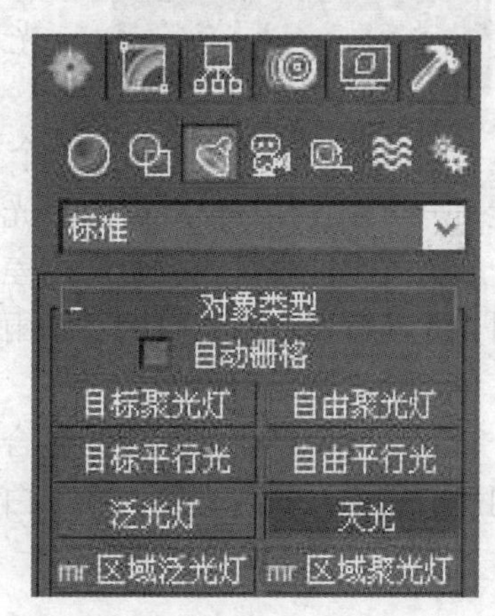

图 1-63 灯光类型

1. 泛光灯

泛光灯向各个方向发射光线，可以用于在场景中添加充足光照的效果或者模拟点光源效果。场景中两盏默认灯就是泛光灯，第一盏位于场景左上角，第二盏位于场景右下角。在视图配置对话框中可以为任何视图选择默认照明或设置默认照明只用一盏灯。可以通过选择定制视图配置或在视图标题处单击右键从弹出的菜单选择配置命令打开视图配置对话框。

如果想要在场景中访问默认灯光，可以使用预览添加默认灯光到场景命令改变默认灯光为可控制的并改变它的位置。

2. 聚光灯

聚光灯是定向灯，可以控制照射的焦点和方向。在 3ds Max 2011 中有两种聚光灯：目标聚光灯和自由聚光灯。目标聚光灯在视图里显示为锥形，灯光位于锥尖上，由一个光源和一个目标点组成。自由聚光灯没有目标点，能够使用选择并旋转按钮变换它们。

3. 平行光

平行光在视图中显示为柱体，可以在一个方向上发射平行的光线，有目标平行光和自由平行光两种类型，用户可以调整灯光的颜色、位置和角度，主要用于模拟太阳光。

4. 天光

天光用来创建一种自然的全局光照效果，配合光能传递渲染功能，可以创建出非常自然、柔和的逼真渲染效果。

5. mr 区域泛光灯

它通常与 mental ray 渲染暗器一起使用，当用户使用 mental ray 渲染暗器渲染时，区域泛光灯可以从一个球或圆柱体区域发射光线，而不是仅仅从一个点发光。如果使用默认的 Scanline 渲染器，则区域泛光灯与标准泛光灯的作用相同。

6. mr 区域聚光灯

它通常与 mental ray 渲染暗器一起使用。当用户使用 mental ray 渲染暗器渲染时，区域聚光灯可以从一个矩形或圆形区域发射光线，而不是仅仅从一个点发光。如果使用默认的

Scanline 渲染器，则区域聚光灯与标准聚光灯的作用相同。

7. 光度学灯光

前面介绍的都是标准灯光类型，光度学灯光是基于光度测定算法的模拟真实灯光照明效果的灯光类型。在创建命令面板中单击灯光按钮，然后在下方的灯光类型列表框中选择“光度学”，即可看到光度学灯光，如图 1-64 所示。光度学灯光的特点是具有专门的光度测定参数，能够精确模拟真实世界的光度照明效果。

图 1-64　光度学灯光

大多数 3ds Max 场景使用两种典型的灯光：自然光或人工光。自然光的来源为太阳和月亮，主要用在室外的场景。人工光通常指室内场景中灯泡提供的光。

自然光最好使用平行光创建，因为平行光的光线都是从一个方向射来的。自然光的强度也依赖于时间、日期和太阳的位置——可以使用 3ds Max 的日光系统精确控制强度。

天气也能使灯光颜色产生差别。在晴朗的天气，日光的颜色是浅黄色；在多云的天气，日光是淡蓝色；在昏暗的、暴雨的天气，日光是暗灰色。日出和日落的灯光颜色有更多的橘红色，月光则是白色的。

人工光是产生低强度的复合光。泛光灯通常是室内灯光的最佳选择，因为它从一个来源向所有的方向投射光线，标准白色的荧光灯通常伴有浅绿色或浅蓝色。

1.6　插　　件

1.6.1　插件介绍

3ds Max 2011 中有众多的插件，每个插件实现一部分功能，3ds Max 能将实现各种功能和效果的插件组合在一起，使每个插件都有条不紊地工作。插件分为两种：Standard MAX plug-ins（标准插件）和 Additional MAX plug-ins（附加插件）。它们分别安装在 stdplugs 和 plugins 两个文件夹中，其中 stdplugs 用来存放标准插件，plugins 用来存放附加插件。所有外部插件只能对应相应版本的 3ds Max，不能通用。

插件有很多不同的文件类型：

*.dlo 文件用来创建物体，位于 Create 面板中；

*.dlm 文件是编辑修改器，位于 Modify 面板中；

*.dlt 是特殊材质和贴图，位于材质编辑器中；

*.dlr 是渲染插件，位于 Rendering 面板中；

*.dle 用于定义新的输出格式；

*.dli 用于定义新的输入格式；

*.dlf 是字体类型插件。

以下插件都是 3ds Max 2011 中作为自带功能出现，该软件业会在未来的版本中有所改进和提升。

1. Quicksilver 硬件渲染器

使用图形硬件生成渲染速度较快，可选择多种选择质量和级别，如图 1-65 所示，这是调用 Quicksilver 的方式。要使用 Quicksilver 硬件渲染器，图形硬件必须支持 Shader Model 3.0（SM3.0）或更高版本，运行“帮助”→“诊断视频硬件”，弹出对话框表示诊断成功，如图 1-66 所示。

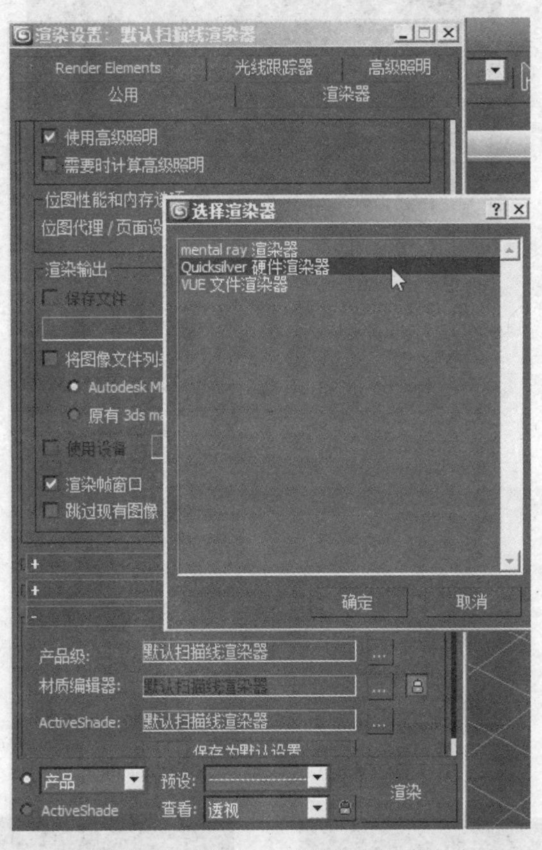

图 1-65　Quicksilver 渲染器的开启方式

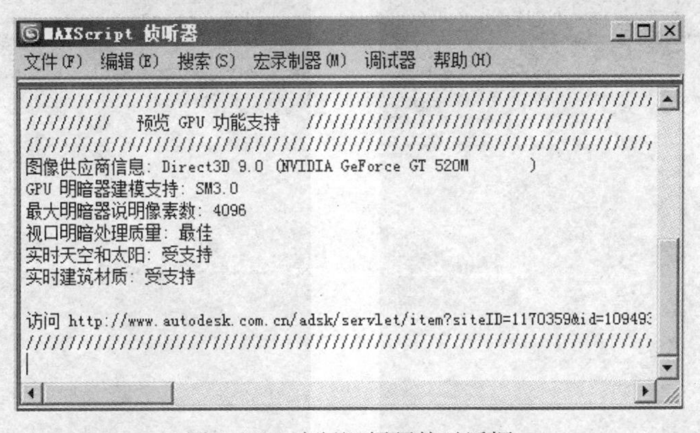

图 1-66　诊断视频硬件对话框

Quicksilver 渲染器的速度是默认扫描线渲染器的 4 倍。如再增加景深效果，Quicksilver 渲染器的速度是默认扫描线渲染器的 22 倍，它几乎能在几秒内渲染出有细腻阴影和带间接照明的效果，如果场景中的物体保持不变，每次的渲染器速度会进一步加快。Quicksilver 渲染器控制面板如图 1-67 所示。使用“增加景深效果渲染”，渲染效果如图 1-68 所示。使用“增加阴影和间接照明效果”，渲染效果如图 1-69 所示。

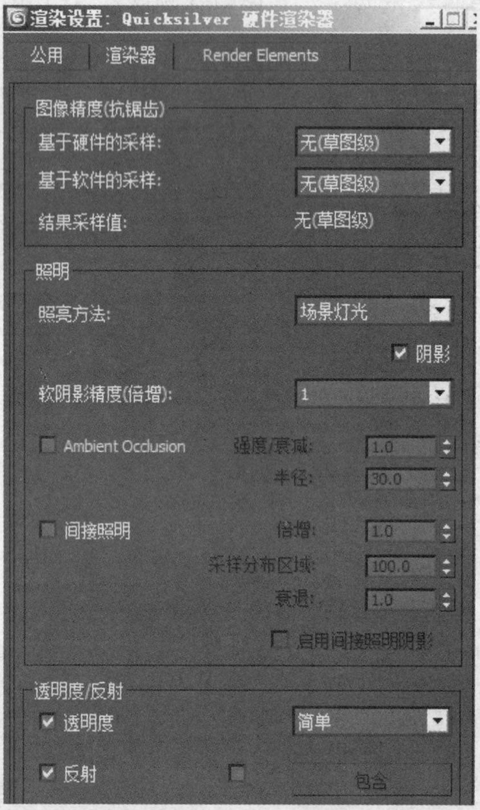

渲染设置：Quicksilver 硬件渲染器
公用 | 渲染器 | Render Elements
图像精度(抗锯齿)
基于硬件的采样： 无(草图级)
基于软件的采样： 无(草图级)
结果采样值： 无(草图级)
照明
照亮方法： 场景灯光
阴影
软阴影精度(倍增)： 1
Ambient Occlusion 强度/衰减： 1.0
半径： 30.0
间接照明 倍增： 1.0
采样分布区域： 100.0
衰退： 1.0
启用间接照明阴影
透明度/反射
透明度 简单
反射 包含

图 1-67 Quicksilver 渲染器控制面板

图 1-68 增加景深效果渲染

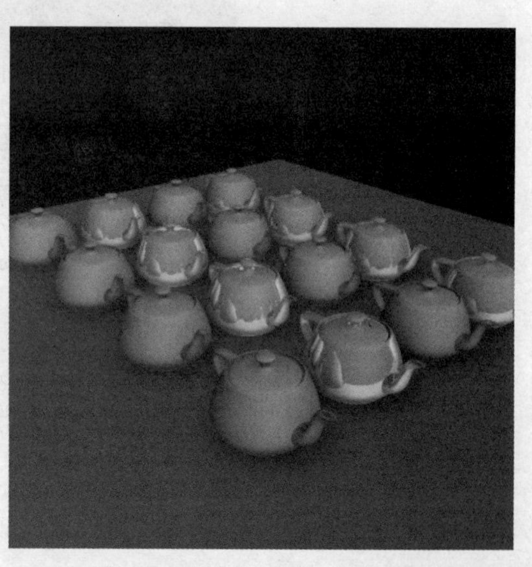

图 1-69 增加阴影和间接照明效果

2. CAT 骨骼绑定

CAT 能够较轻松地完成多条腿角色和人体形状的骨骼绑定工作。它有许多现成装备，如双翼飞龙、蜘蛛和蜈蚣等，如图 1-70 所示。

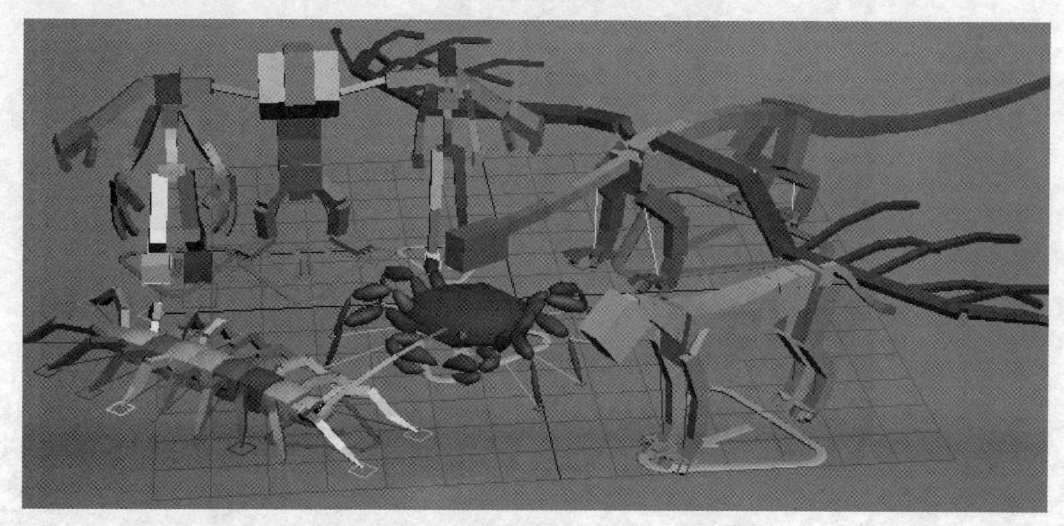

图 1-70　CAT 插件里的现成装备

3. 绘制对象工具

绘制对象工具可以通过徒手或沿着选定的边圈在场景中或特定对象上绘制选定对象。这对随机排列某个对象的需求很有帮助。比如，在山地上栽满树，制作散落满地的珠子等场景。如图 1-71 所示。

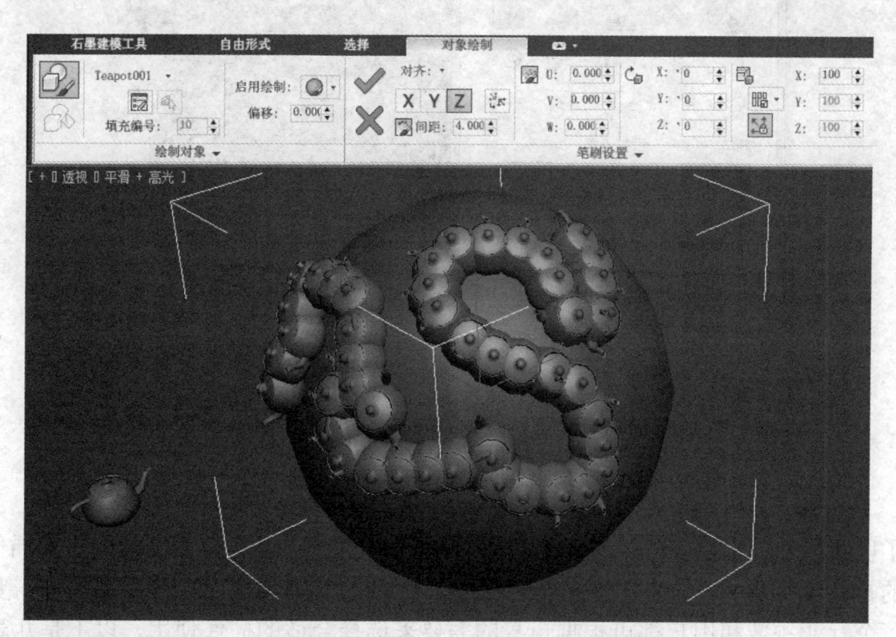

图 1-71　在圆球表面徒手绘制物体

4. SketchUp 文件导入

SketchUp 是目前建筑设计、景观设计常用的建模软件，现在 3ds Max 2011 支持导入 SKP

格式的 3D 数据，包括摄影机、材质和灯光。SketchUp 的场景模型如图 1-72 所示。

图 1-72　SketchUp 的场景模型

5. 视口画布

“视口画布”是一项提供将颜色和图案绘制到视口中对象的材质中贴图上的工具，可以 PSD 格式导出绘制。视口画布工具对话框和绘制效果如图 1-73 所示。

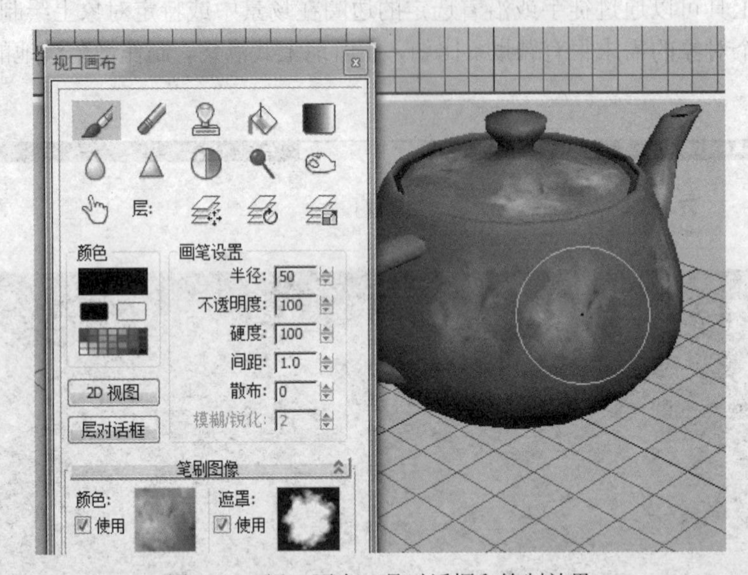

图 1-73　视口画布工具对话框和绘制效果

除了以新增功能出现在 3ds Max 2011 中的内部插件外，还有数量庞大的外部插件。这些插件有的是完全免费的，一些大型的外部插件有标准的安装包，而一些小型插件需要手动来安装。每个行业领域和用户都可根据自身的需要来选择合适的插件使用，以下是几款比较著名的外部插件。

1. AfterBurn

AfterBurn 是基于粒子系统的气体效果的 3ds Max 插件，可为用户提供云、烟、尘埃、爆

炸及液体金属等特效，被广泛用于影视动画。其界面如图 1-74 所示。其强大的功能和真实的效果，令人震撼，如图 1-75 所示。

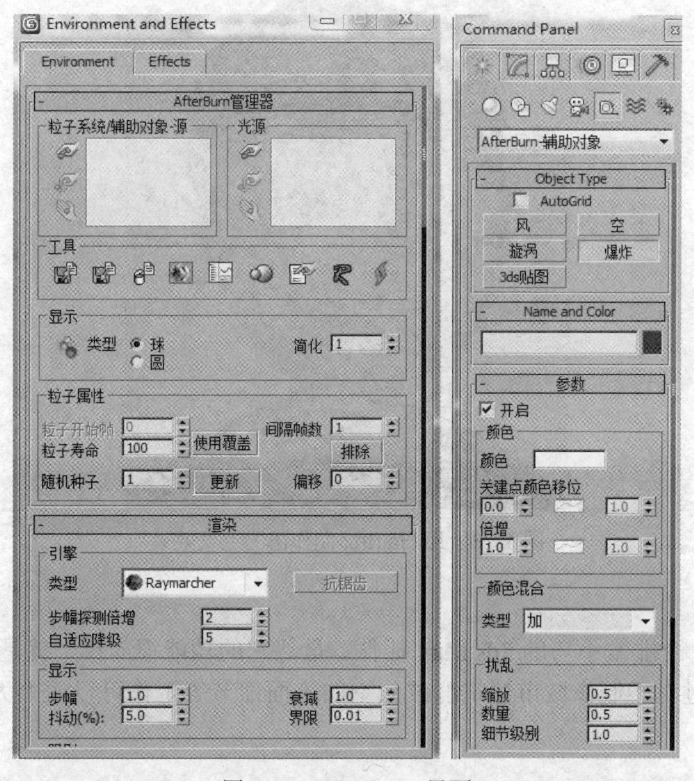

图 1-74 AfterBurn 界面

图 1-75 AfterBurn 的制作效果

2. Hairtrix

Hairtrix 是专门制作毛发的外部插件。它为用户提供了诸多优秀特性：多种毛发解决方案整合使用，比其他毛发插件渲染速度快很多；支持多种渲染器，直接在 3d Max 视图中调整发型，不需要到单独的窗口中调节。Hairtrix 制作出的毛发效果如图 1-76 所示。

图 1-76　用 Hairtrix 制作出的毛发效果

3. Greeble

Greeble 是一个非常小巧的 3ds Max 插件。虽然它的功能很简单，就是在物体表面随机生成四方体，不过对于制作城市建筑群或太空船表面细节等工作可以派上大用场。如图 1-77 所示。

图 1-77　用 Greeble 快速制作的建筑群

4. Polygon Cruncher

Polygon Cruncher 插件的主要功能是不影响 3D 模型外观的前提下，尽量减少模型的多边形数量。它在高优化比的情况下不损失细节，还可以保留原模型的纹理信息、节点色、保持多变性对称等。其制作出的效果如图 1-78 所示。

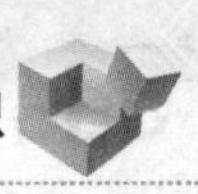

图 1-78 Polygon Cruncher 减面的效果

5. Simcloth

该插件是一款非常简单易用的布料模拟插件，能模仿各种不同类型的织物和布料。

6. Vray

Vray 是目前最流行的渲染器之一，具有速度快，质量高的特点。在建筑表现领域使用普遍。如图 1-79 所示。

图 1-79 Vray 渲染出的室内效果图

1.6.2 插件使用

1. “绘制工具”插件

首先，建立简单场景，在“创建面板”中选择“平面”在透视图随意创建一个平面，适当增加“长度分段”和“宽度分段”，如图 1-80 所示。

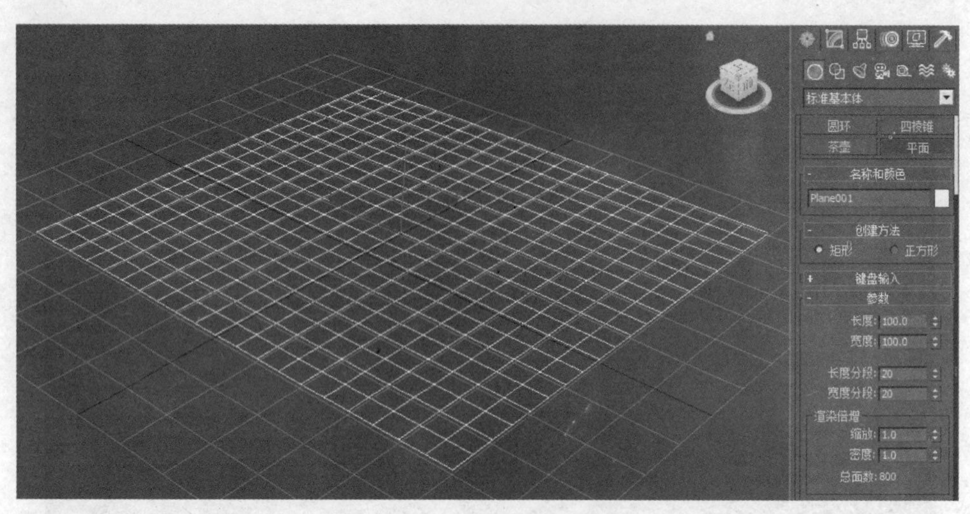

图 1-80　创建一个“平面”

在它的旁边再创建一个小的圆锥形，如图 1-81 所示。

图 1-81　增加一个圆锥

选中“平面”，进入“修改面板”添加“Noise”（噪波）修改器，“比例”缩小为“20”，“强度”中的“Z”设为“15”，使平面产生高低不平的效果，如图 1-82 所示。

选择“对象绘制”，并单击箭头，显示出完整的面板，如图 1-83 所示。

选中“平面”，再单击“拾取对象”，选择“小圆锥”，单击“绘制”便可以在平面上随意进行徒手绘制了，如图 1-84 所示。

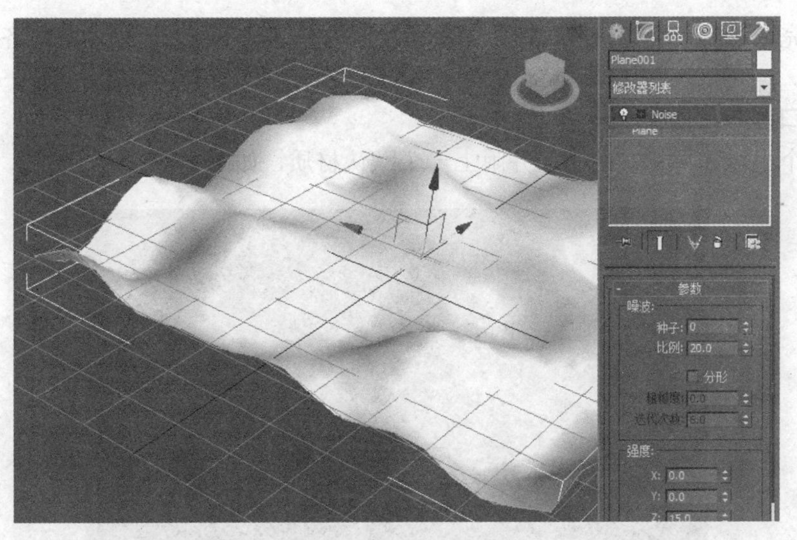

图 1-82　Noise 修改面板

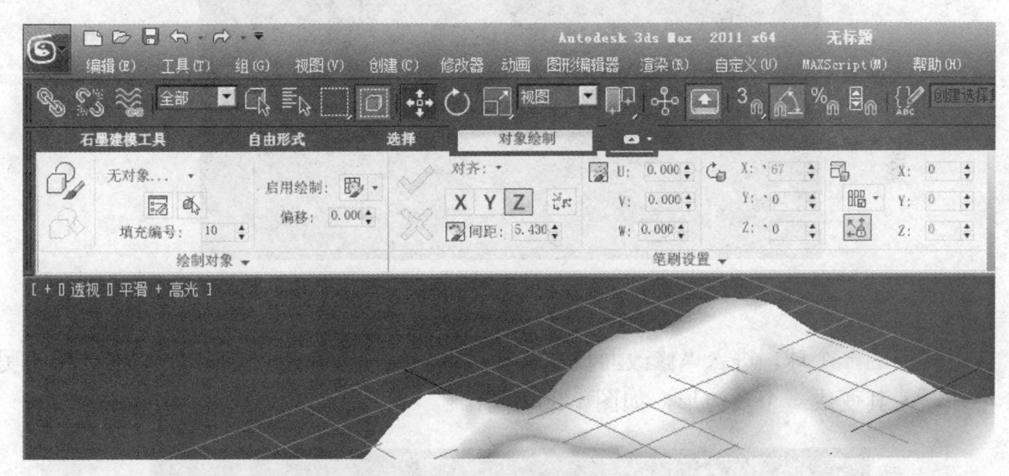

图 1-83　对象绘制

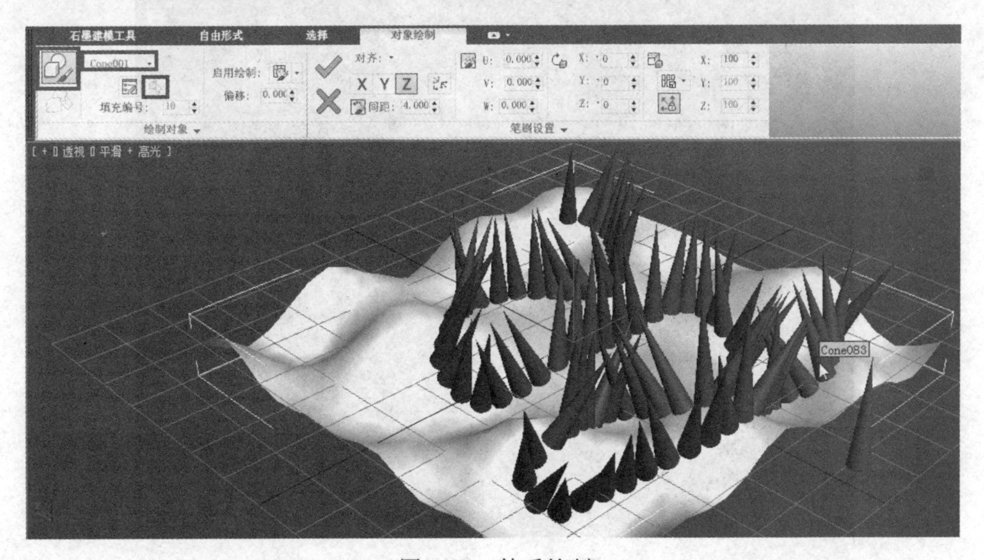

图 1-84　徒手绘制

打钩即完成绘制，不能修改，打叉即重新绘制。打钩确定前，可以调节对齐方向、间距、移动、旋转。

2. “视口画布”插件

创建一个小球，再复制两个，并附上一个默认材质，如图 1-85 所示。

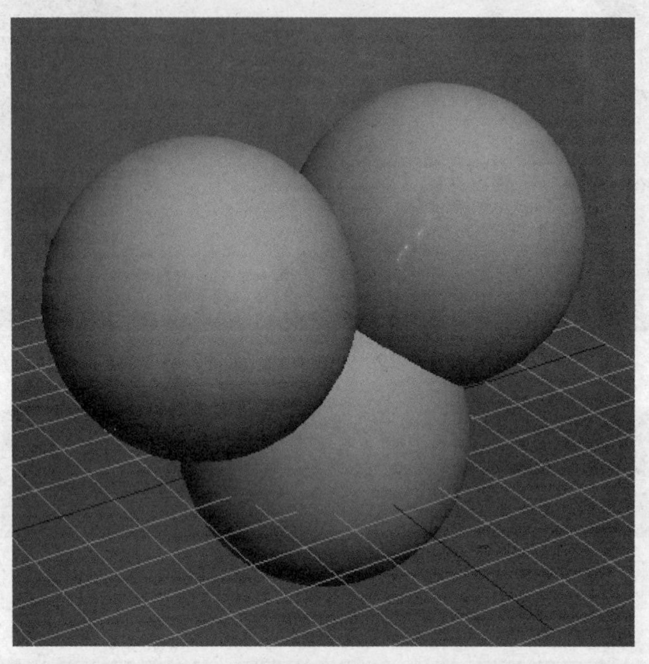

图 1-85　3 个小球

选中其中的一个球，进入“修改面板”选择“编辑网格”命令，单击“附加”，单击另外两个小球，使其变成一个多边形，如图 1-86 所示。

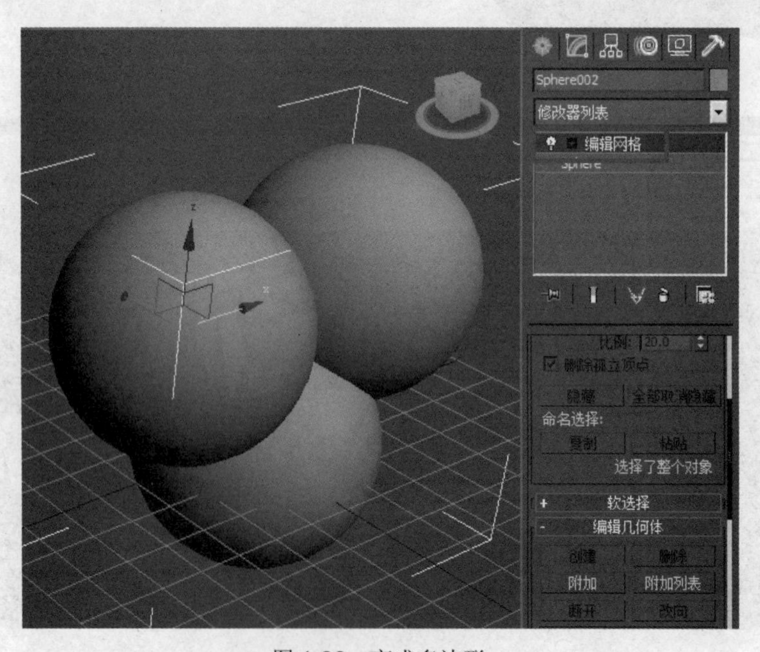

图 1-86　变成多边形

执行“工具”→“视口画布”，弹出“视口画布”面板，在面板上右击选择“停靠”→“左”，就可使面板固定在左侧。如图 1-87 所示。

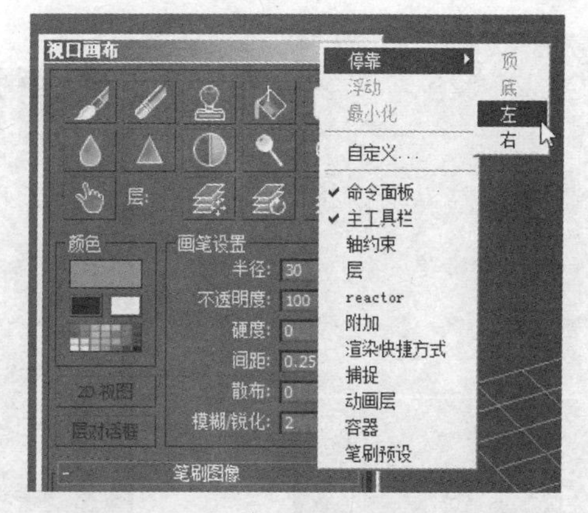

图 1-87　固定视口画布面板

选中物体，再选择“笔刷工具”，选择“漫反射颜色”，弹出对话框，选择图片储存的路径和格式，如图 1-88 所示。

单击“确定”后，就可以使用“颜色”进行绘制了，但绘制时会出现 3 条绘制的痕迹，如图 1-89 所示。如果不希望是这个效果，则需为物体添加“UVW 贴图”。鼠标右击暂时结束绘制，进入“修改面板”，添加“UVW 贴图”编辑器，选择“球体”，如图 1-90 所示。再次单击“绘制”工具，这次的绘制效果就比较正常了，如图 1-91 所示。还可配合图案、遮罩进行更丰富的绘制。

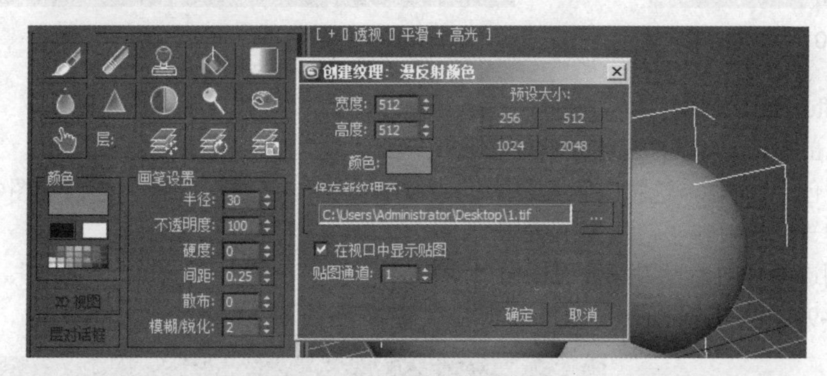

图 1-88　创建漫反射纹理

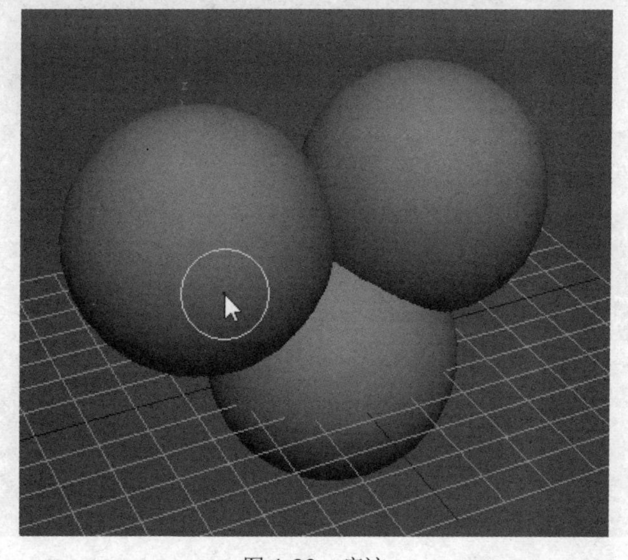

图 1-89　痕迹

图 1-90　UVW 贴图球体

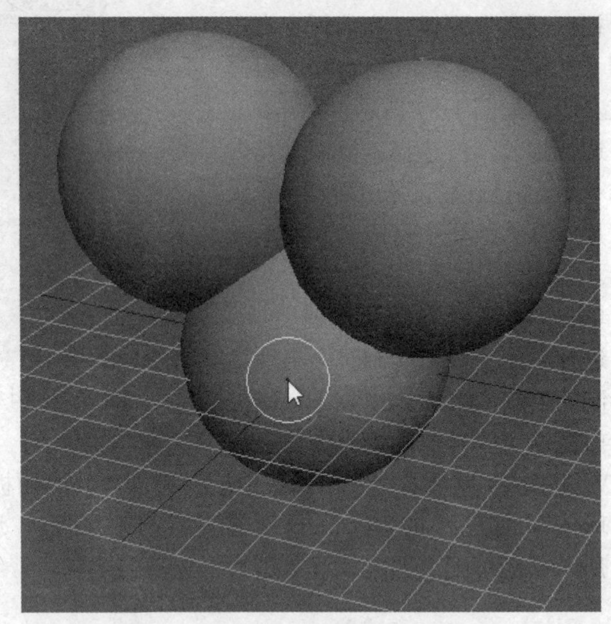

图 1-91　正常绘制

3. "AfterBurn"插件

使用 AfterBurn 前需先运行插件的安装程序。

进入"创建面板"，选择下拉菜单中的"粒子系统"，单击"喷射"在前视图中拉出一个矩形以创建一个喷射粒子，如图 1-92 所示。

切换到透视视图，设置参数面板中"变化"为 3，"寿命"为 100，"宽度"、"长度"为 10，如图 1-93 和图 1-94 所示。

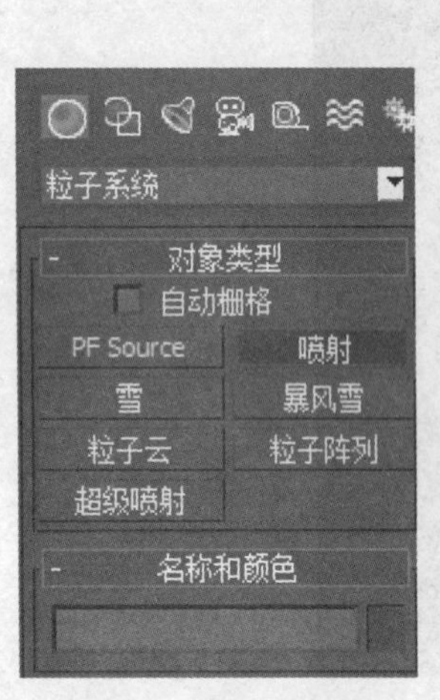

图 1-92　喷射粒子创建

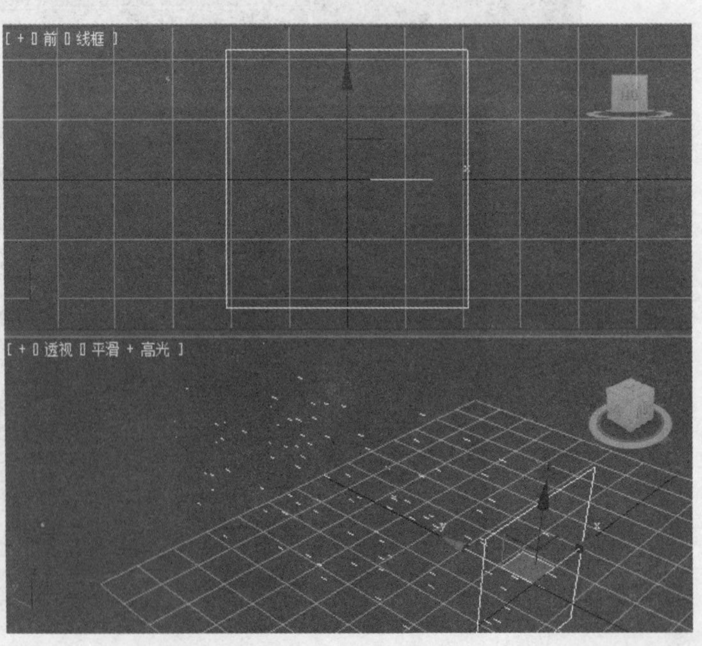

图 1-93　创建喷射粒子

执行“渲染”→“环境”，如图 1-95 所示。单击“添加”，选择 Afterburn，“确定”后就可以使用 Afterburn 的功能了。如图 1-96 所示。

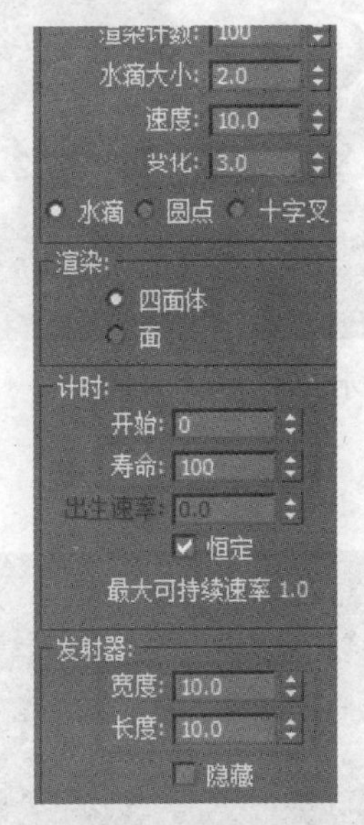

图 1-94 参数设置

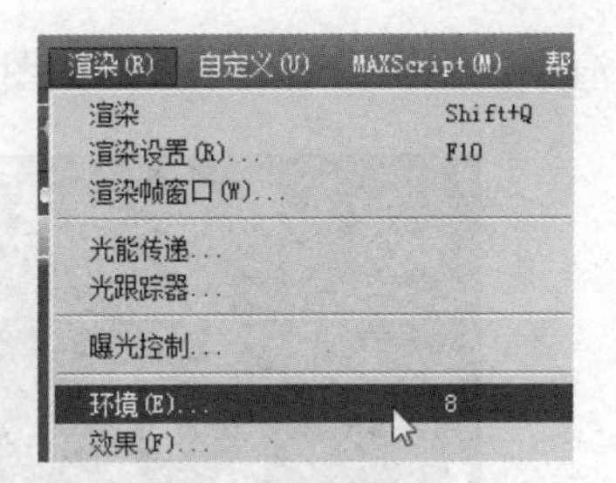

图 1-95 环境

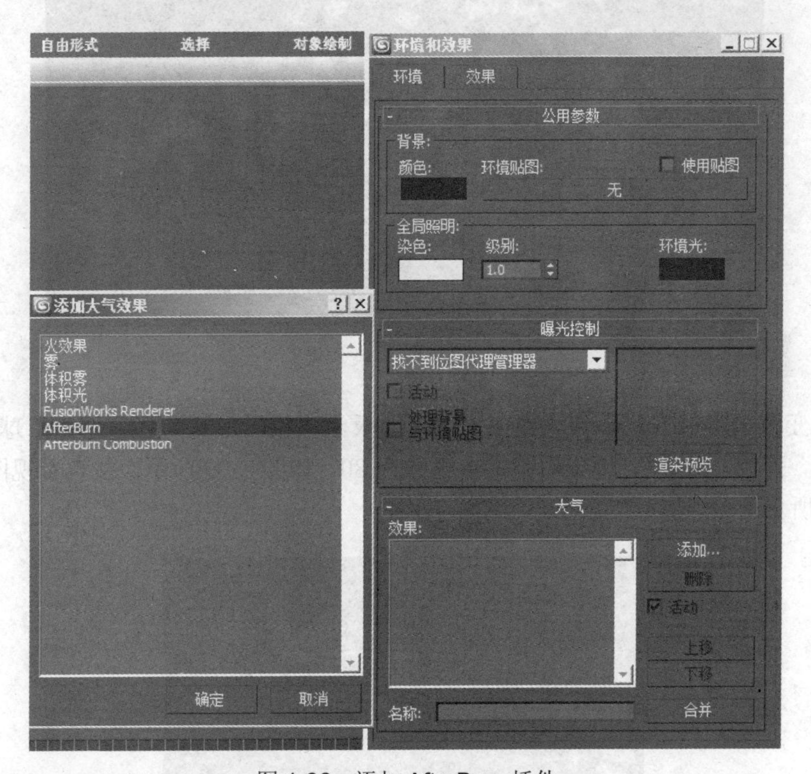

图 1-96 添加 AfterBurn 插件

在 Afterburn 面板中，单击“拾取粒子”图标，并在视图中单击“喷射粒子”，在管理器中就可以看见 spray001 这个粒子被拾取进来了，单击“在视口中显示”按钮，粒子就可以更直观地显示在屏幕上，如图 1-97 所示。

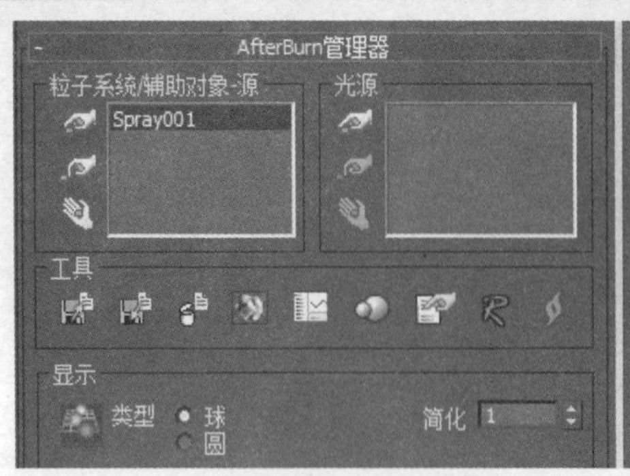

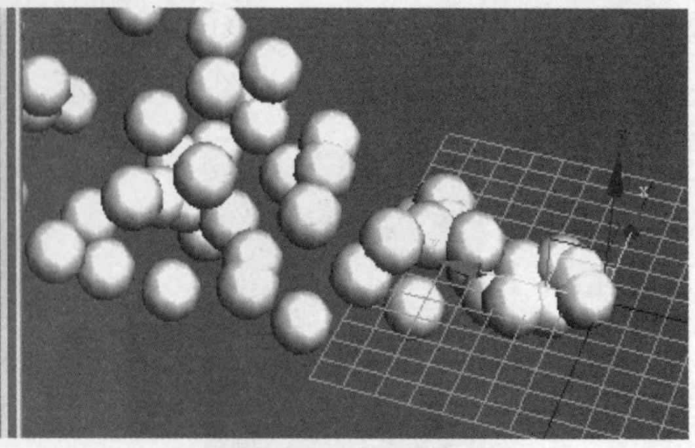

图 1-97　拾取粒子显示

单击渲染按钮察看渲染效果，如图 1-98 所示。

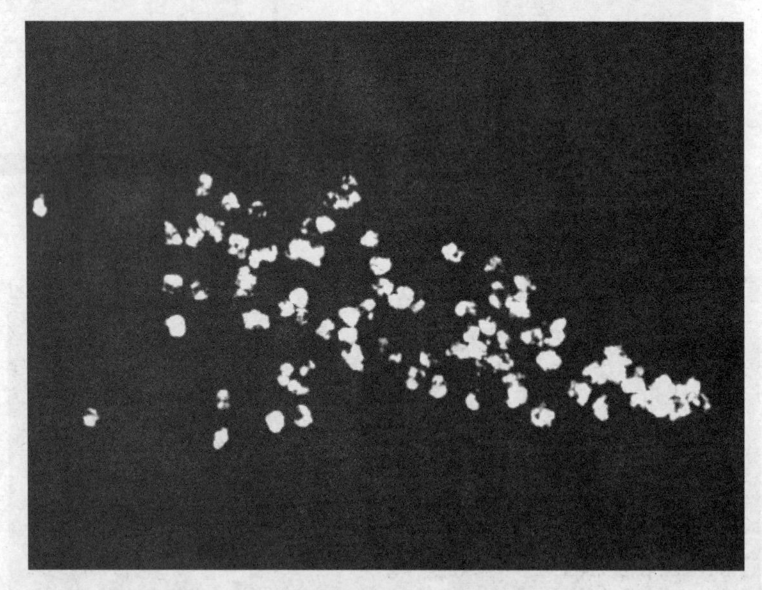

图 1-98　渲染效果

接着改变粒子半径为从小到大变化，滑动面板至“粒子形状”栏，右击“球的半径”行的白色方块，弹出“开启”，单击后把最大值改为 80，如图 1-99 所示，并查看视图显示效果。如图 1-100 所示。

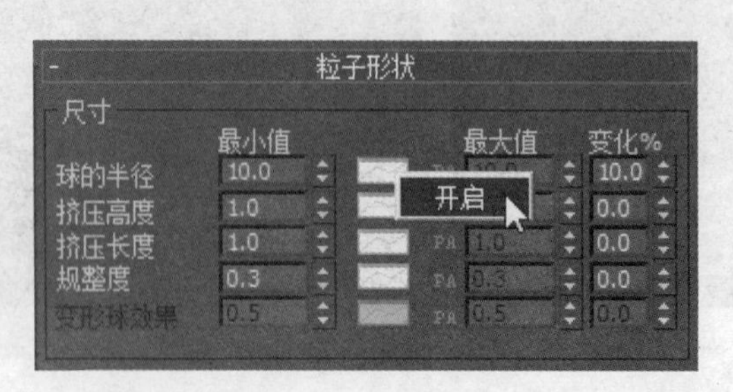

图 1-99　弹出开启

这时球体的大小变化太快，单击白色方块上的曲线图案，弹出曲线面板，在线段中单击插入一个点并向下拖动，即可减速，如图 1-101 所示。渲染查看效果，如图 1-102 所示。

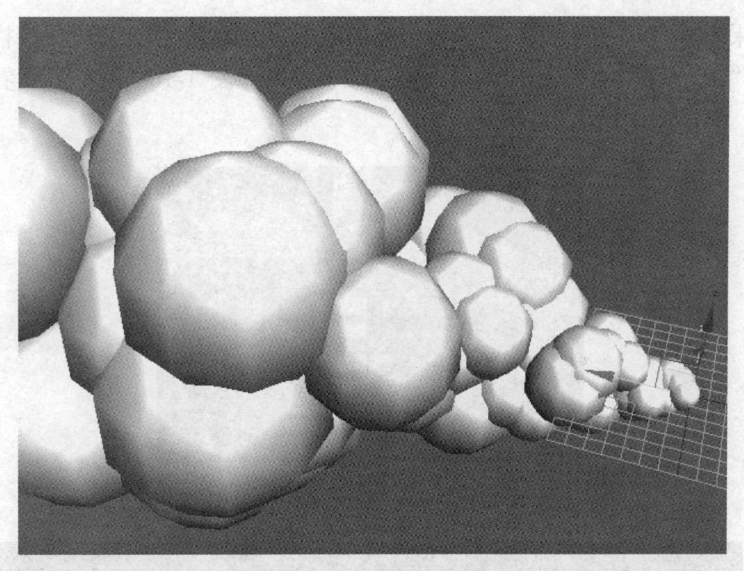

图 1-100 球的大小变化

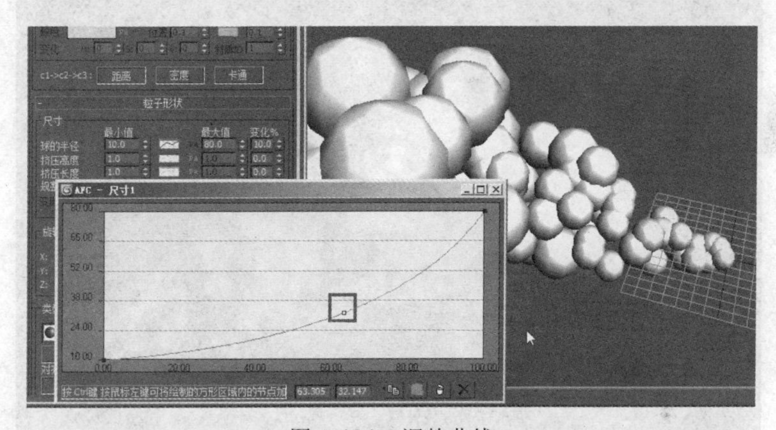

图 1-101 调整曲线

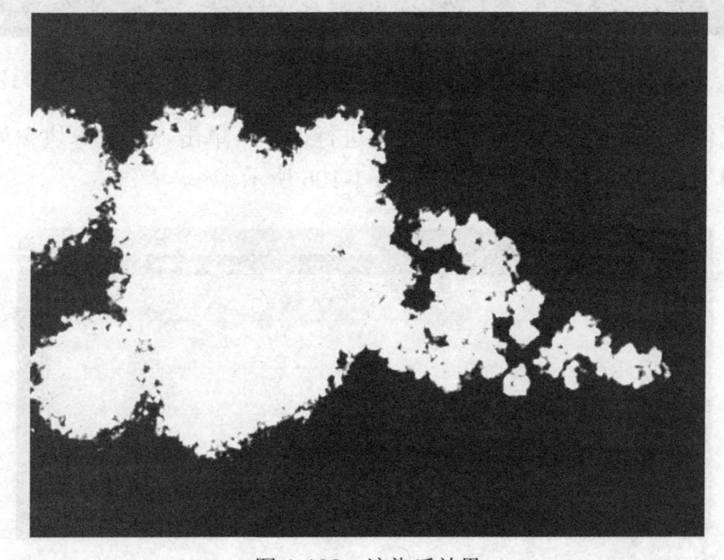

图 1-102 渲染后效果

从渲染效果看，气体的浓度太高，看上去不真实，滑动至“噪波动画”栏，单击“白色方块”后，把“最小值”改为 0.8，“最大值”改为 0，如图 1-103 所示，查看渲染效果，如图 1-104 所示。

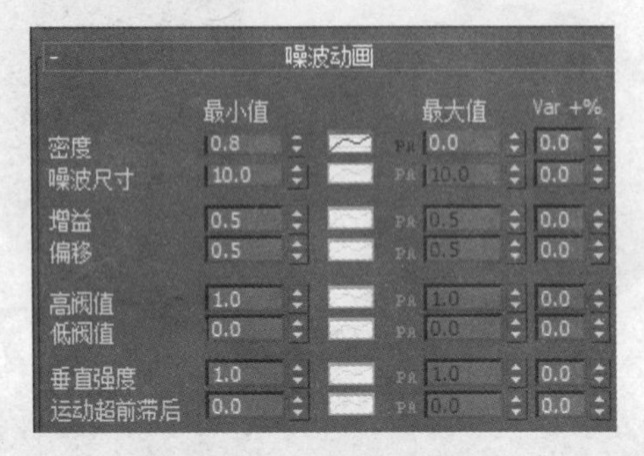

图 1-103 “噪波动画”栏

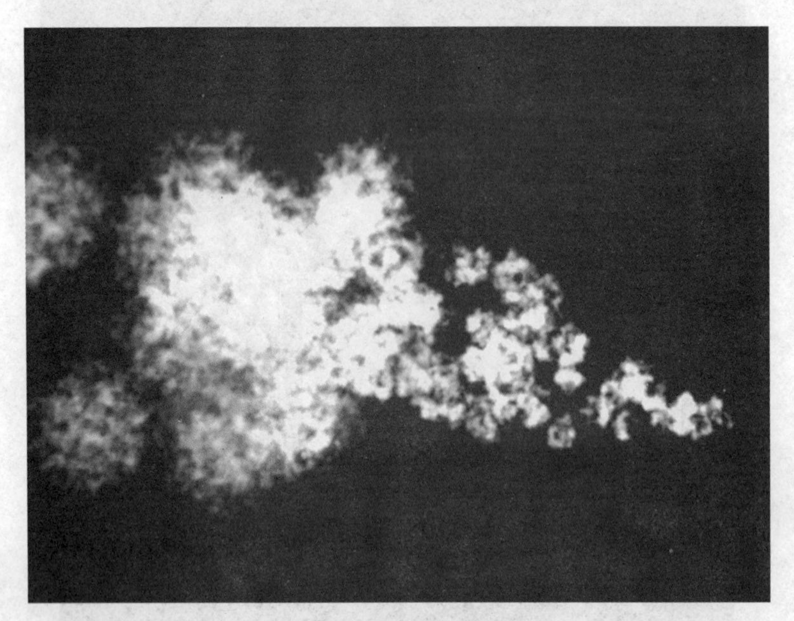

图 1-104 调整后的渲染效果

扩散后的气体浓度还是太大，需要对曲线进行调节，单击“白色方块”处，调节曲线为加速变化，如图 1-105 所示。渲染后效果如图 1-106 所示。

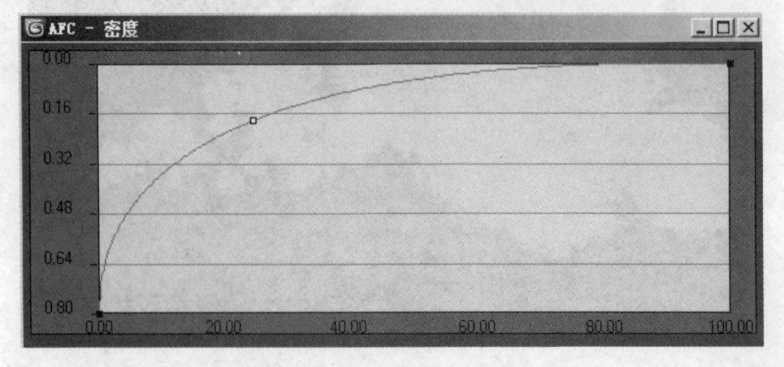

图 1-105 调整曲线为加速变化

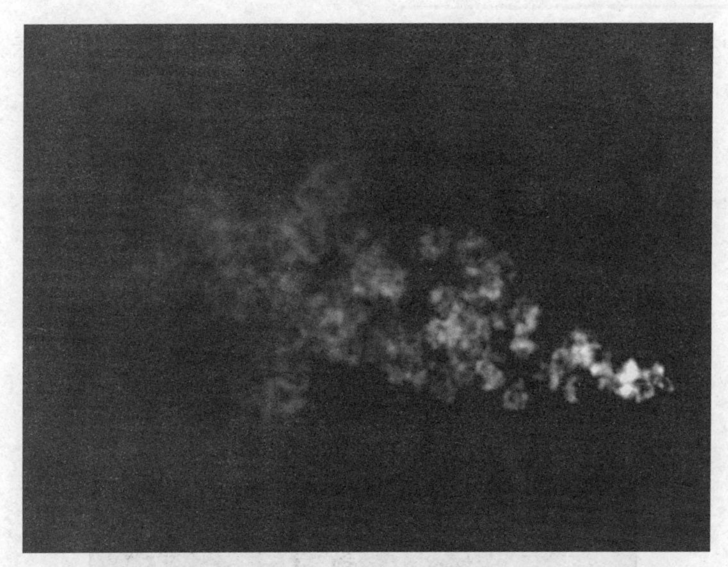

图 1-106　加速变化后的渲染效果

现在的效果已经好很多了，但扩散后的气体块状有点散乱，把噪波的形式改为“分形”，如图 1-107 所示。渲染查看效果如图 1-108 所示。

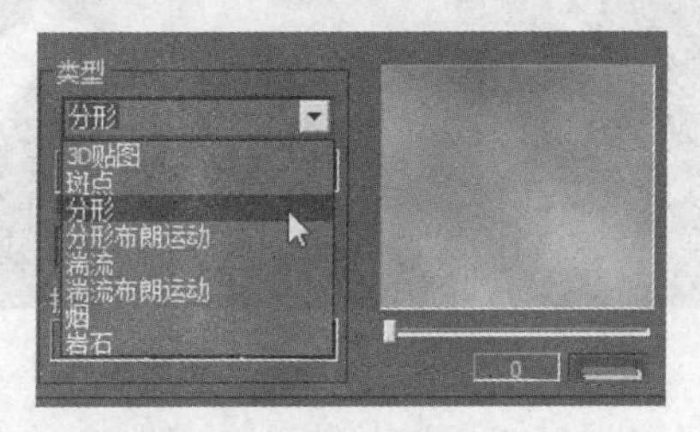

图 1-107　噪波形式改为“分形”

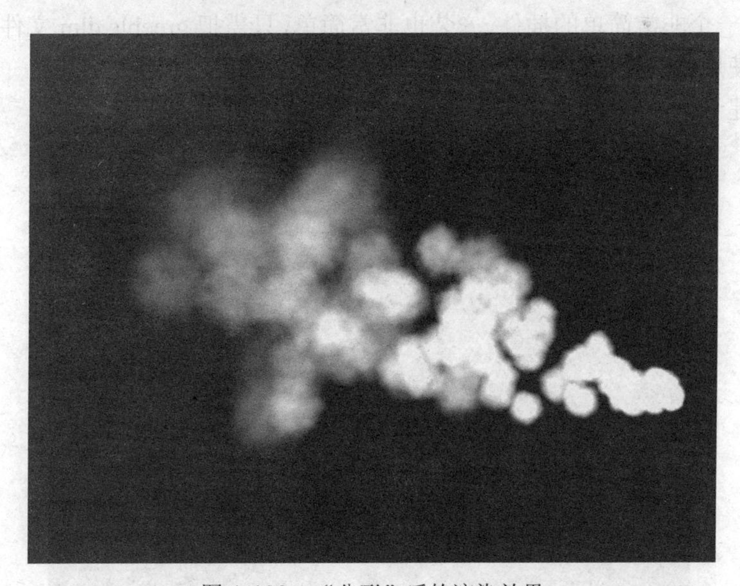

图 1-108　“分形”后的渲染效果

滑动至“颜色栏”，单击“白色方块”弹出颜色对话框，右击右侧的关键点，在“颜色选择器”对话框中挑选一种蓝色，即设置了气体的颜色渐变，如图 1-109 所示。渲染查看效果如图 1-110 所示。

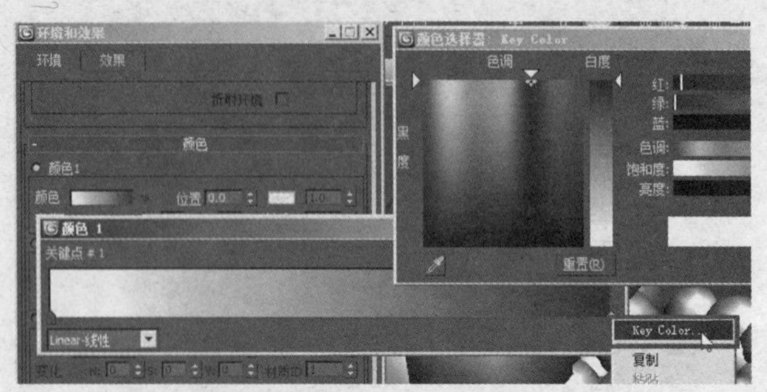

图 1-109　设置颜色

图 1-110　添加颜色后的渲染效果

4. “Greeble”插件

Greeble 是一个非常简单的插件，安装也非常简单，只需把 greeble.dlm 文件复制到 Plugins 文件夹下即可使用，它是根据基础模型的表面网格来自动生成楼房的。

首先，创建一个半球体，“分段”为 16，如图 1-111 所示。

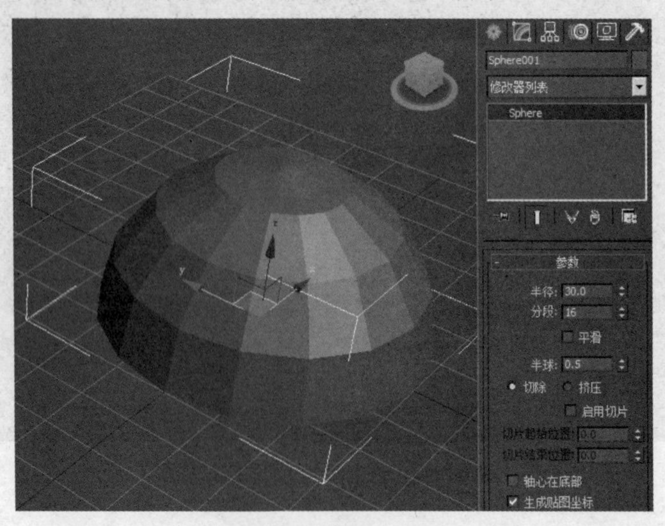

图 1-111　创建半球体

其次，进入“修改面板”，选择 Greeble 修改器，效果立即显现，如图 1-112 所示。

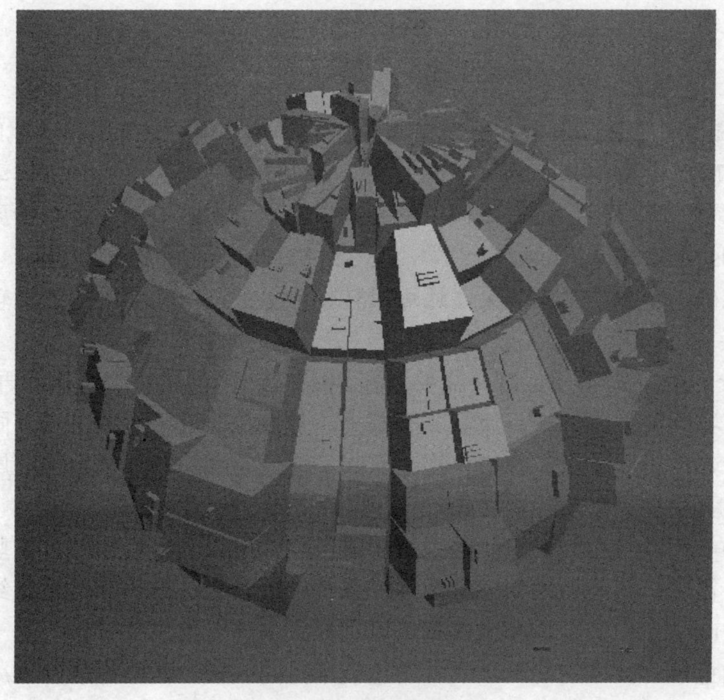

图 1-112　Greeble 修改

关闭 ☑ Triangles 三角面选项，半球体的顶部和底部的楼房就消失了。

最后，在修改列表中添加“编辑多边形”修改器，编辑顶点对象，选中最顶点，使用切角工具，如图 1-113 所示。在顶点出稍微拖动一下，一排排房子又生长出来了。

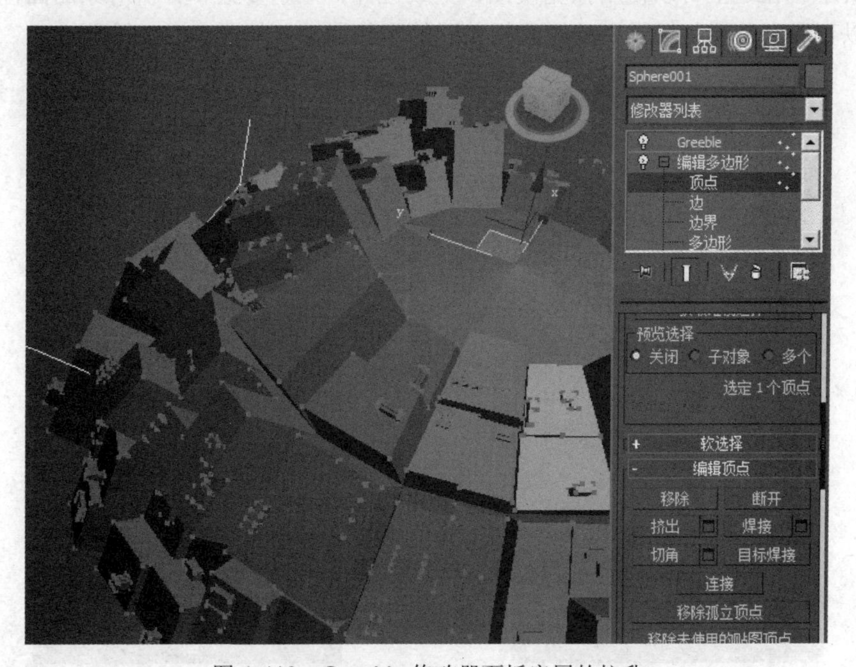

图 1-113　Greeble 修改器面板房屋的拉升

1.7 reactor 动力学

刚体动力 reactor 是 Havok 公司开发的一个游戏动力学引擎，专用于游戏的开发制作，后来被嵌入到 3ds Max 中，与 3ds Max 一同安装，其功能非常强大，支持刚体动力学、柔体动力学、布料模拟及流体模拟，还可以模拟枢连物体的约束和关节，并且支持风力、马达之类的物理行为。3ds Max 中的 reactor 动力学，为 3ds Max 在动画制作提供了一个强大的工具，它可以模拟出准确的动力学动画效果，还可以转换为关键帧，让动画师更加轻松地调节生成的动力学动画。

使用 reactor 进行动力学模拟时，需要现在 3ds Max 中创建对象，然后再在 reactor 中为创建的对象指定物理属性。例如，质量、摩擦力、弹性等，这些对象可以是固定不动的，也可以连在弹簧上，还可以使用多种约束连在一起，通过为这些对象指定物理属性，可以快速而简便地模拟出真实世界中的各种动画。

reactor 动力学模拟是在一个封闭的系统中进行的，所以当我们需要为某些物体创建动力学模拟效果时，需要将其添加到动力学的运算系统中，只有这样才能将运算结果输出为关键帧动画。同时，reactor 中的刚体和柔体都可以和场景中的对象进行链接，这一点非常有用，如可以模拟出角色披着披风的动画，或者角色被车撞的效果，这些都可以运用到实际的动画制作中，从而减少动画师的负担。

1.7.1 reactor 的打开

在工具命令面板上，单击 reactor 按钮就可以打开 reactor 的主控制面板，如图 1-114 所示。在这里可以使用预览模拟、更改世界、显示参数和分析对象凸面性之类的功能，还可以查看和编辑与场景中的对象相关联的刚体属性，如图 1-115 所示。

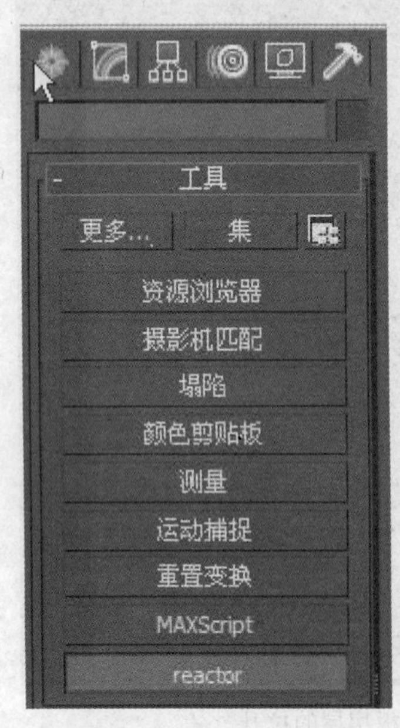

图 1-114 reactor 主控面板

图 1-115 reactor 面板

大部分 reactor 控件都在创建面板的辅助物体下。在辅助物体的下拉菜单中选择 reactor 就会出现 20 种控件，在这里可以创建绝大部分的 reactor 元素，如图 1-116 所示。

有些比较特殊的对象，如布料、柔体等，需要先指定特殊的 reactor 修改器，如图 1-117 所示。

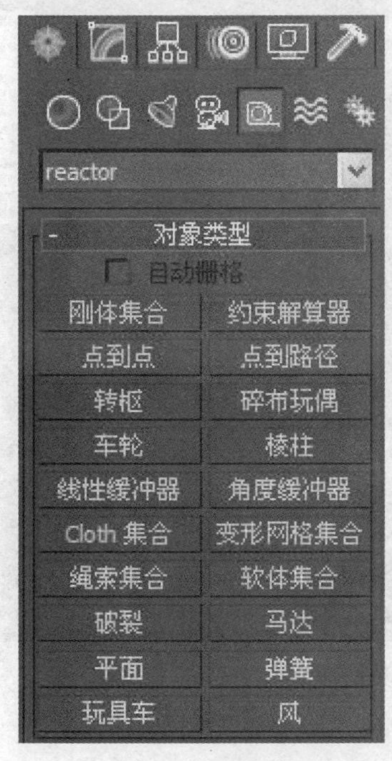

图 1-116 reactor 元素

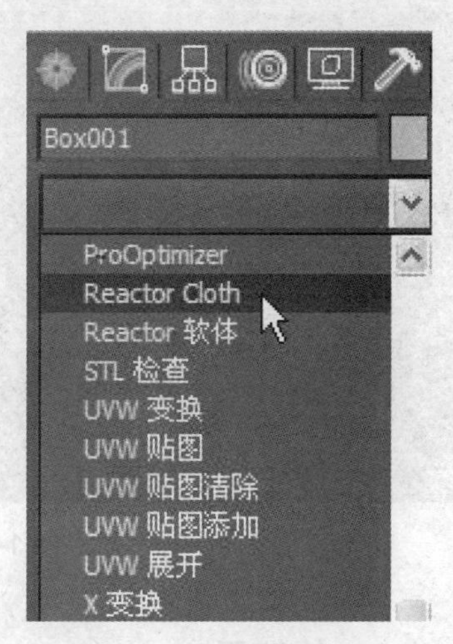

图 1-117 布料修改器

reactor 还有一个非常特殊的对象 水 ，放置在创建面板的空间扭曲下。在空间扭曲的下拉菜单中选择 reactor 便会出现水，如图 1-118 所示。

图 1-118 特殊对象水

以上是 reactor 在 3ds Max 中的几大模块，但是在实际操作过程中，用各个命令面板去创建 reactor 空间非常麻烦，通常情况下都会使用 reactor 工具栏进行调节。reactor 工具栏提供了 reactor 所能实现的大部分功能，在 3ds Max 2011 中，通常调出 reactor 工具栏的方法是在工具栏的空白区域单击鼠标右键，在弹出的选项中选择 reactor 选项。此时 reactor 的工具栏是以浮动的形式存在于3ds Max界面中的，可以将鼠标移动到浮动工具栏的下方，按住鼠标左键拖曳，即可将reactor工具栏放到3ds Max界面中。如图1-119所示，reactor工具栏被放到了3ds Max的工具栏的下方。

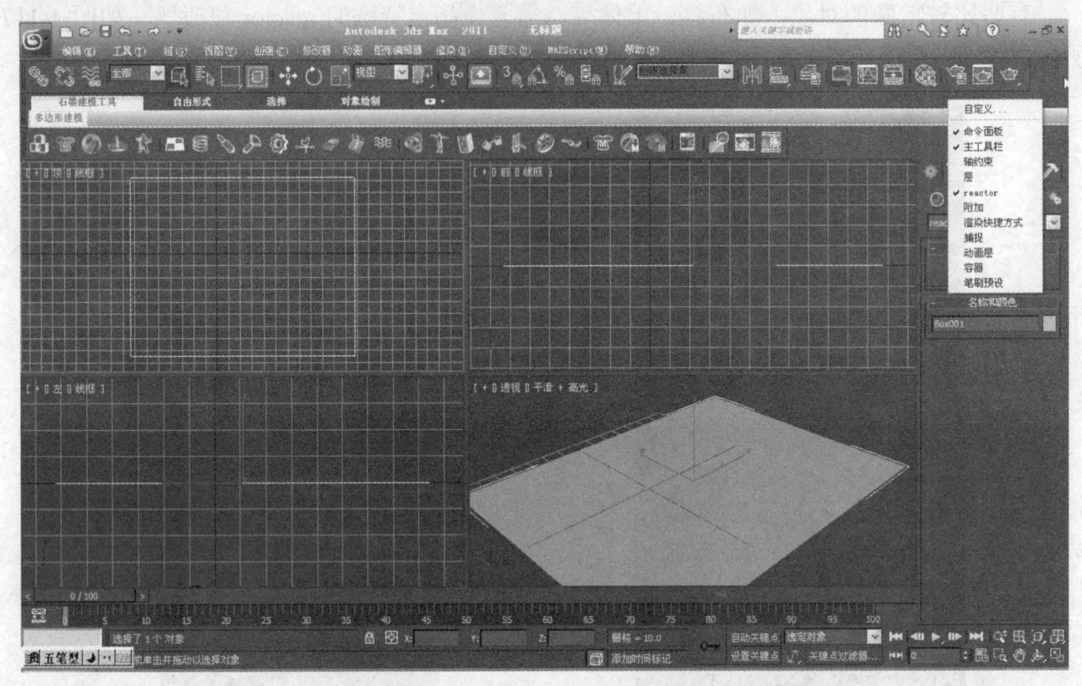

图1-119　reactor工具栏

1.7.2　reactor的使用

在reactor的实际应用中，通常按照以下几个步骤来使用。

① 在3ds Max中创建场景。

② 打开reactor的属性编辑器，设置场景中物体的物理属性。

③ 创建刚体集合或软体集合，并将场景中的物体添加到相应的集合中（布料、柔体、绳索需要先为物体指定特殊的reactor修改器）。

④ 在场景中创建、添加空间扭曲下的力导向器等。

⑤ 在场景中创建摄影机、灯光等。

⑥ 单击预览动画预览模拟效果。

⑦ 在预览窗口中可以将当前的状态更新到3ds Max 2011场景中，进行静帧输出。

⑧ 预览完成后，执行创建动画进行模拟计算，输出最后的动画结果，还可以精简动画。

项目二　Polygon 模型制作——机械飞机建模

Polygon 模型指多边形对象，一般来说，组成对象的元素分为三边面和四边面。一个四边面常被计算成两个三边面。建模时，三边面数据较小，更符合程序计算规律；四边面更容易表现对象的结构，更容易控制。所以，在动画制作中为了表现完美的模体通常使用四边面模体，而在网络游戏中，为了追求游戏的流畅度会使用三边面模体。目前，通过一些插件可以实现三四边面之间的转换，同时可以减少模体面数以满足不同需要。

2.1　Polygon 模体制作项目概述

本项目将通过参照一架机械飞机的三视图创建简单几何形、编辑修改器、石墨工具等完成它的三维模体制作。

2.2　Polygon 模型建模项目制作

2.2.1　打开场景观察

打开 P47start.max 文件，如图 2-1 所示。场景由 3 个面组成，每一个面上贴着 P47 飞机的一个视图，建模时将要参考这 3 个视图。如图 2-2 所示。

2.2.2　发动机罩建模

单击（最大化视口切换）以显示全部 4 个视口。单击（所有视图最大化显示）以使其他 3 个视图显示出图像，分别选中各个视图，并单击“G”以关闭主栅格显示。按“F3”键启用“平滑+高光”显示。选中左视图单击以最大化显示。选用工具在视图中拖动鼠标放大显示局部，如图 2-3 所示。

在机头位置创建一个圆柱体，半径 18，高度大概 25（不要求很精确），高度分段 1，边数 10，取消“平滑”，如图 2-4 和图 2-5 所示。

为了把飞机视图显示出来，将以透明方式显示圆柱体，选中圆柱体并按鼠标右键，选择“对象属性”，弹出对话框勾选“透明”，如图 2-6 所示。此时可以通过切换选择视口标题的“透明”选项的“无”和“简单”切换透明显示，如图 2-7 所示。

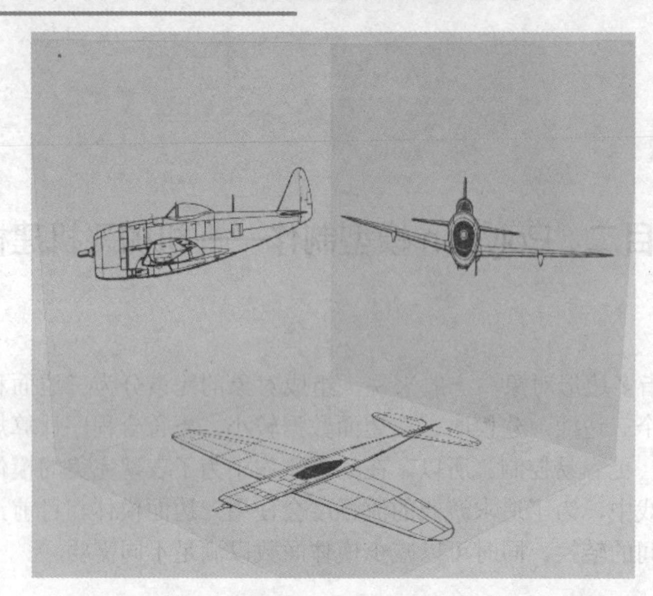

图 2-1　飞机三视图

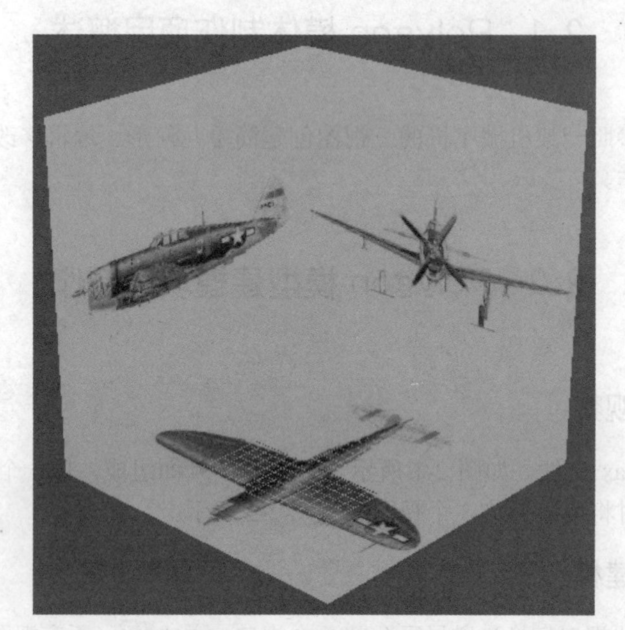

图 2-2　飞机三视图 2

图 2-3　局部放大图

图 2-4　圆柱体属性面板

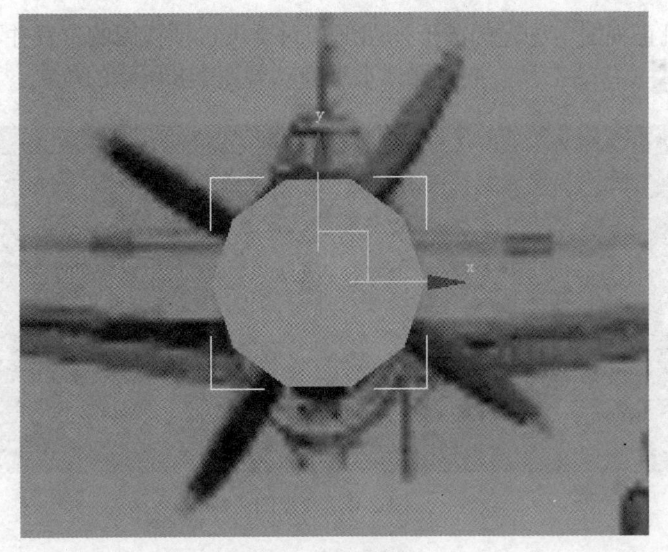

图 2-5　机头圆柱体

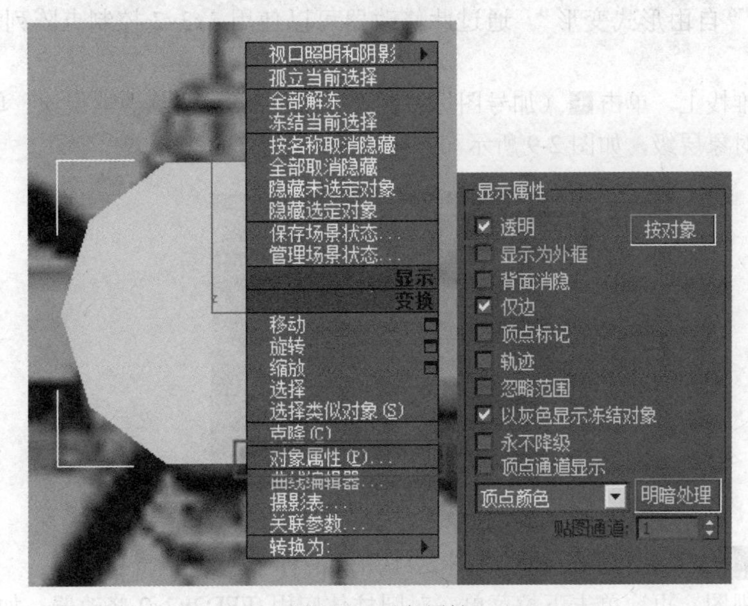

图 2-6　对象属性

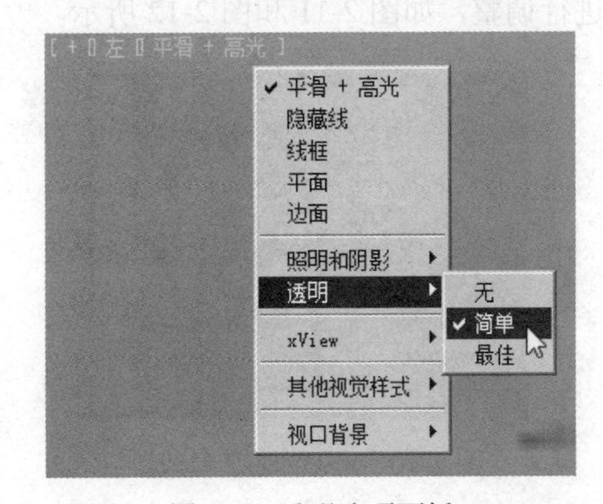

图 2-7　透明选项面板

由于是在飞机正视图中创建的图形，图形相对于飞机顶视图的位置并不一定准确。切换到顶视图，使用（移动工具）把圆柱体水平拖动到图 2-8 所示的位置。

图 2-8　顶视图

切换回左视图，转到（修改面板），单击下拉菜单，对圆柱体应用 FFD3x3x3 修改器。FFD 代表“自由形式变形”。通过此修改器可以使用 3x3x3 控制点阵列调整圆柱体的图形。

在修改器堆栈上，单击（加号图标）打开“FFD 3x3x3”修改器层次。单击“控制点”以高亮显示子对象层级，如图 2-9 所示。

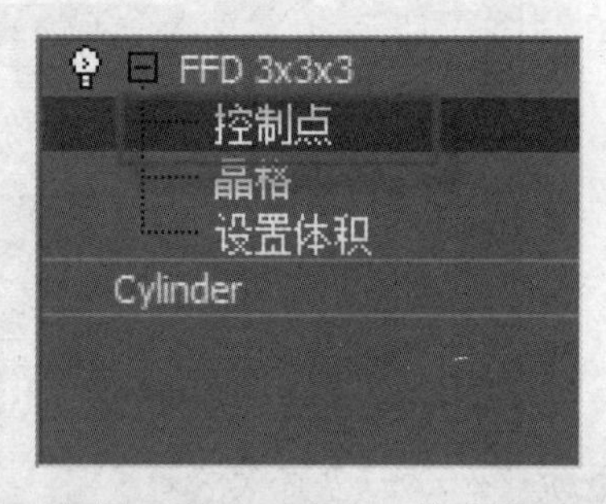

图 2-9　FFD3x3x3 修改器

使用和工具把控制点调整到图 2-11 所示的样子。

切换到前视图，再次单击下拉菜单，对圆柱体应用 FFD2x2x2 修改器，如图 2-10 所示。单击“控制点”后使用进行调整，如图 2-11 和图 2-12 所示。

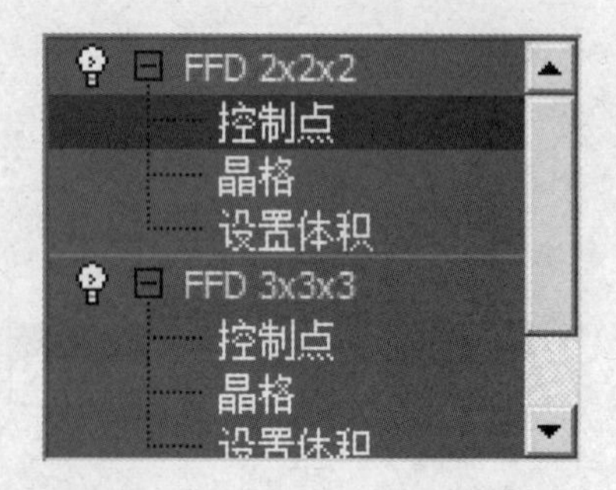

图 2-10　FFD2x2x2 修改器

图 2-11　FFD2x2x2 调整效果 1

图 2-12　FFD2x2x2 调整效果 2

切换到顶视图，使用在 y 轴上进行缩小，如图 2-13 所示。

图 2-13　FFD2x2x2 调整效果 3

右键单击圆柱体，然后选择“转换为”→“转换为可编辑多边形”。将圆柱体转换为“可编辑多边形”对象后，将丢失特定圆柱体和 FFD 修改器的控制。

接下去，将使用“石墨工具”对发动机罩进行调整，如果“石墨工具”没有显示出来，请单击工具栏上的按钮。

选中（选择工具），选中发动机罩单击“多边形”，如图 2-14 所示。选中发动机罩前面的多边形，如图 2-15 所示。

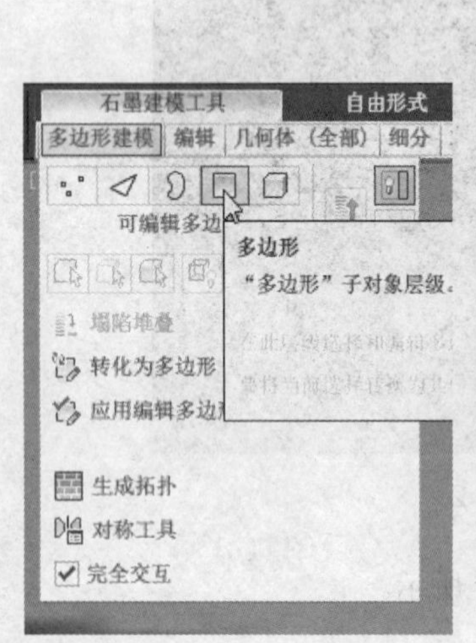

图 2-14　多边形建模面板

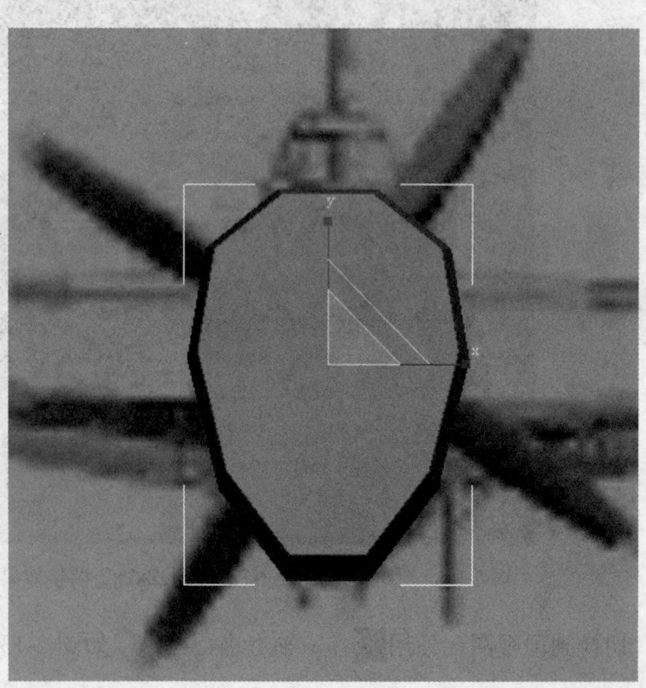

图 2-15　选中机头的多边形

单击以显示出多视图，选中“石墨工具”的工具，先按住左键并拖到鼠标把多边形拉出一段距离，释放左键后再拖到以调整倒角大小，最后左击结束操作，在操作时需要同时观察前视图的情况，如图 2-16 所示。

用相同的方法再倒角出另一段，如图 2-17 所示。

发动机罩制作完成，以后还可以进一步调整造型，如图 2-18 所示。

图 2-16　机头倒角 1

图 2-17　机头倒角 2

图 2-18 发动机罩

2.2.3 进气口建模

选中插入工具，按住左键在前段插入一个多边形，如图 2-19 所示。

图 2-19 插入多边形

使用“倒角”工具向后拉伸，如图 2-20 所示。

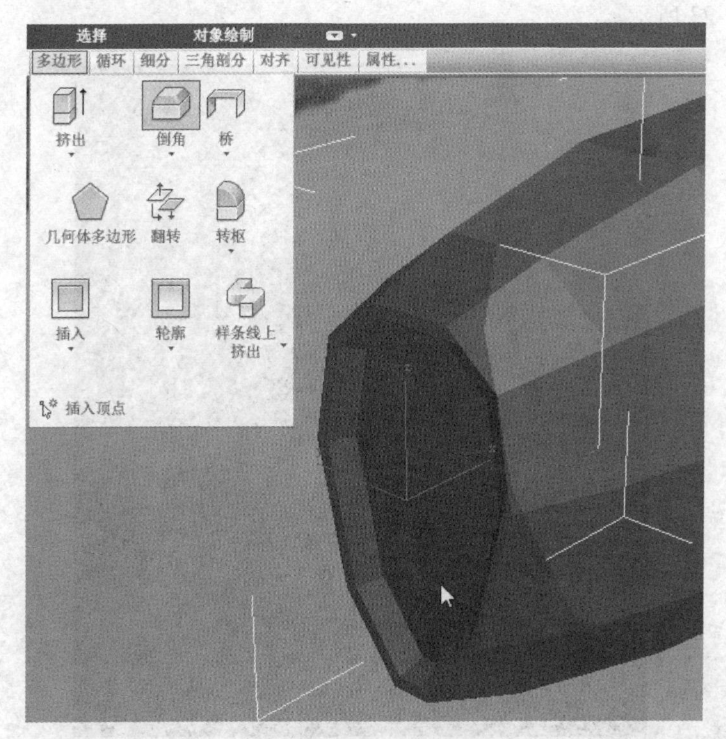

图 2-20　绘制倒角

切换到左视图，选择“边”，再选中图 2-21 所示的边线使用“移动工具”向竖直方向移动一小段距离，以改变进气口造型，如图 2-22 所示。

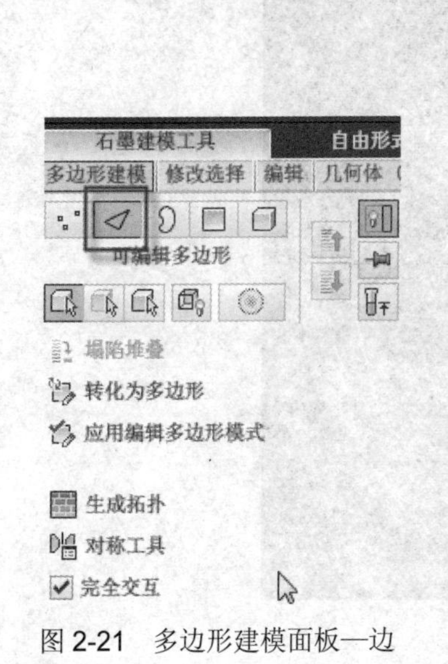

图 2-21　多边形建模面板—边

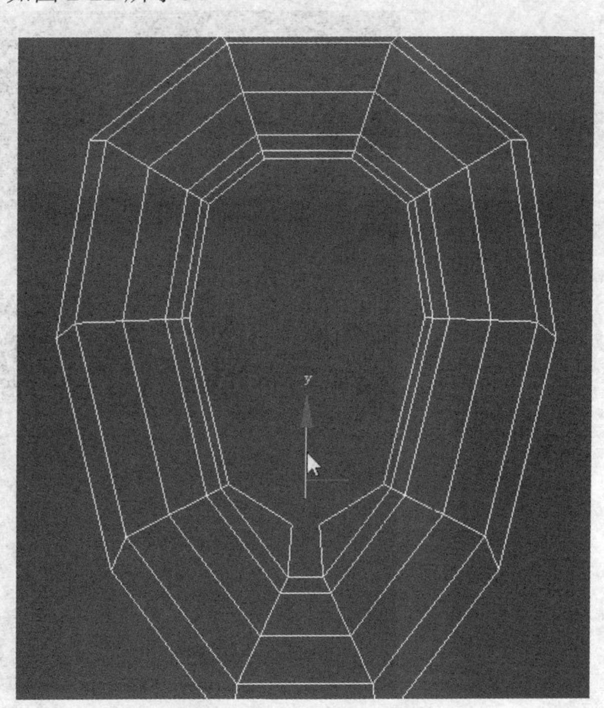

图 2-22　边向里缩进

在选择“点”，按住“Ctrl”键选中两个顶点，使用“移动工具”向竖直方向也移动一小段距离，如图 2-23 所示。

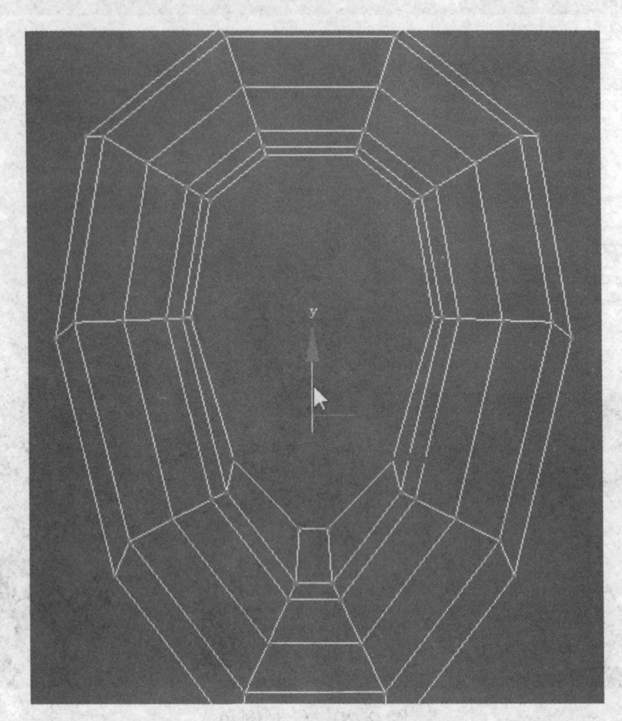

图 2-23　点的移动

再选中两个顶点，使用缩放工具在水平方向进行调整，如图 2-24 所示。

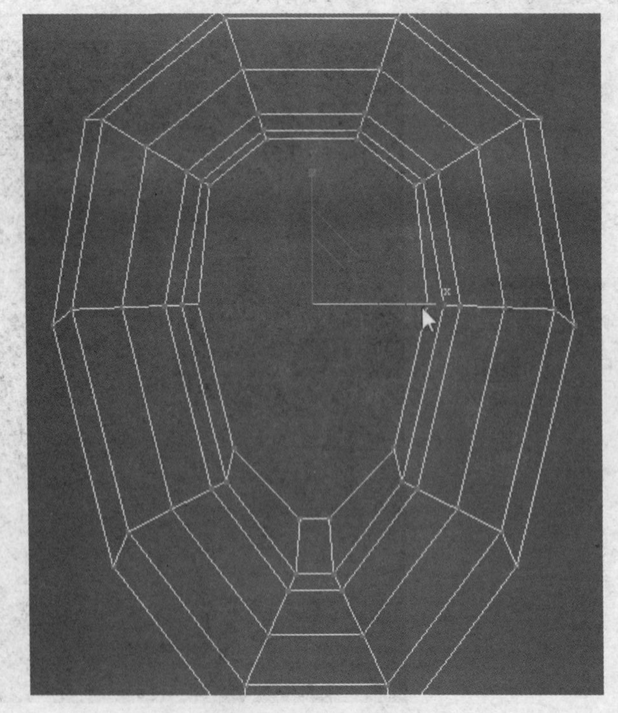

图 2-24　点的再次缩进

经过反复调整后，按“F3”键以平滑显示，效果如图 2-25 所示。

图 2-25　发动机罩建模最终效果

2.2.4　发动机罩后部建模

为了能使图形更明确地显示，单击视口名称并选择“边面”，如图 2-26 所示。

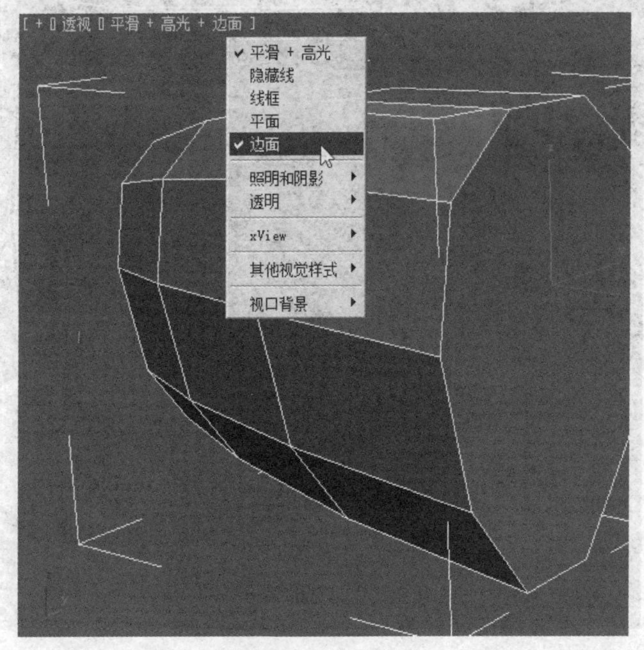

图 2-26　选择边面

选中发动机罩后端的多边形，使用“石墨工具”的 插入 和 倒角 制作一个类似的下凹形状，如图 2-27 所示。

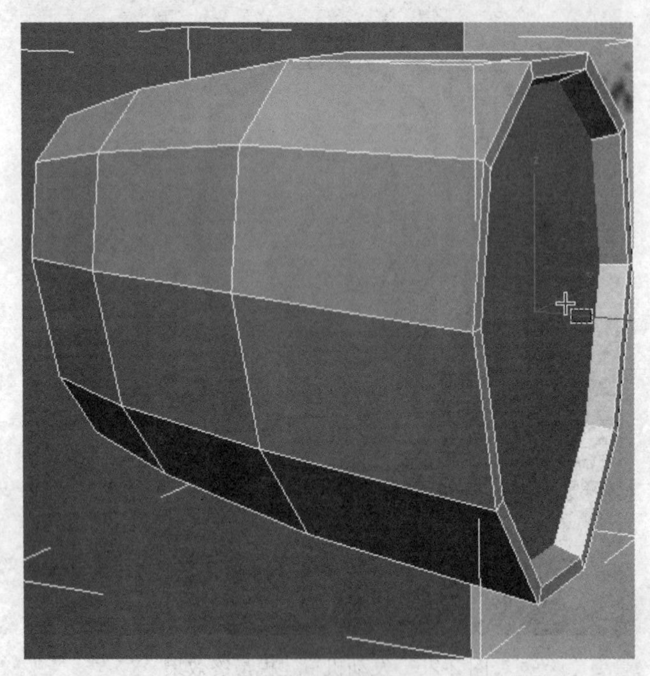

图 2-27　发动机罩封口

执行“Alt+X”组合键可以快速切换到透明显示，如图 2-28 所示。

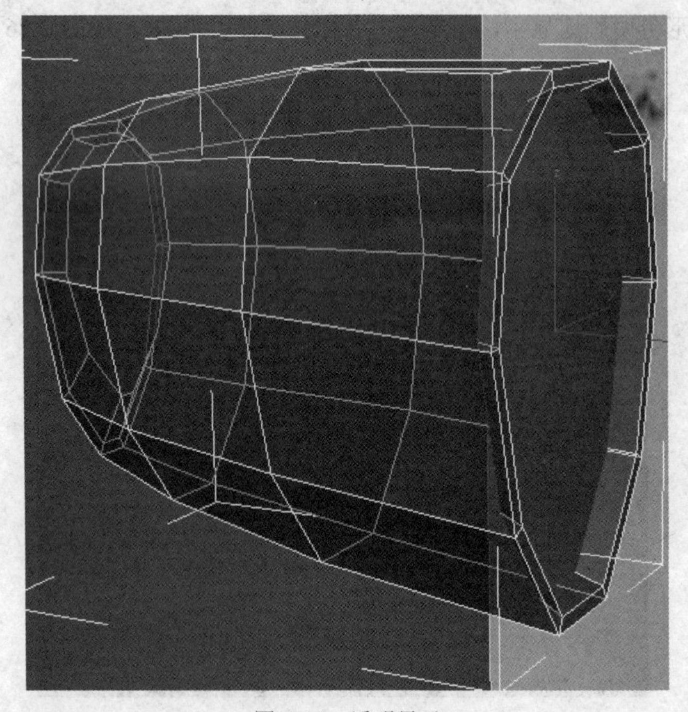

图 2-28　透明显示

2.2.5　机身建模

使用“插入”工具插入一段很小的距离，如图 2-29 所示。

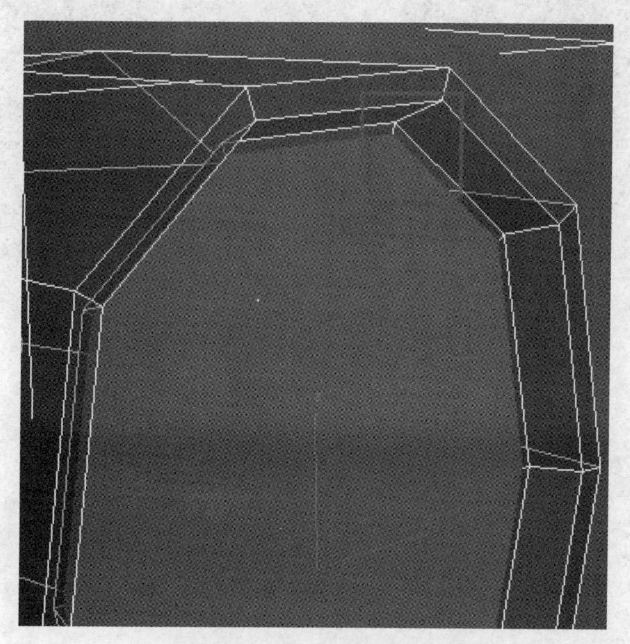

图 2-29　使用“插入”工具插入距离

使用“倒角”工具参考前视图拉出一段倒角，如图 2-30 所示。

图 2-30　倒角 1

再次使用“倒角”工具拉出一段，如图 2-31 所示。

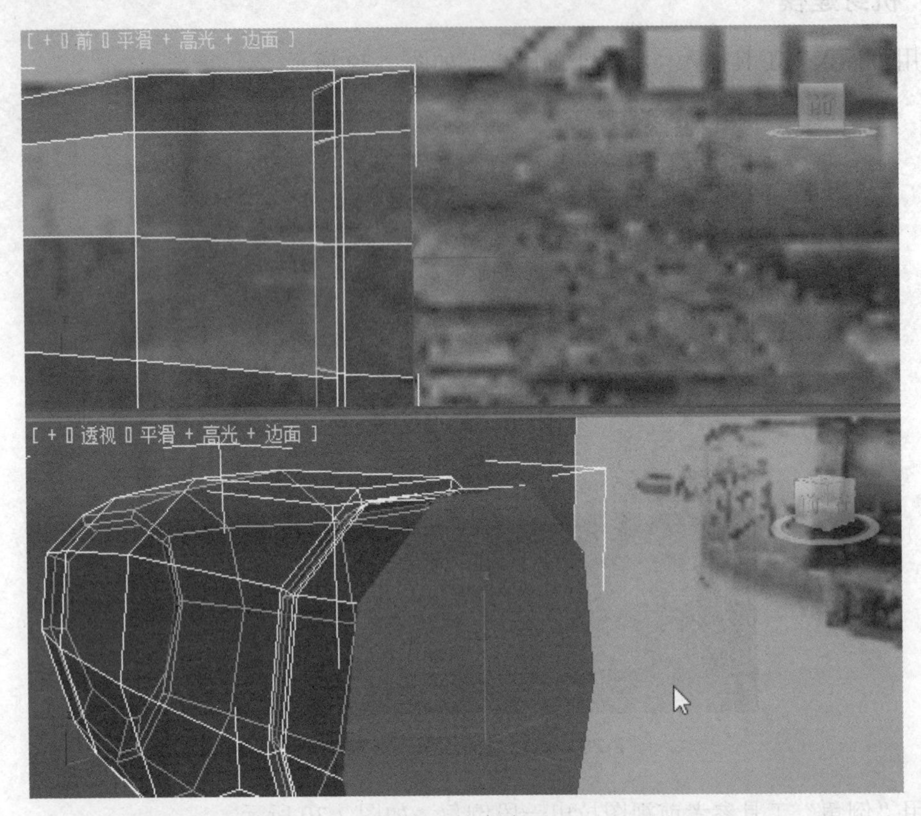

图 2-31　倒角 2

使用挤出工具拉出一段多边形，如图 2-32 所示。再次使用“挤出”工具拉出一段，再使用“移动”工具把多边形往右侧水平拖动，如图 2-33 所示。注意两段的位置分别在机舱的头和尾部。

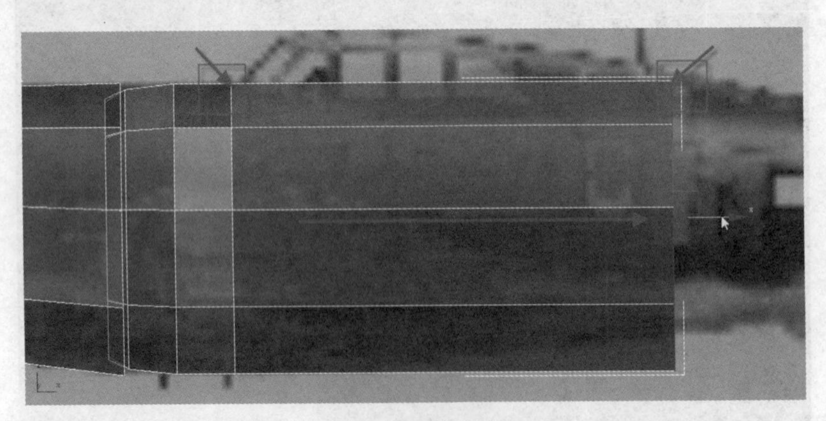

图 2-32　挤出 1

在“石墨工具”→“多边形建模”中选择（点层级），在视图中分别框选 3 个点并使用“移动”工具调整位置以符合图片显示的造型，如图 2-34 所示。

图 2-33　点级层移动

图 2-34　调整点后图

再次选择 □（面层级），使用“拉伸”工具和“移动”工具拉出一段，使用和工具对其进行缩小和移动。重复此步骤再拉出两段后对顶点做调整，如图 2-35 所示。

旋转视图使能看到尾部的造型，选择“循环”层级，按住“Ctrl”键选中两个顶点，执行“连接”命令，就能再两点间连接一条线段，如图 2-35 所示。

依次再连接下面两排点，如图 2-36 所示。

切换到前视图，使用“移动”工具调整顶点贴合图片，如图 2-37 所示。

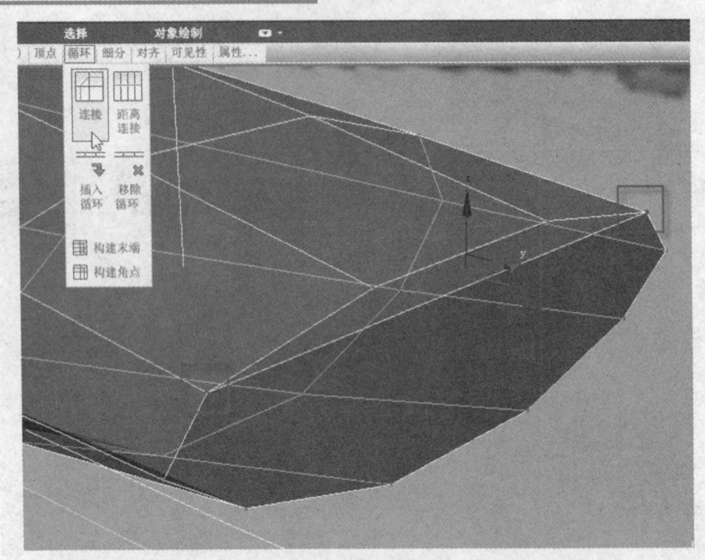

图 2-35　连接点

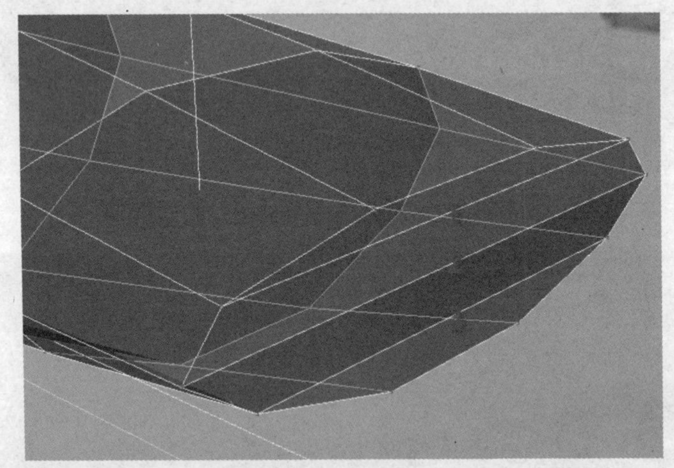

图 2-36　点和点连接

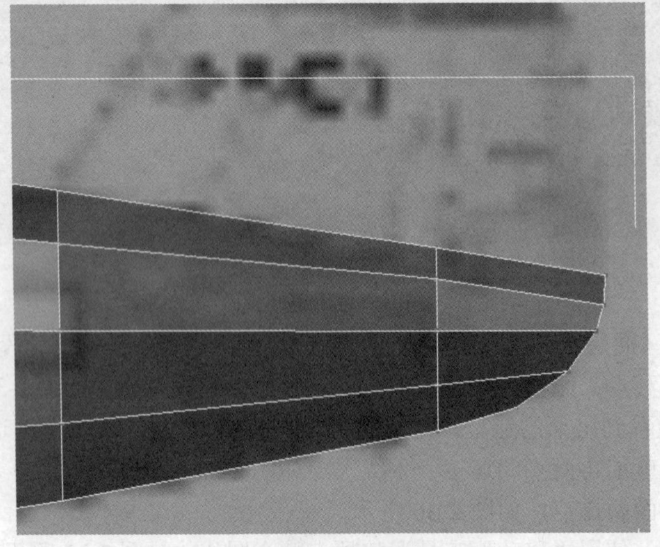

图 2-37　调整顶点

切换到顶视图，使用“移动”和“缩放”工具调整机身的形状，如图 2-38 所示。

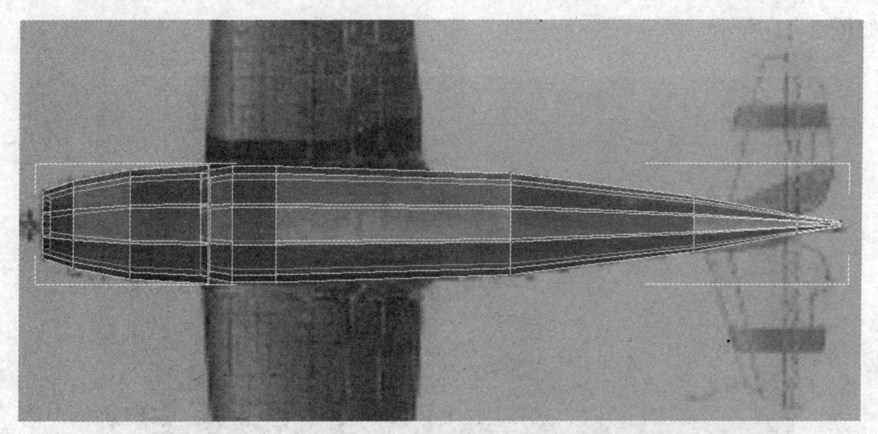

图 2-38 机身顶视图

切换到透视图，如图 2-39 所示。选择“面”层级，使用“挤出”工具 3 次，如图 2-40 所示。

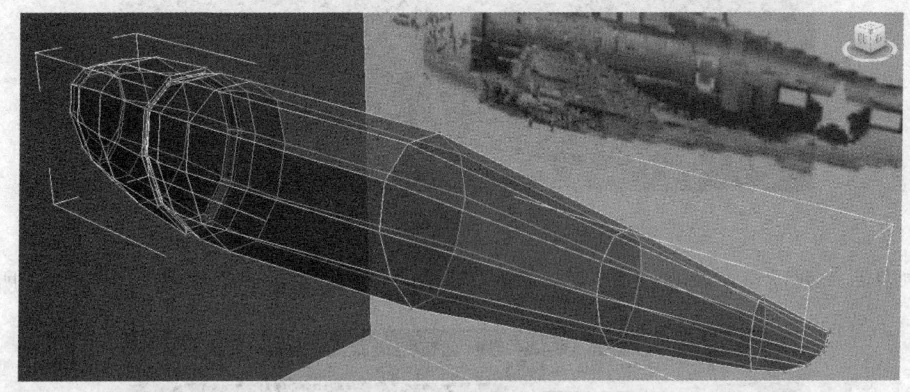

图 2-39 机身透视图

图 2-40 机身挤出图

切换到前视图，放大视图，选中各个“顶点”使用“移动”工具分别进行调整，完成初步形态，如图 2-41 所示。

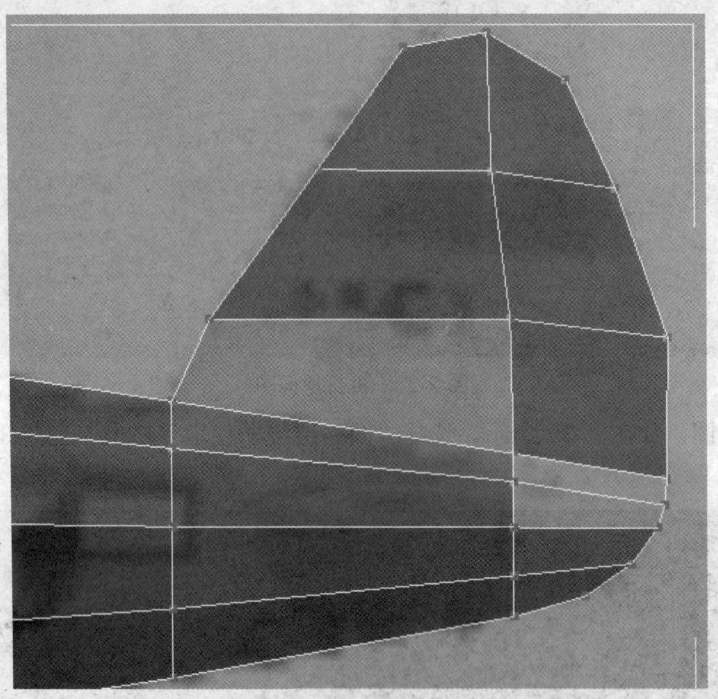

图 2-41　飞机尾翼大形

选中中间一列顶点，执行“对齐”→“Z”，使这列顶点在一直线上，如图 2-42 所示。

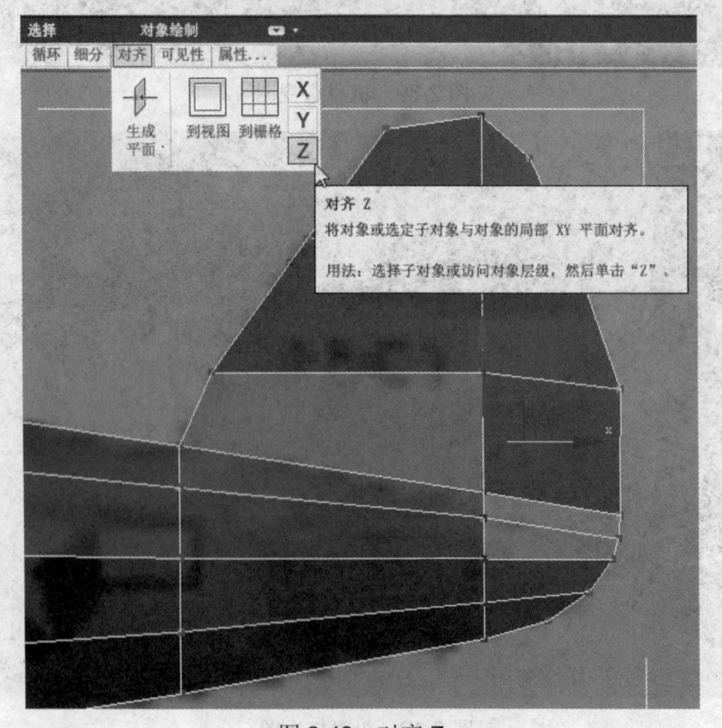

图 2-42　对齐 Z

再“对齐”水平方向的两行顶点，再使用“移动”工具进行调整，如图 2-43 所示。

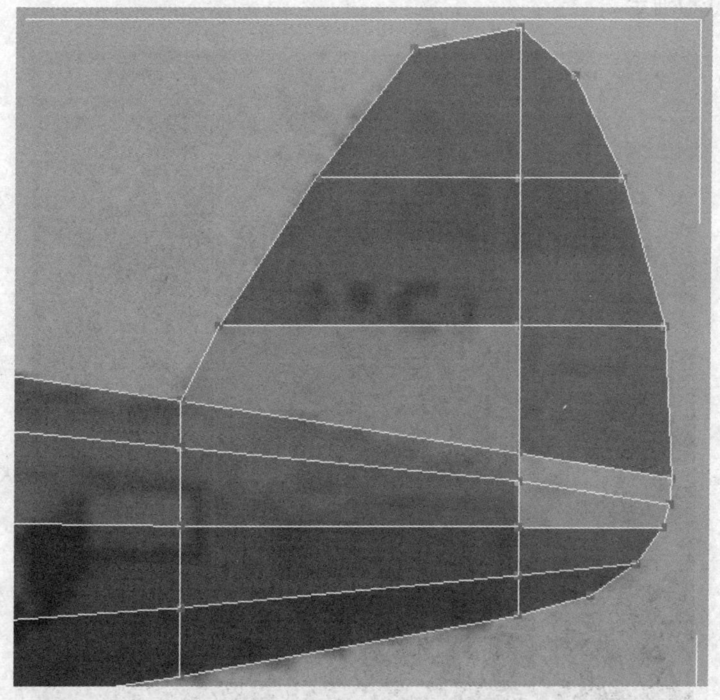

图 2-43　对齐顶点

接着增加尾部的分段数，使形状更精确。选择“边”，选中竖直方向的一列“边”，如图 2-44 所示。

图 2-44　选中左边的边

按住“Shift”键执行“连接”命令，弹出对话框，调整第三个控制滑块的数值为10，如图2-45所示，点确定。

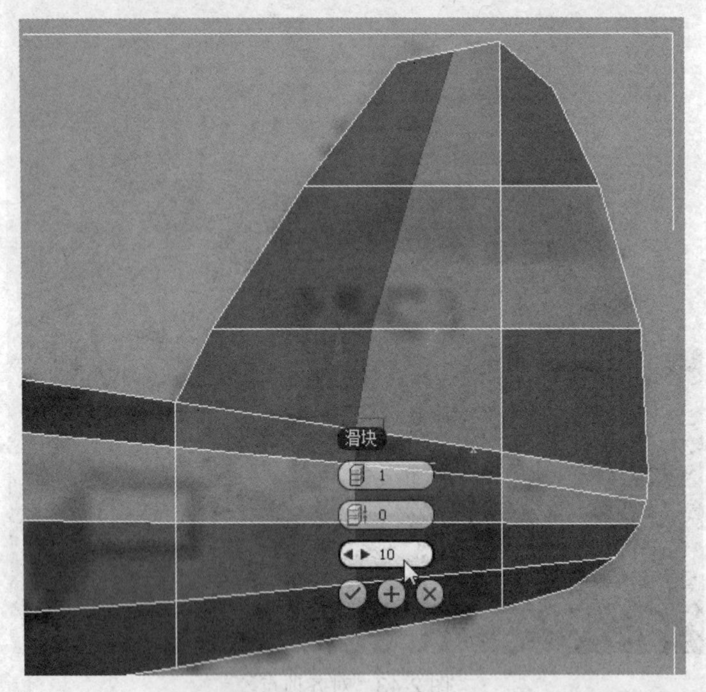

图2-45　控制滑块

选择“顶点”，使用“对齐”→“Y”和“移动”工具调整新增的顶点到合适的位置，如图2-46所示。

图2-46　调整顶点2

2.2.6 对称操作

切换到透视图，调整视图观看角度，选择“边”，选中一条边，执行“修改选择”→“环”后将选中整环的边，如图 2-47 所示。

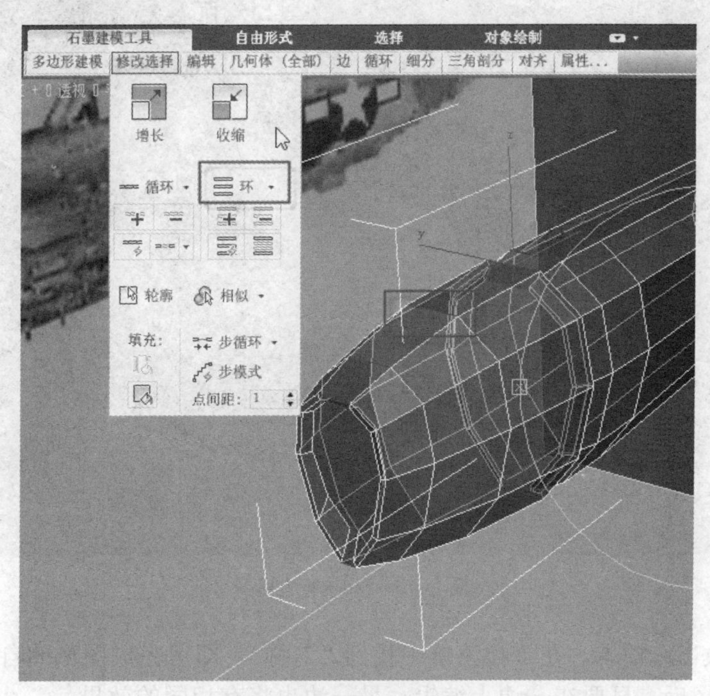

图 2-47　修改面板（环）

按住“Shift”键执行“连接”，第三控件为 0，在正中就会连上一条线，点“确定”，如图 2-48 所示。

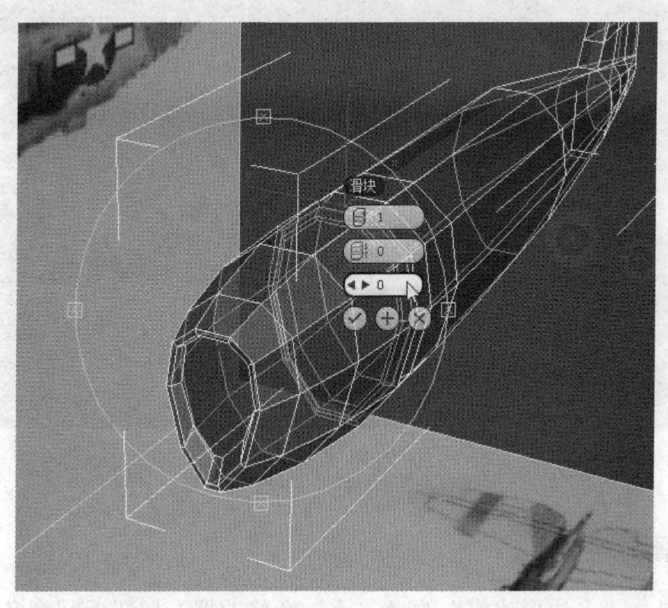

图 2-48　中间布线

选择“多边形”层级，切换到“选择”选项卡，执行“按一半”X，单击 即可选中飞机的左半边多边形，如图 2-49 所示。按“Delete”键即可删除一半图形。

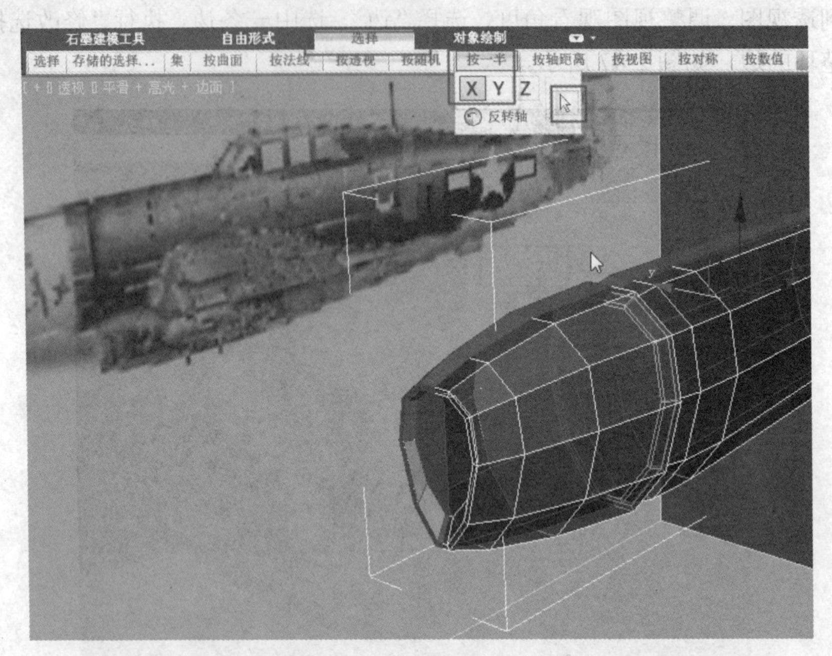

图 2-49　选中半边机身

单击“修改”选项卡，在下拉菜单中找到“对称”，即可完成图形的自动对称功能，如图 2-50 所示。之后，只要在一边上编辑，另一边也将有相同的效果。

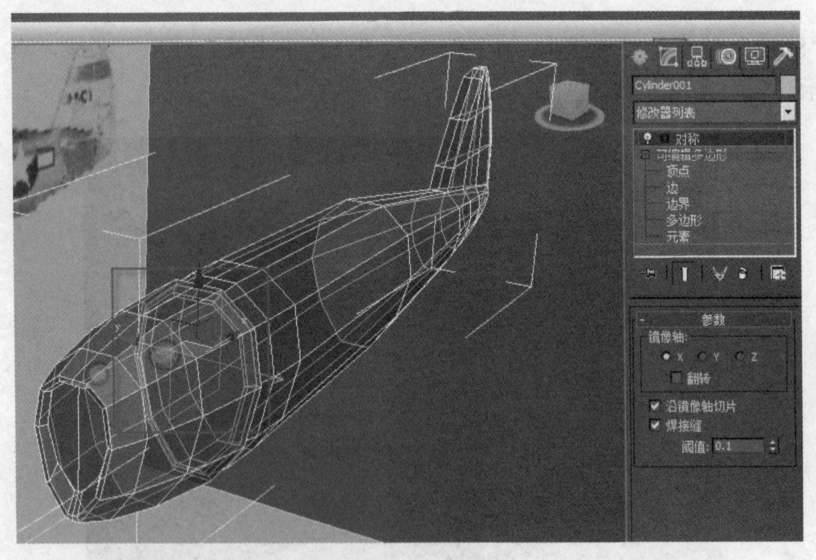

图 2-50　对称列表

2.2.7　制作尾翼

单击石墨工具→“多边形建模”的 （上一个修改器）按钮返回到多边形编辑层级，再

选择“边”子对象层级，在“编辑”下选择剪切工具，在飞机尾部画出尾翼形状，总共单击 6 次，形状和单击顺序如图 2-51 所示。

图 2-51　单击顺序

在“多边形建模”中切换到“面”子对象层级，使用“挤出”工具，把尾翼拉出 1 段，再执行“对齐”“X”，使用“移动”工具把位置移动到水平位置，同时切换不同视图以观察形态，如图 2-52 所示。

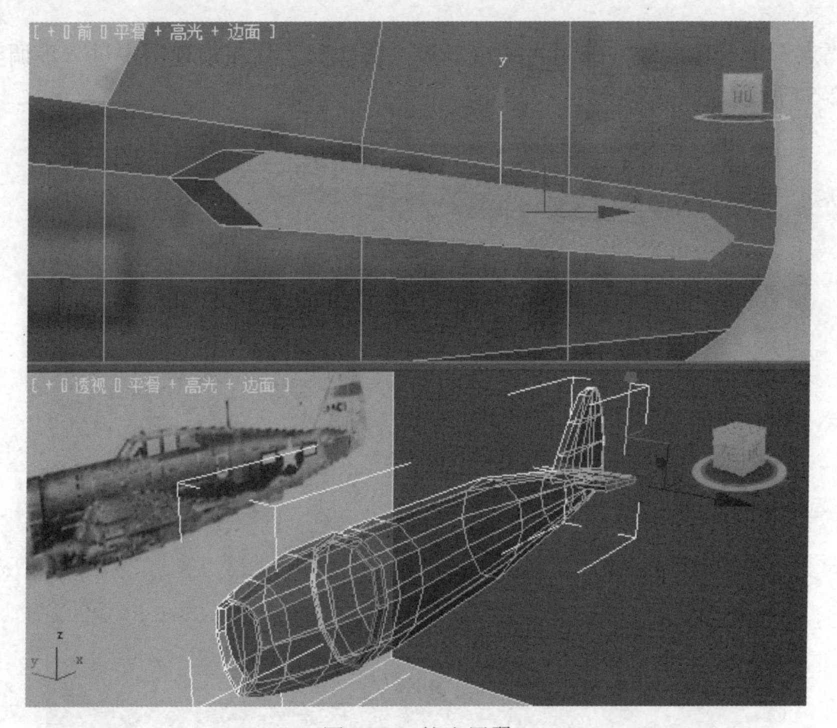

图 2-52　挤出尾翼

再使用“挤出”工具，把尾翼拉出 3 段，如图 2-53 所示。

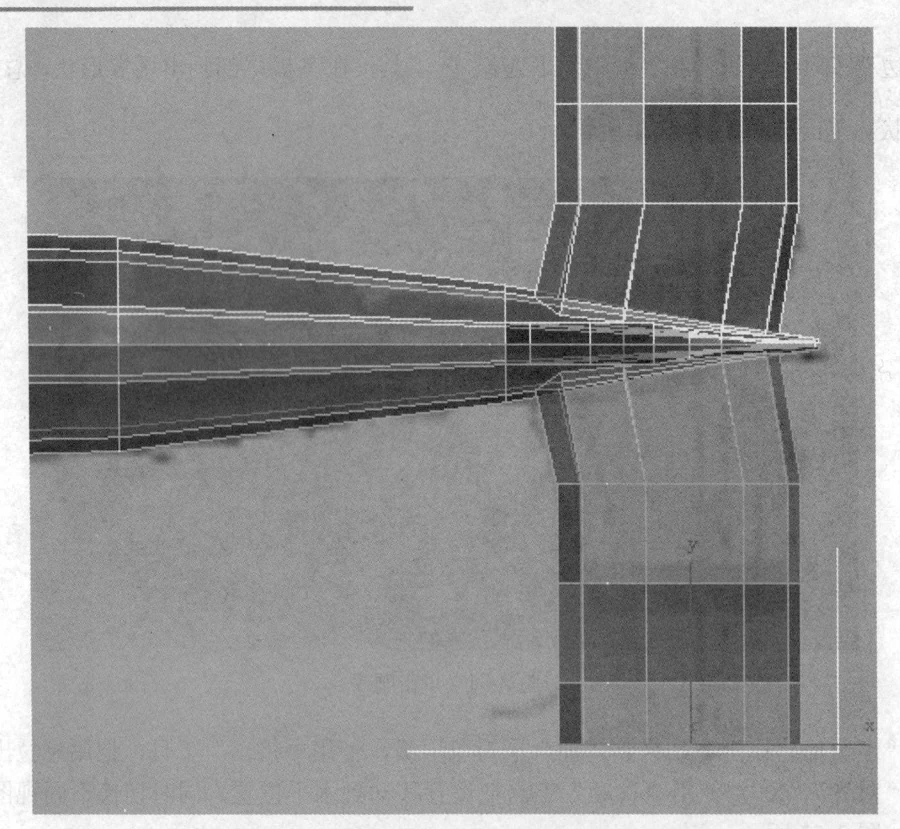

图 2-53　拉出三段尾翼

进入“点”子对象层级，使用“缩放”和“移动”工具在顶视图中进一步调整尾翼的形状，如图 2-54 所示。

图 2-54　调整尾翼

进入“面”子对象层级，勾选修改面板中的“忽略背面”选项，如图 2-55 所示，在顶视图中框选尾翼的上表面，切换到透视图，执行“对齐”下的“生成平面”，先前有些高低不平的面变成同一平面了。

再用相同的方法让尾翼的下表面“生成平面”。

使用“移动”工具适当调节下部分节点就完成了该任务步骤，如图 2-56 所示。

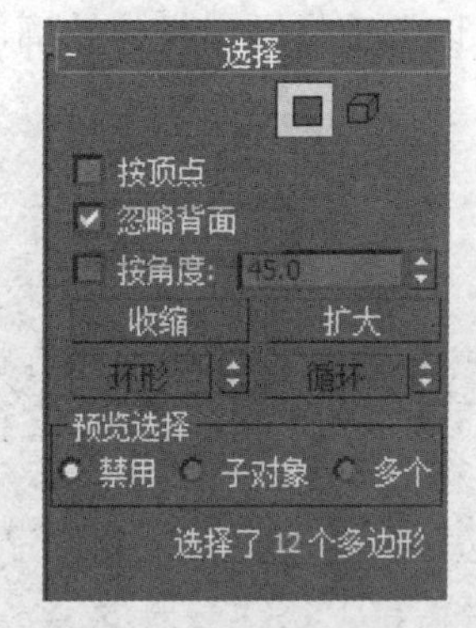

图 2-55　选择面板

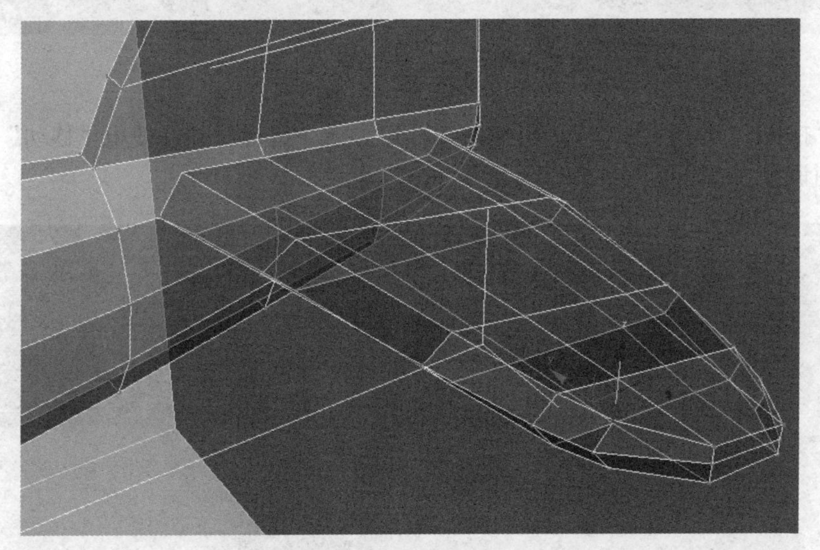

图 2-56　尾翼制作

2.2.8　制作机翼

在石墨工具的“编辑”下激活（“约束到边”），使用“移动”工具调整机翼部分的顶点，如图 2-57 所示。

图 2-57　机翼部分顶点调整

使用“剪切”工具画出机翼轮廓，如图 2-58 所示。

图 2-58　“剪切”工具画出机翼轮廓

使用“挤出”工具拉出一段，再使用“对齐”“X”进行对齐，使用“移动”工具在顶视图和前视图调整顶点，如图 2-59 所示。

图 2-59　移动工具调整顶点

用相同的方法制作出其他 3 段，如图 2-60 所示。

图 2-60　制作 3 段机翼

使用“缩放”和“移动”工具进行调整，如图 2-61 所示。

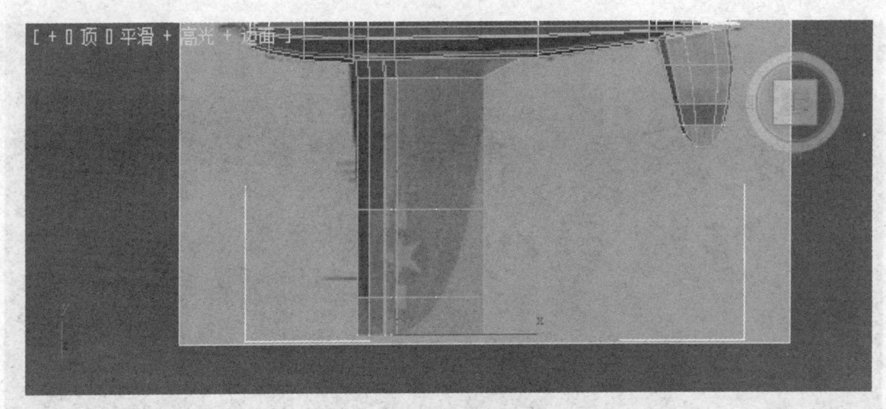

图 2-61 机翼顶视图

观察左视图，使用“缩放”和“移动”工具调整机翼的倾斜度和厚度，如图 2-62 和图 2-63 所示。

图 2-62 机翼透视图

图 2-63 机翼前视图

2.2.9 制作驾驶舱

进入“边”子对象层级，框选驾驶舱部分的边，如图 2-64 所示，按住“Shift”键执行石墨工具“循环”下的“连接”，弹出控制框，把“分段”改为2，单击“确定”，如图2-65所示。

图2-64　框选驾驶舱部分的边

图2-65　分段修改

使用“移动”工具调整顶点，如图2-66所示。

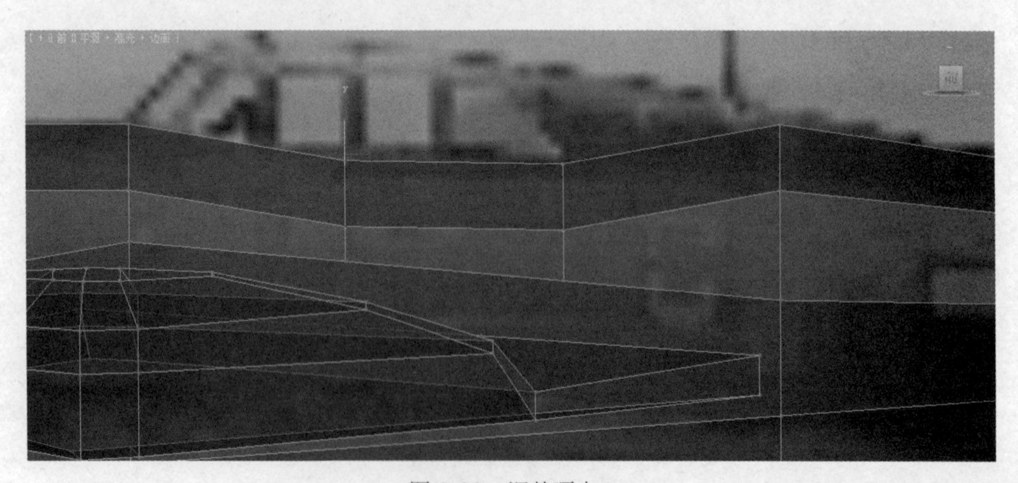

图2-66　调整顶点3

观察透视图，进入“面”对象层级，选中驾驶舱部分的面，执行“挤出”拉出1段，如图2-67所示。

图 2-67　挤出 1 段

观察前视图，使用“移动”工具调整驾驶舱的顶点以接近图片上的造型，如图 2-68 所示。

图 2-68　调整驾驶舱顶点

观察顶视图和透视图，使用“移动”工具再次对顶点进行调整，使驾驶舱的造型更接近图片，如图 2-69 所示。

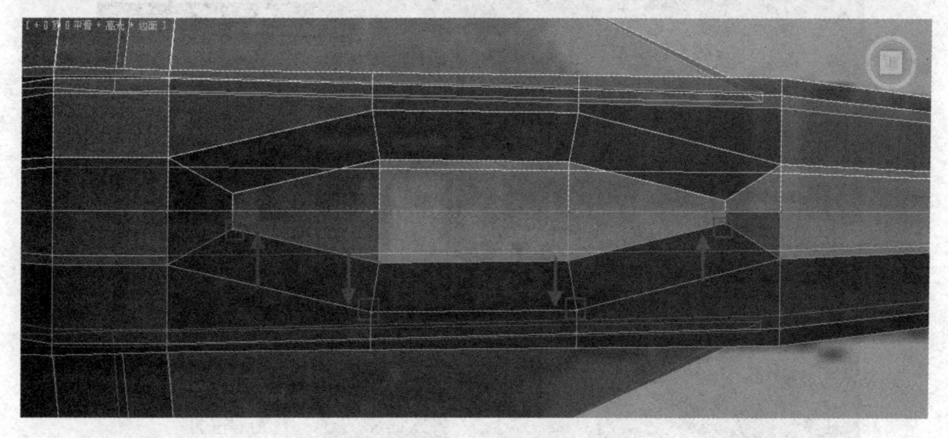

图 2-69　再次调整

选中驾驶舱部分的面，执行修改面板中的“分离”命令，命名为“驾驶舱”，驾驶舱就和机身分离变成另一个物体了，如图 2-70 所示。

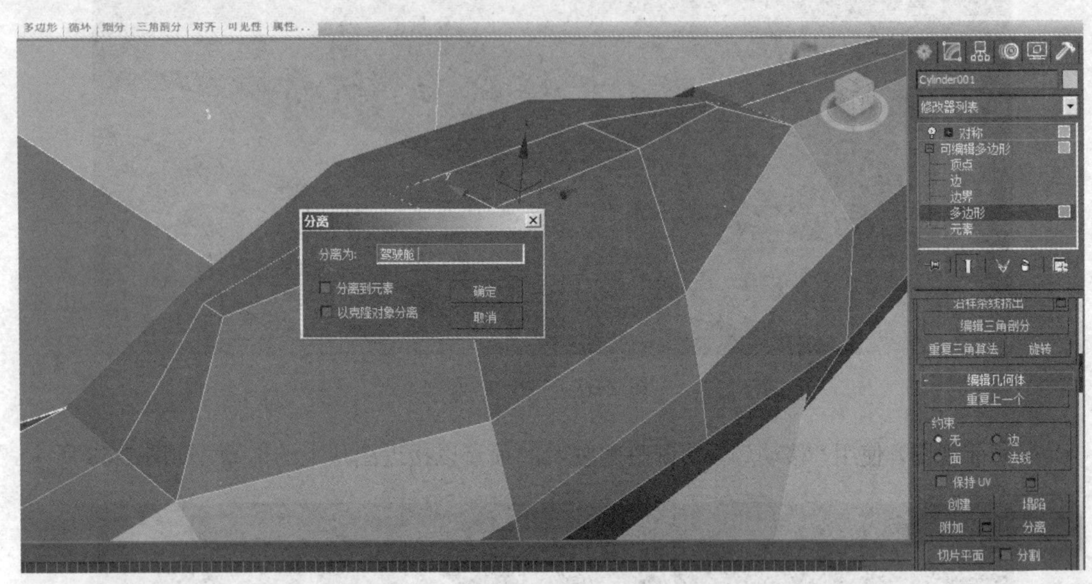

图 2-70　分离驾驶舱

在修改面板上选中“对称”，右键选择“复制”，如图 2-71 所示。再选中“驾驶舱”物体，在修改面板上右键选择“粘贴实例”，驾驶舱再次变成对称形式，进入“边”子对象层级，执行“编辑”下的 快速循环 画出图 2-72 所示的 3 条循环线。

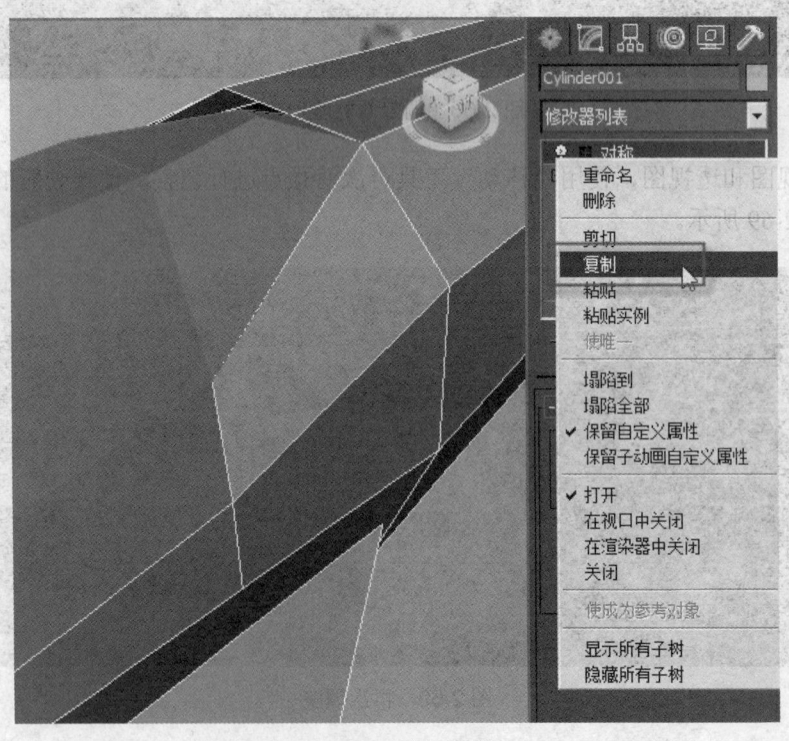

图 2-71　选择复制

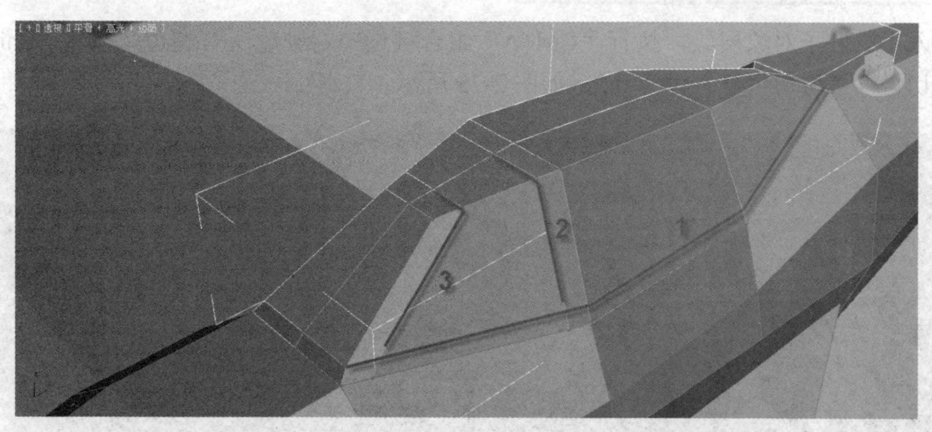

图 2-72 3 条循环线

进入“面”子对象层级，选中图 2-73 所示的面，执行“Ctrl+I”组合键反选命令，再按住“Shift”键执行“挤出”命令，在弹出的控制框里选择“局部法线”，“高度”为 1，如图 2-74 所示。

图 2-73 驾驶舱的面

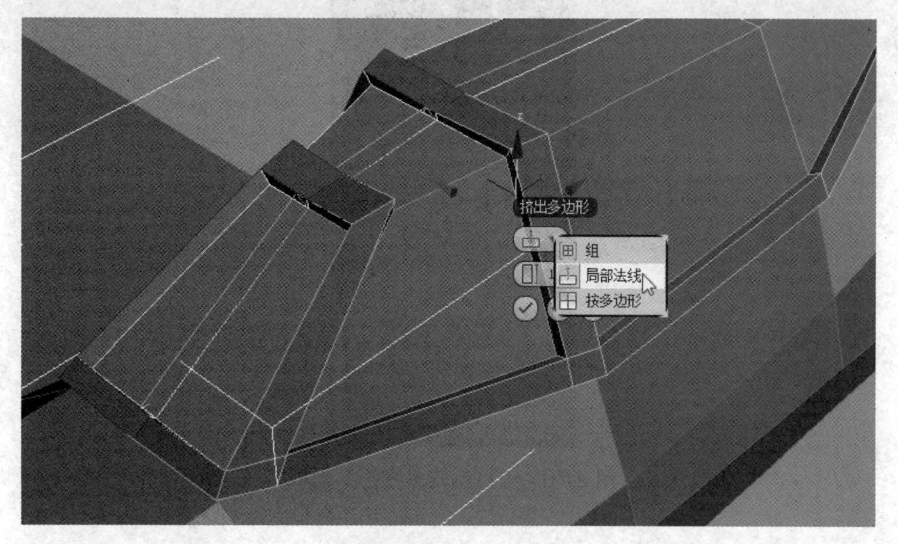

图 2-74 挤出法线

进入“边”子对象层级，执行“Ctrl+A”组合键选中驾驶舱所有的边，按住“Shift”键执行“切角”，“边切角量”设为0.2，如图2-75所示。

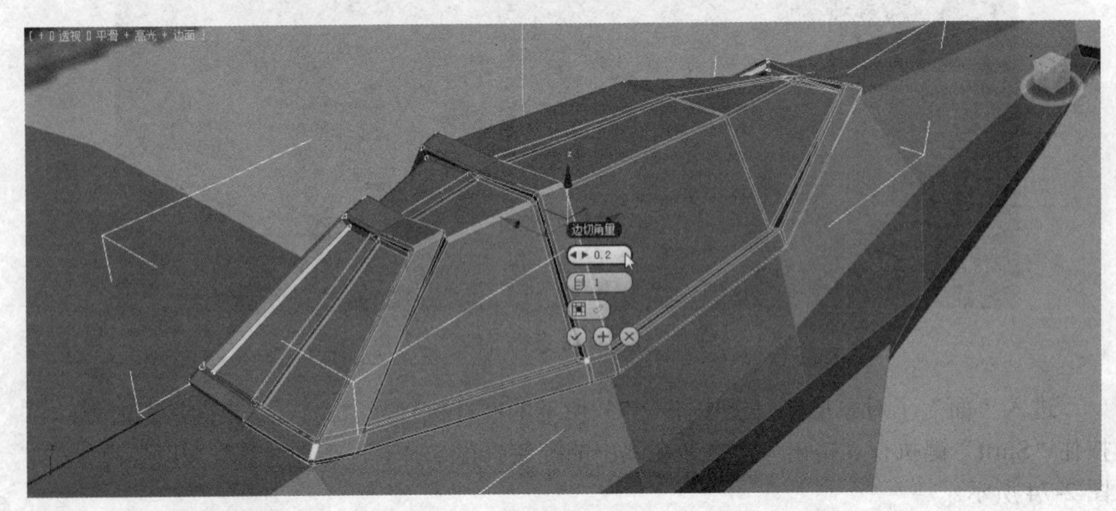

图2-75 切角

退出子对象层级，在修改面板中钩选“使用NURMS细分”，“迭代次数”为2，如图2-76所示；选中机身物件，也在主对象层级上钩选“使用NURMS细分”。最后效果如图2-77所示。

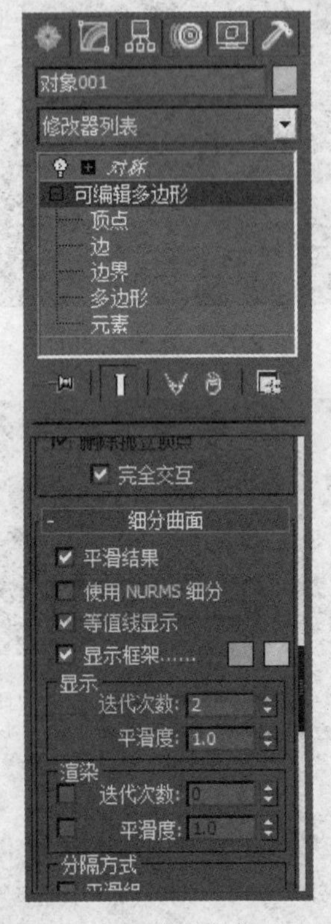

图2-76 “可编辑多变形”面板

至此，机械飞机就制作完成了。

图 2-77　飞机建模效果图

项目三　Nurbs 模型制作——静物建模

Nurbs 建模方式较适合于使用复杂的曲线建模曲面。使用 Nurbs 建模工具不要求用户了解生成这些对象的数学，很容易操纵，交互性好，且它们创建模型的方式算法效率高，计算稳定性好。

与网格和面片建模方式比较，Nurbs 能采用更轻量化的计算方式完成较复杂的弯曲曲面。

3.1　Nurbs 模型制作项目概述

本项目将初步接触 Nurbs，通过使用 Nurbs 的点、线、面创建和编辑完成一个花瓶静物模型的制作。

3.2　Nurbs 模型建模项目制作

3.2.1　Nurbs 的基本操作和概念

1. 创建 Nurbs 曲面

Nurbs 曲面分为点曲面和 CV 曲面两种。

点曲面的控制点都被约束在曲面上，如图 3-1 所示。CV 曲面的控制顶点不位于曲面上。它们定义一个控制晶格包住整个曲面。每个 CV 均有相应的权重，可以调整权重从而更改曲面形状，如图 3-2 所示。

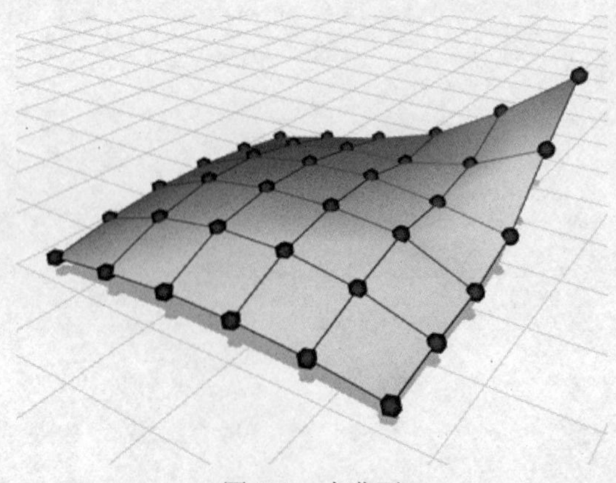

图 3-1　点曲面

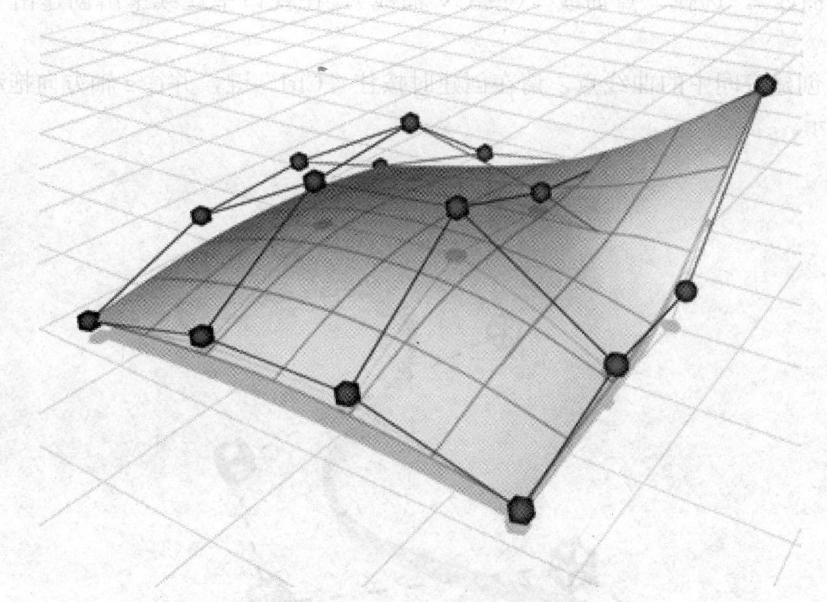

图 3-2　CV 曲面的控制顶点

要创建点曲面或 CV 曲面，先选择“创建”面板，再选择“几何体”，从下拉列表中选择“Nurbs 曲面”。选择“点曲面”（或 CV 曲面），在视口中拖动鼠标即创建出一个 Nurbs 曲面，调整创建参数，完成创建。

2. 创建 Nurbs 曲线

Nurbs 曲线有点曲线和 CV 曲线两种，如图 3-3 和图 3-4 所示。

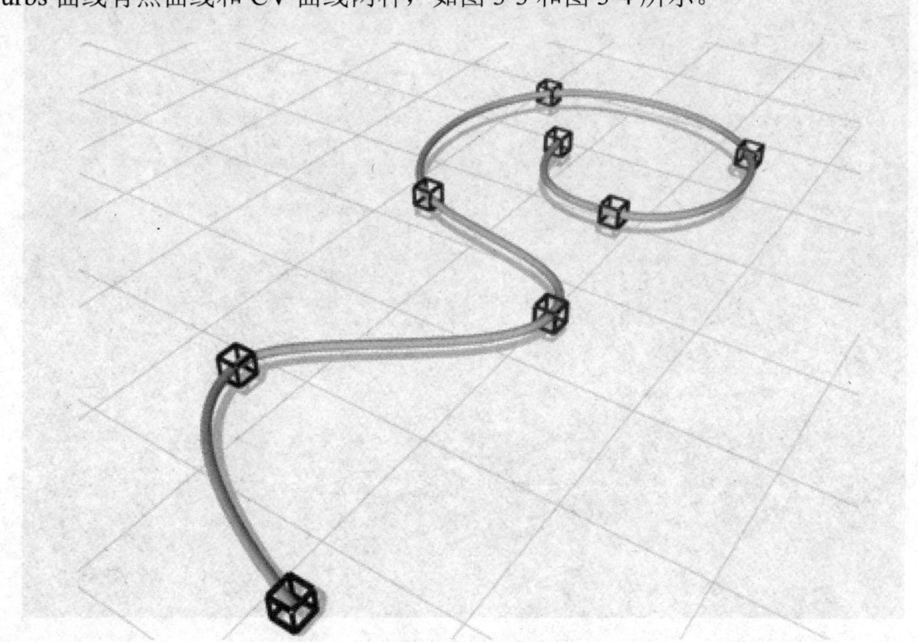

图 3-3　点曲线

要创建点曲线或 CV 曲线，先选择“创建”面板，再选择“图形”，从下拉列表中选择“Nurbs 曲线”。选择“点曲线”（或 CV 曲线），在视口中连续单击创建出一个 Nurbs 曲线。

如果要创建空间中的曲线点，请在创建时按住“Ctrl”键，并往 *z* 轴方向拖动出高度，如图 3-5 所示。

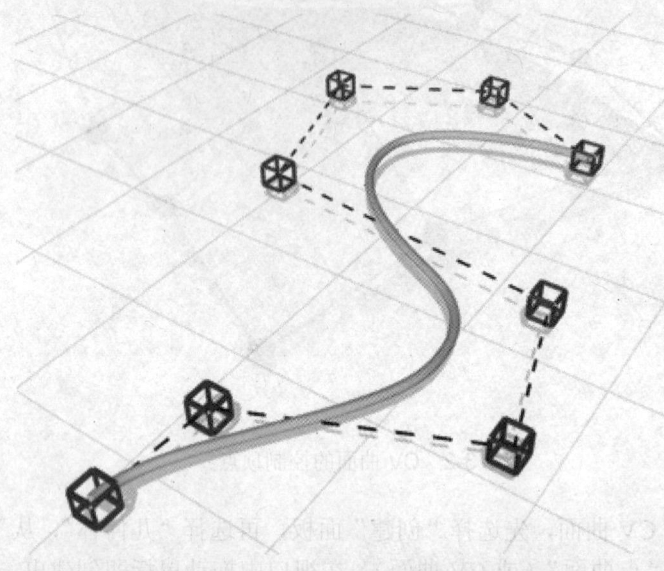

图 3-4　CV 曲线

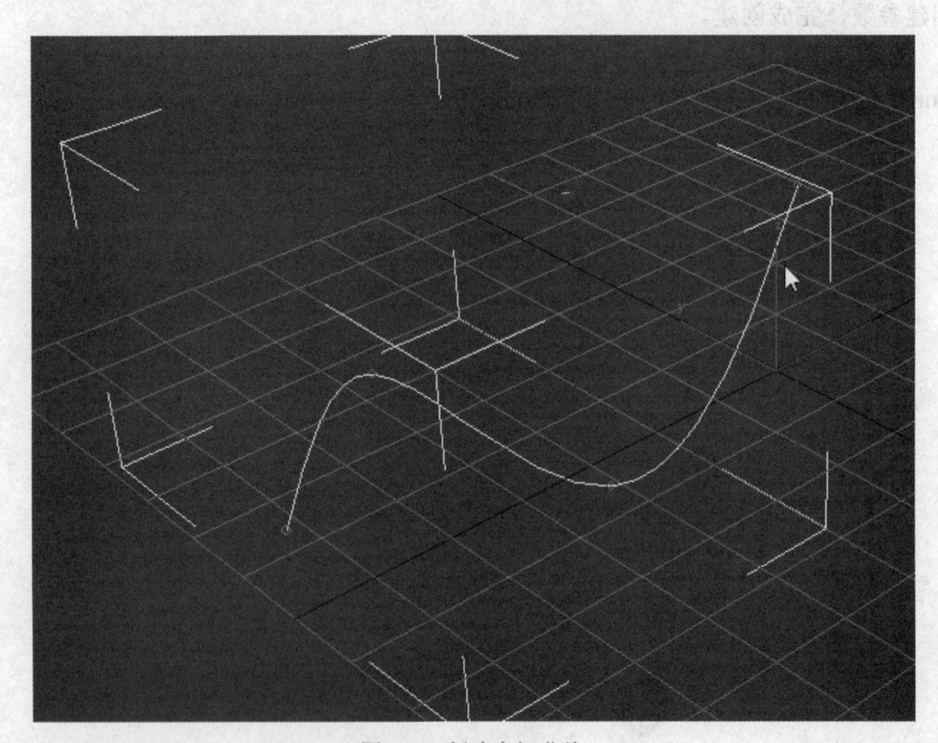

图 3-5　创建空间曲线

① 编辑 Nurbs 对象。

当创建了 Nurbs 对象后，修改面板中就出现了 Nurbs 对象的层级，如图 3-6 所示。

选择点、曲面 CV 可以编辑曲线或者曲面的控制点（可使用“移动”、“旋转”、“缩放”工具对其进行编辑）。在编辑时按下“H”键，可以弹出子对象选择列表，如图 3-7 所示。

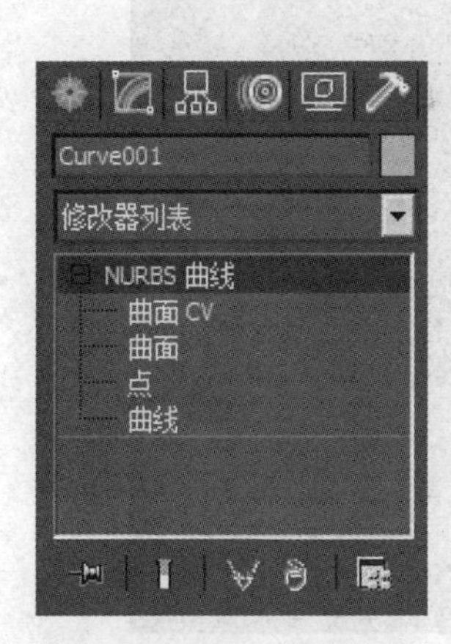

图 3-6 Nurbs 对象的层级

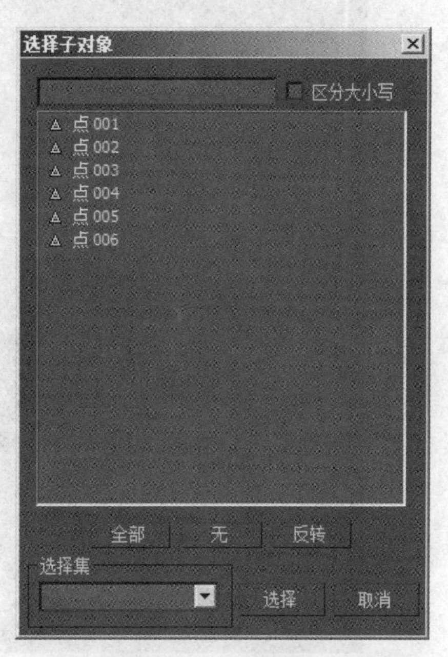

图 3-7 对象列表

② 从属对象。

完成对 Nurbs 对象的编辑后，可再创建对象的从属对象，以创造更多变的图形。

从属对象分为：点从属对象、线从属对象、面从属对象。它们在顶级对象层级面板上都可以找到，也可使用浮动创建工具箱上的命令，如图 3-8 和图 3-9 所示。

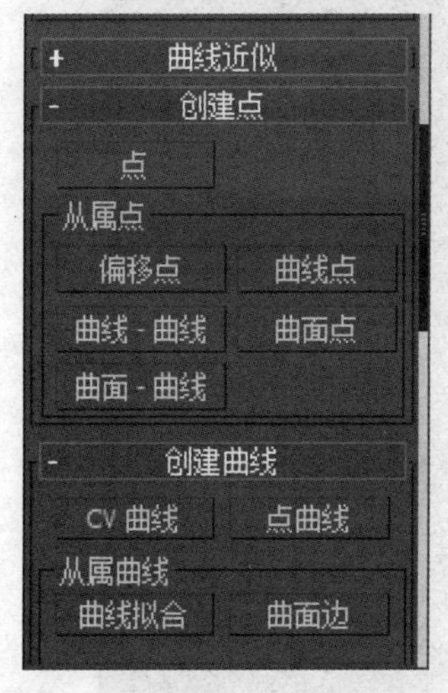

图 3-8 顶级对象层级面板

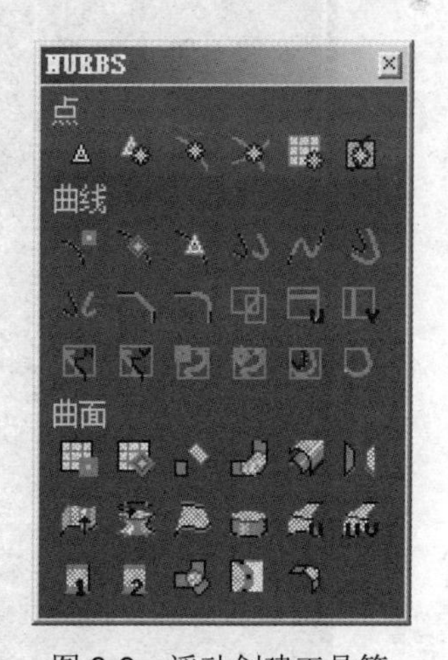

图 3-9 浮动创建工具箱

③ 从属点命令。

创建单独的点命令可以建立独立的点，如图 3-10 所示。

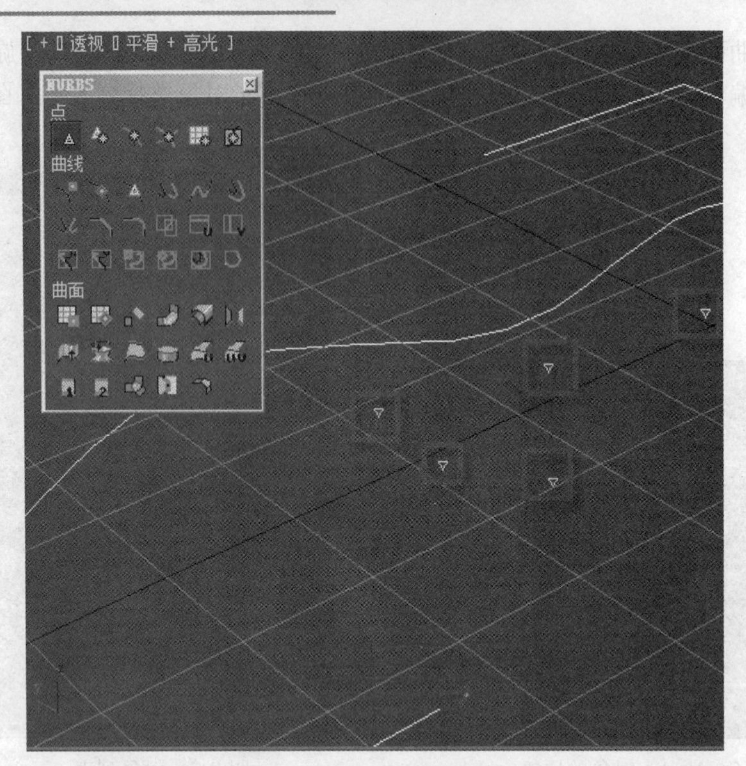

图 3-10 建立单点

创建从属偏移点命令可以创建与现有点重合的从属点或在现有点相对距离上创建偏移点，偏移值通过面板来控制，如图 3-11 所示。

图 3-11 创建从属偏移点

创建从属的曲线点。此命令用于创建依赖于曲线或与其相关的从属点，可以创建在曲线上的偏移点、距离偏移点、法向偏移点、切线偏移点。

选用工具后在曲线上单击，分别调节面板上的选项和数值就可以实现 4 种不同点的创建，如图 3-12～图 3-15 所示。

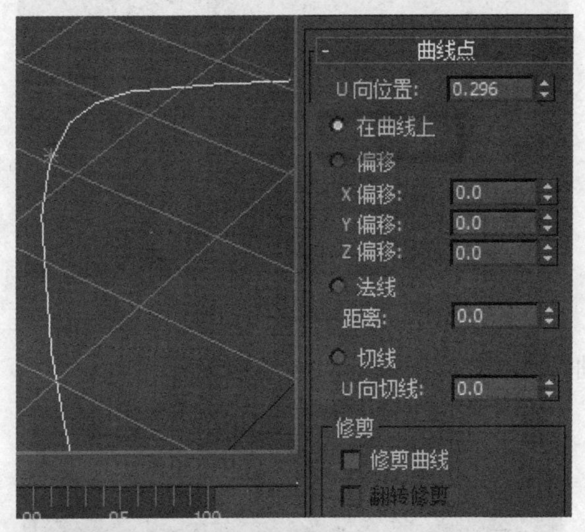

图 3-12 创建从属的曲线点——在曲线上

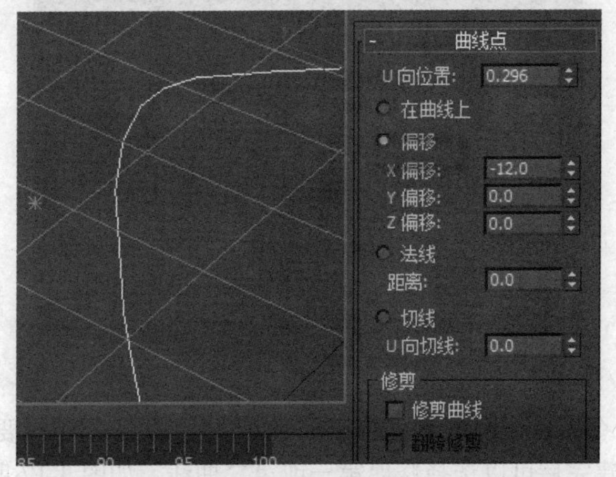

图 3-13 创建从属的曲线点——偏移

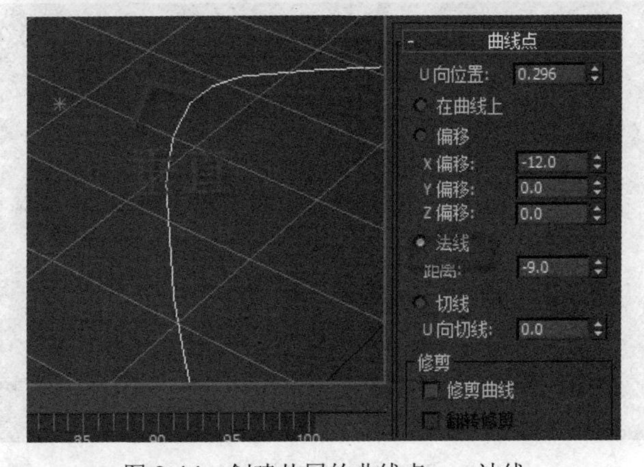

图 3-14 创建从属的曲线点——法线

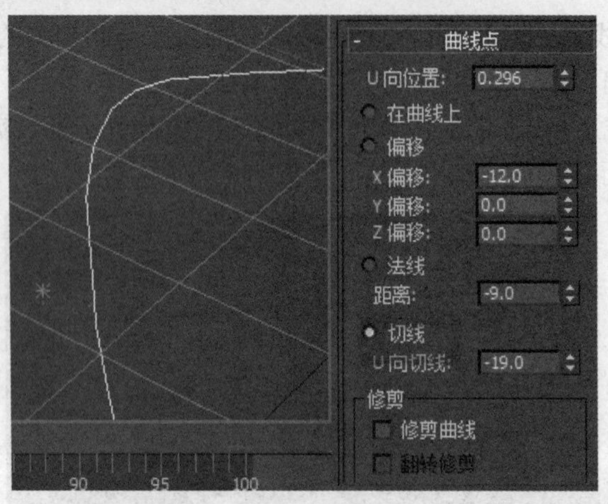

图 3-15　创建从属的曲线点——切线

修剪选项可以对曲线进行裁剪，如图 3-16 所示。

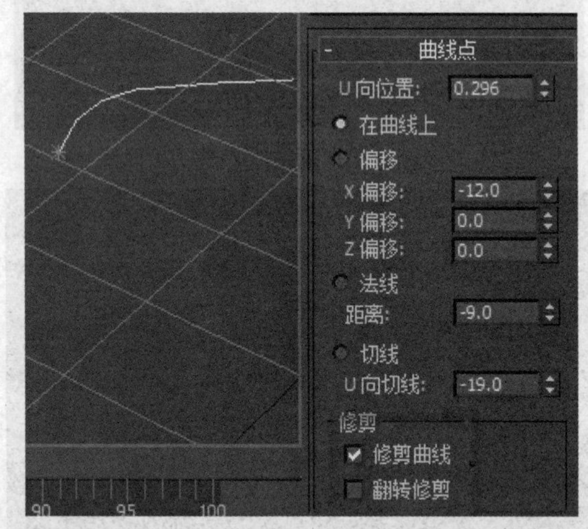

图 3-16　修剪选项

创建相交点命令可以在两条曲线的相交处创建从属点，创建时要分别在两条曲线靠近相交处单击一次，创建完后可以选择修剪第一或第二曲线，如图 3-17 所示。

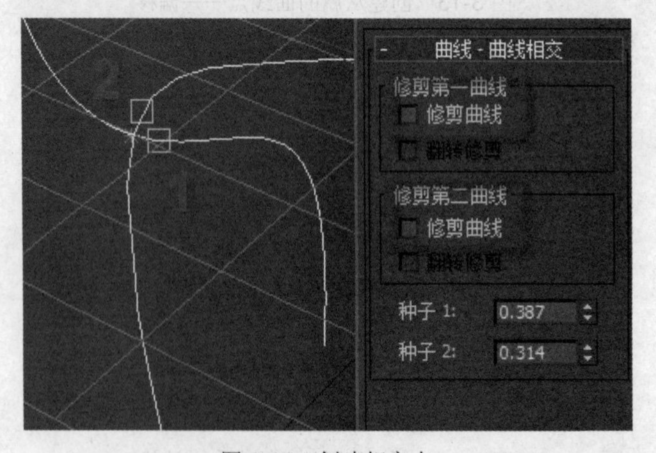

图 3-17　创建相交点

创建从属曲面点命令用于创建曲面上的从属点。与曲线点类似，它可以创建在曲面上的偏移点、距离偏移点、法向偏移点、切线偏移点，如图 3-18 所示。

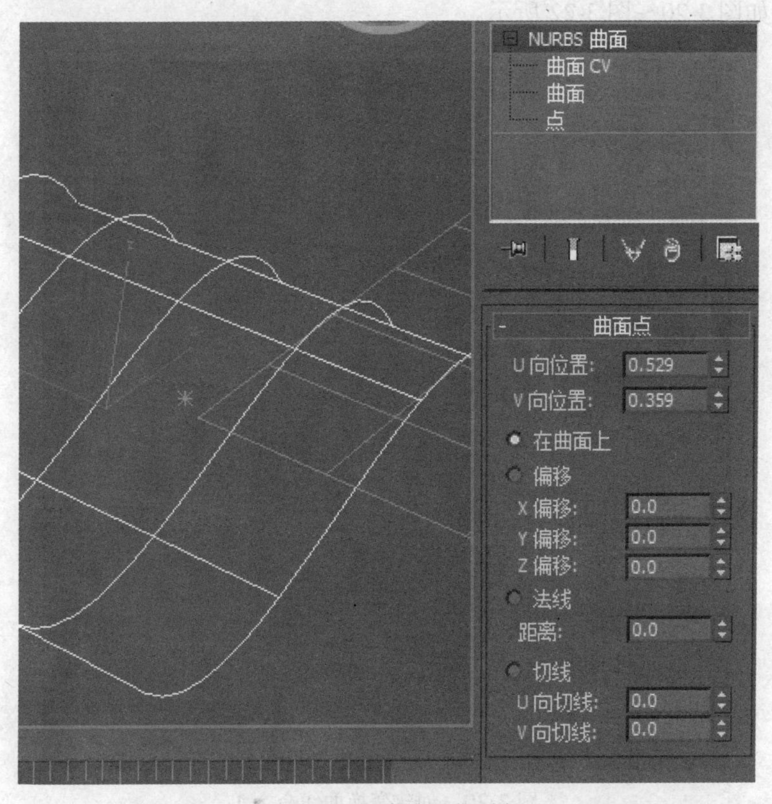

图 3-18　创建从属曲面点

曲面曲线相交点命令可以在一个曲面和一条曲线的相交处创建从属点。首先要保证曲线和曲面是相交的，创建时要先单击曲线后再单击曲面，如图 3-19 所示。

图 3-19　曲面曲线相交点命令

④ 从属曲线命令。

创建变换曲线命令复制出的子曲线将与其父曲线保持关联，修改父曲线，子曲线也会做相应变化，如图 3-20～图 3-22 所示。

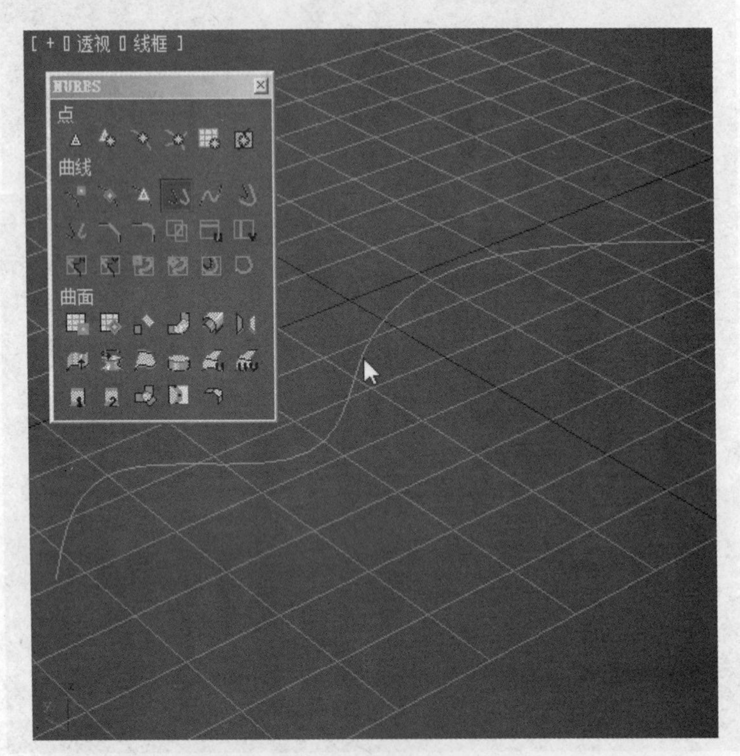

图 3-20　创建变换曲线命令 1

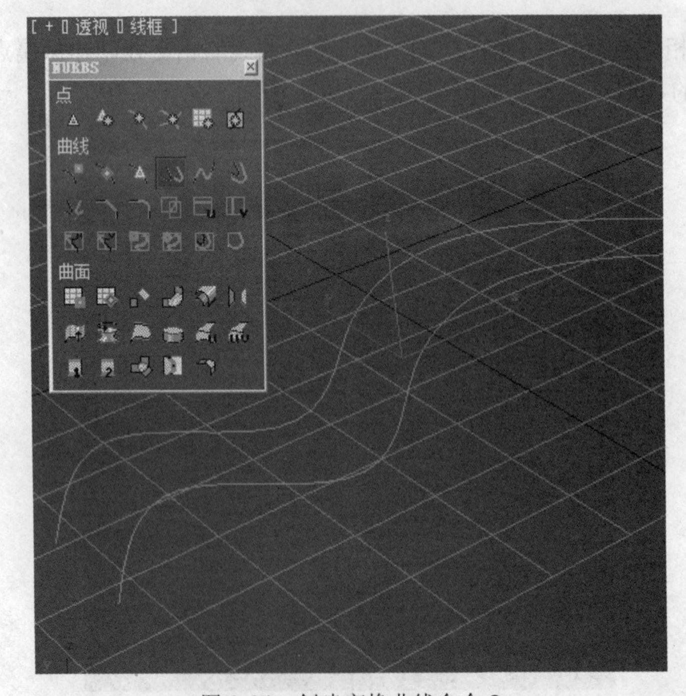

图 3-21　创建变换曲线命令 2

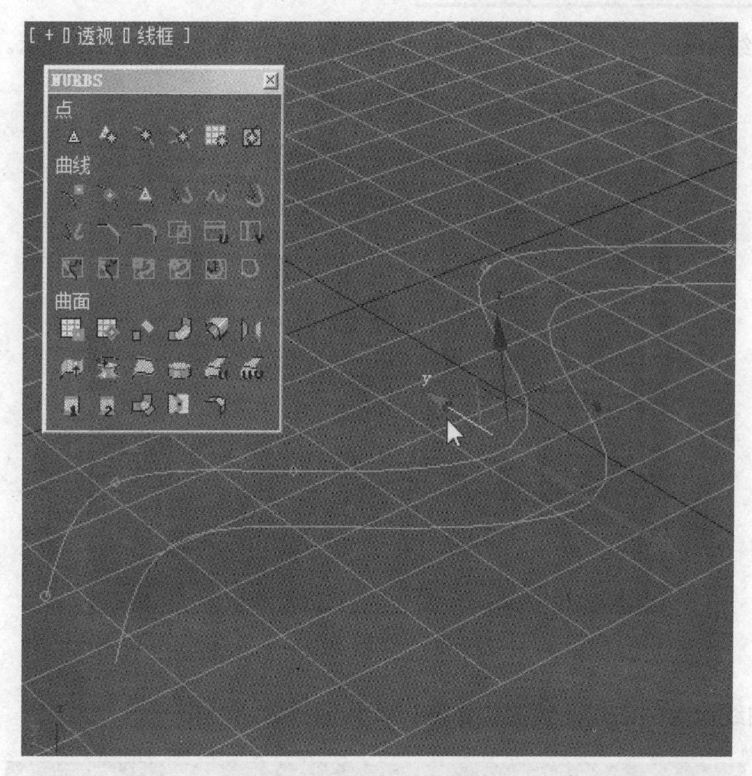

图 3-22　创建变换曲线命令 3

混合曲线是将一条曲线的一端与其他曲线的一端连接起来，以在曲线之间创建平滑的曲线，“张力”用来控制连接曲线与父曲线的切线角度的，如图 3-23 所示。

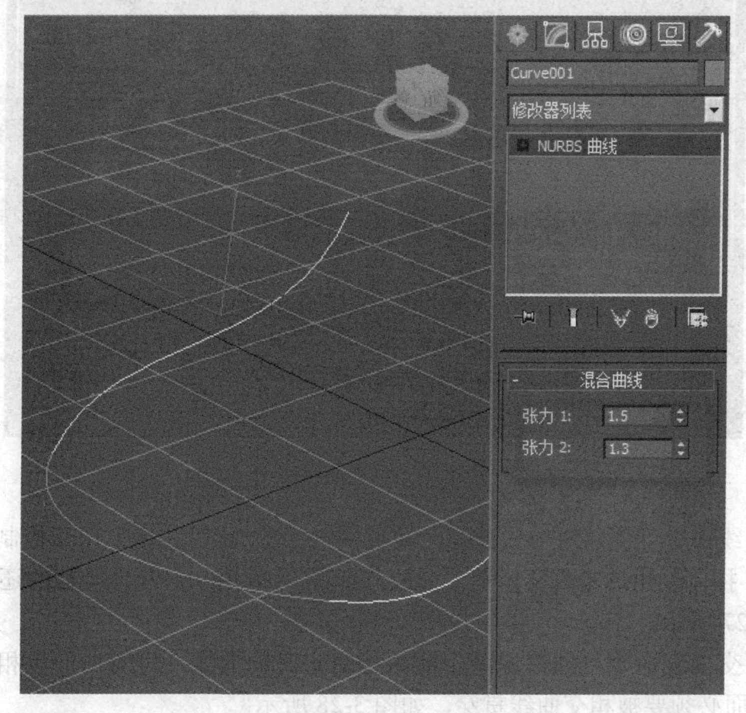

图 3-23　混合曲线

偏移曲线命令能从原始曲线偏移生成平面和 3D 曲线，如图 3-24 所示。

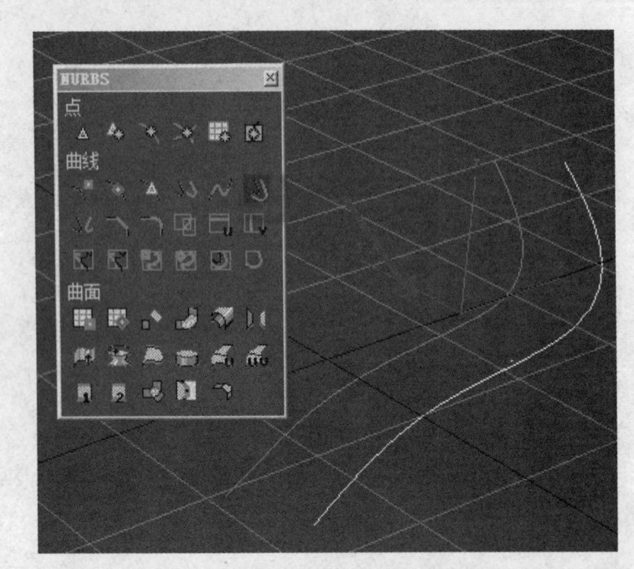

图 3-24　偏移曲线命令

镜像曲线命令能创建曲线的镜像图像，如图 3-25 所示。

图 3-25　镜像曲线命令

切角曲线命令可创建两个父曲线之间直倒角的曲线，“长度”用来控制直倒角两端的长度，“修剪”控制倒角后是否要修剪父曲线，如图 3-26 所示。与之类似的还有圆角曲线命令，如图 3-27 所示。

曲面相交曲线命令可创建由两个曲面相交定义的曲线，可对曲面以相交曲线进行修剪，被修剪曲面必须要被相交曲线贯穿，如图 3-28 所示。

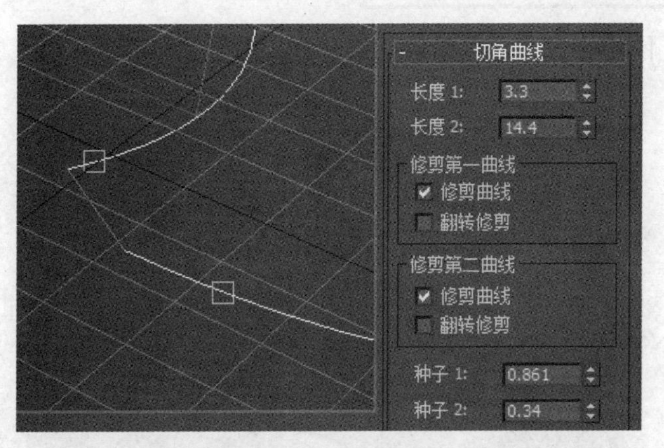

图 3-26 切角曲线命令

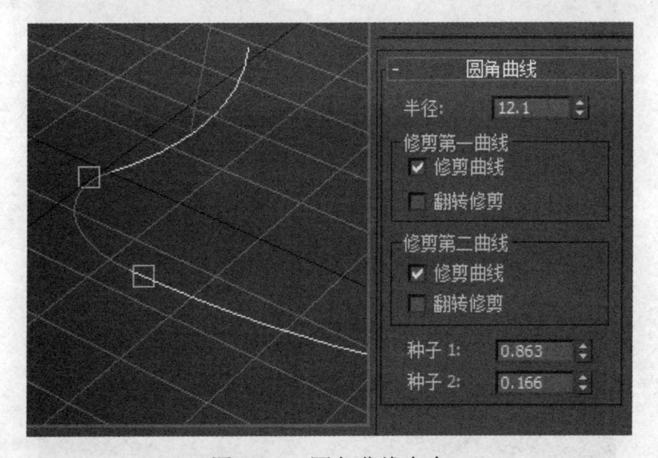

图 3-27 圆角曲线命令

图 3-28 曲面相交曲线命令

U 向等参曲线和 V 向等参曲线命令从曲面的等参线创建从属曲线，可以使用 U 向和 V 向等参曲线来进行修剪曲面，如图 3-29 所示。

法向投影曲线命令创建以曲面法线的方向投影到曲面的曲线，所以投影的曲线根据曲面的造型大小也将不相同，“修剪”选项可对曲线围合的局域进行修剪，如图 3-30 和图 3-31 所示。

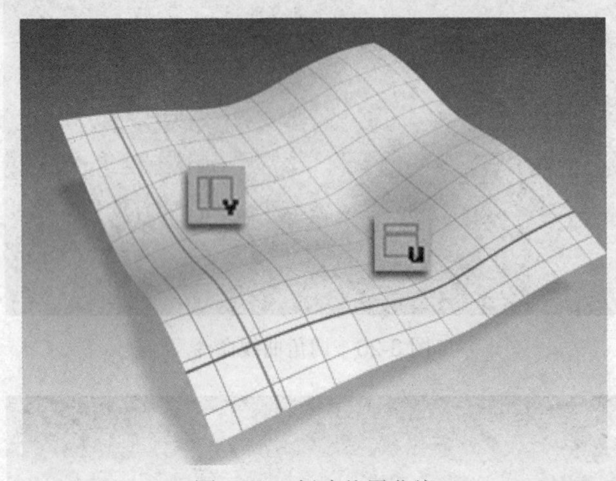

图 3-29　创建从属曲线

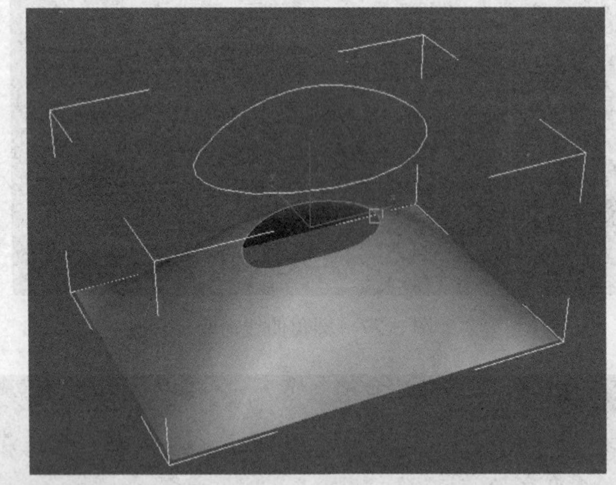

图 3-30　法向投影曲线命令 1

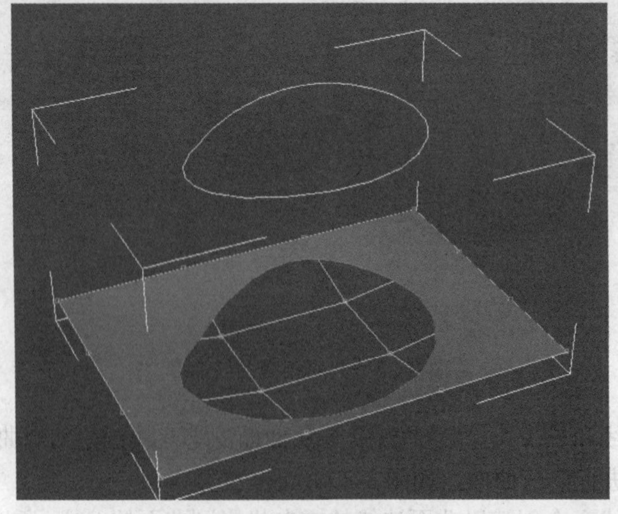

图 3-31　法向投影曲线命令 2

向量投影曲线命令投影出的曲线不会变形，在正视图的情况下执行该命令能得到与原曲线大小相同的投影曲线，如图 3-32 和图 3-33 所示。而如果是在透视图上执行该命令，投影曲线会偏斜，如图 3-34 所示。

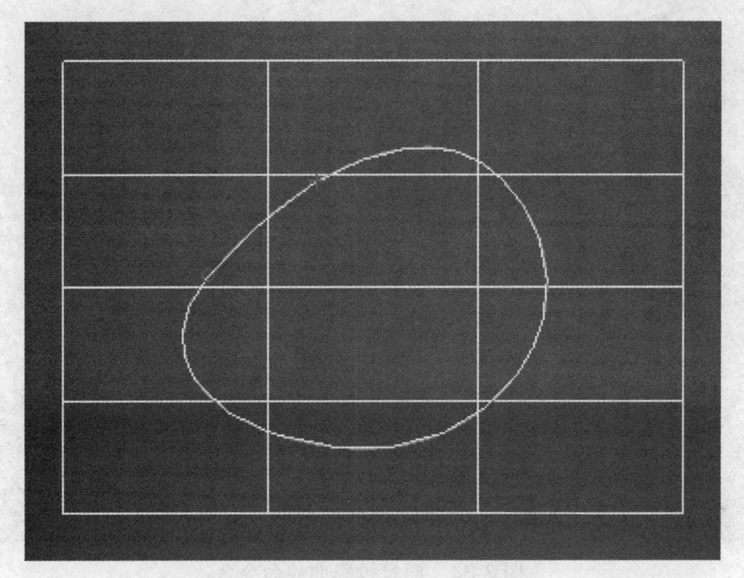

图 3-32　向量投影曲线命令 1

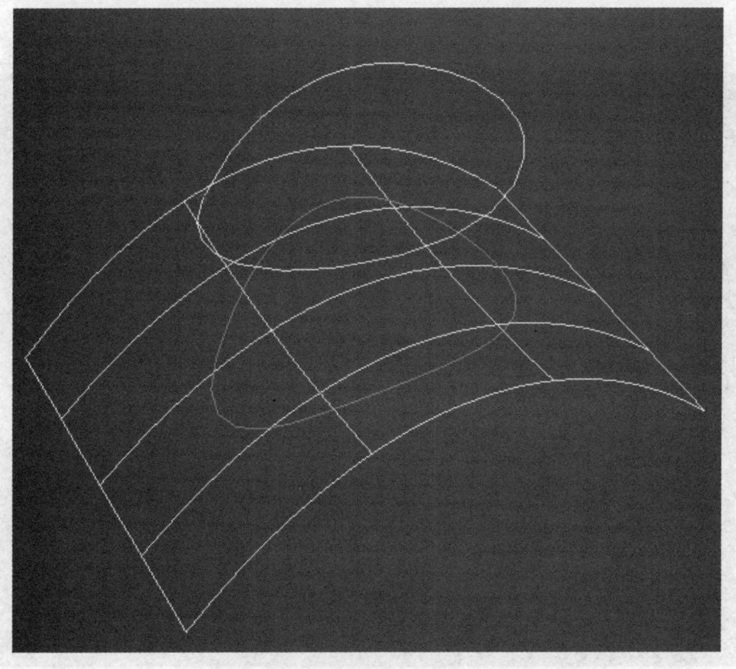

图 3-33　向量投影曲线命令 2

图 3-34　向量投影曲线命令 3

曲面上的 CV 曲线和曲面上的点曲线命令用于在曲面上直接创建曲线，如图 3-35 所示。

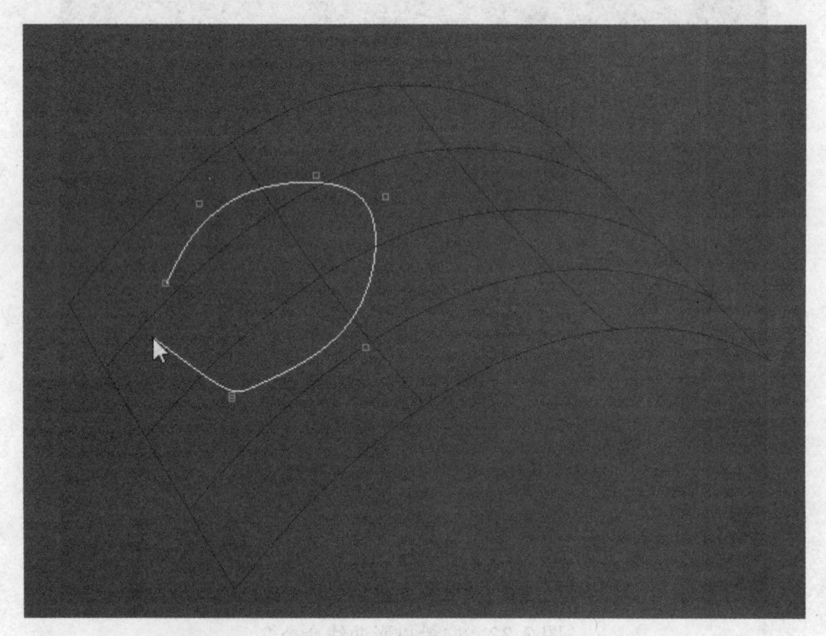

图 3-35　点曲线命令

曲面偏移曲线命令可创建曲面上父曲线的偏移曲线，如图 3-36 所示。

曲面边曲线命令可创建位于曲面边缘的曲线，如图 3-37 所示。

图 3-36　曲面偏移曲线命令

图 3-37　曲面边曲线命令

3.2.2　花瓶的制作

创建一个长方体，右键转换为 Nurbs，如图 3-38 所示。

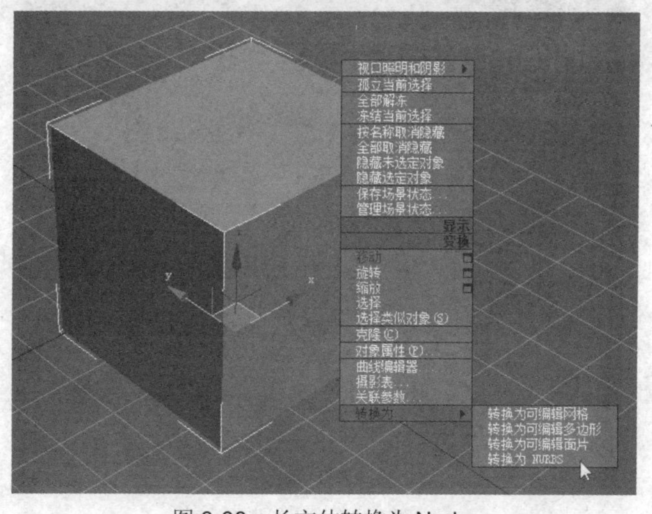

图 3-38　长方体转换为 Nurbs

单击“创建圆角曲面”按钮，分别单击长方体的2个面，修改圆角半径，钩选“修剪曲面”和“翻转法线”，即可创建圆角曲面，如图3-39所示。倒完圆角，效果如图3-40所示。

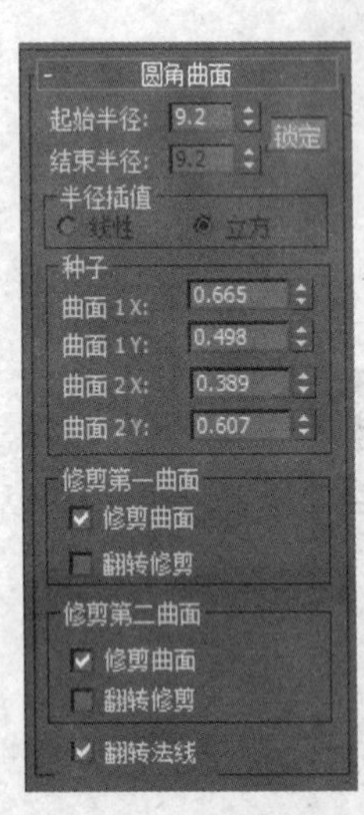

图3-39　修改圆角半径

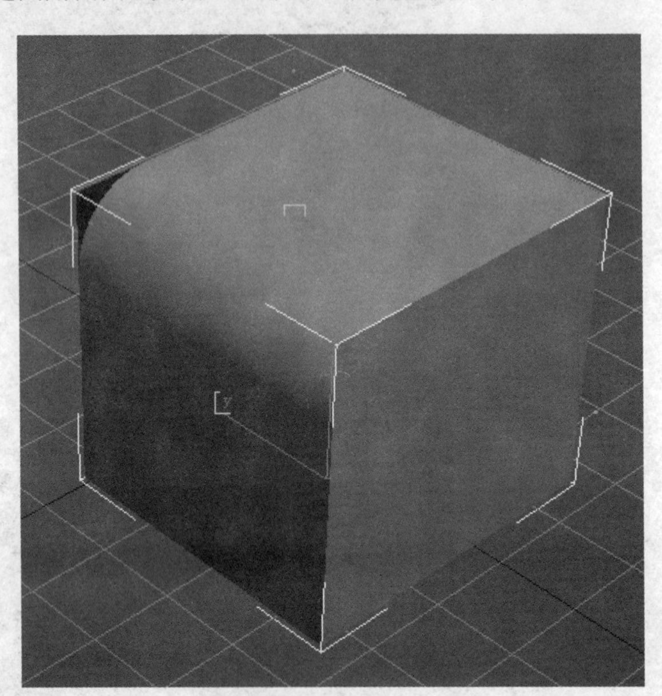

图3-40　倒圆角的长方体

单击创建混合曲面按钮，分别单击长方体顶面的2条边，即可创建混合曲面，效果如图3-41所示。

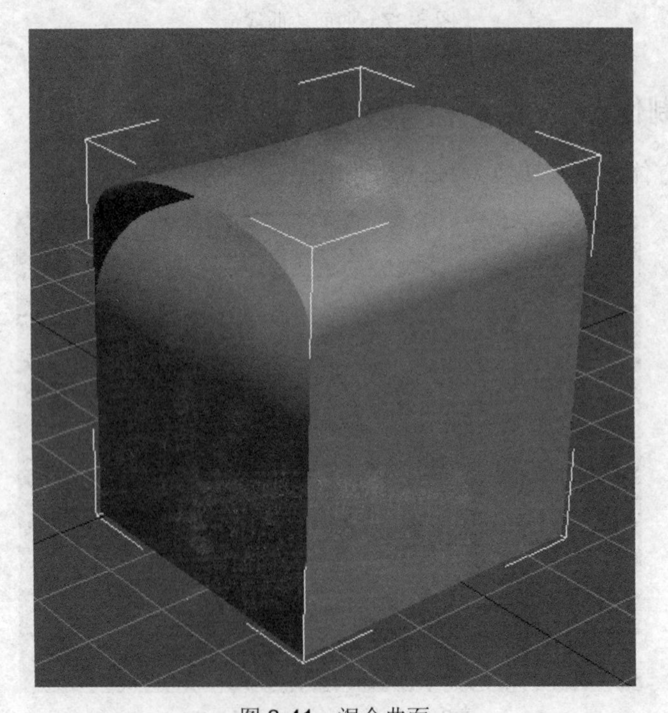

图3-41　混合曲面

单击创建偏移曲面按钮按住左键拾取混合生成的曲面拖动，即可产生偏移曲面，勾选“翻转法线”和“封口”选项，如图 3-42 所示。

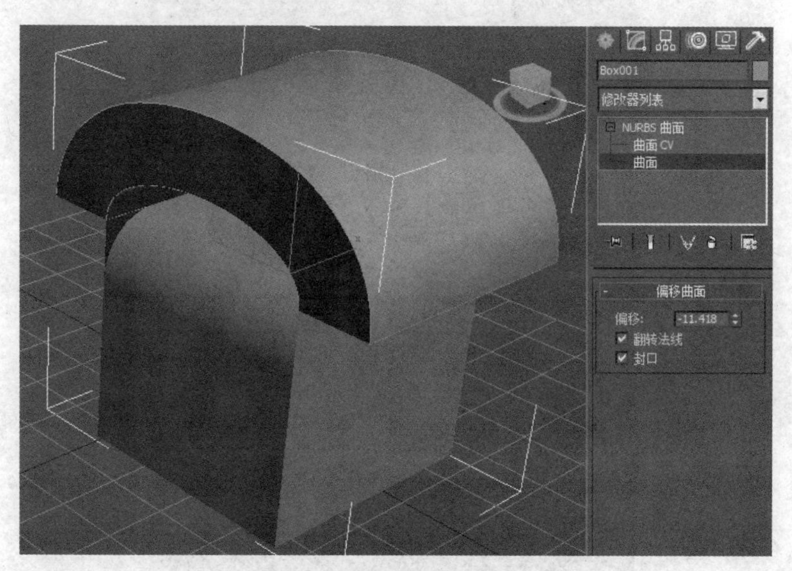

图 3-42　偏移曲面的产生

单击镜像曲面选中偏移产生的曲面进行拖动，即可产生镜像曲面，选择不同的镜像轴可改变镜像的方向，如图 3-43 所示。

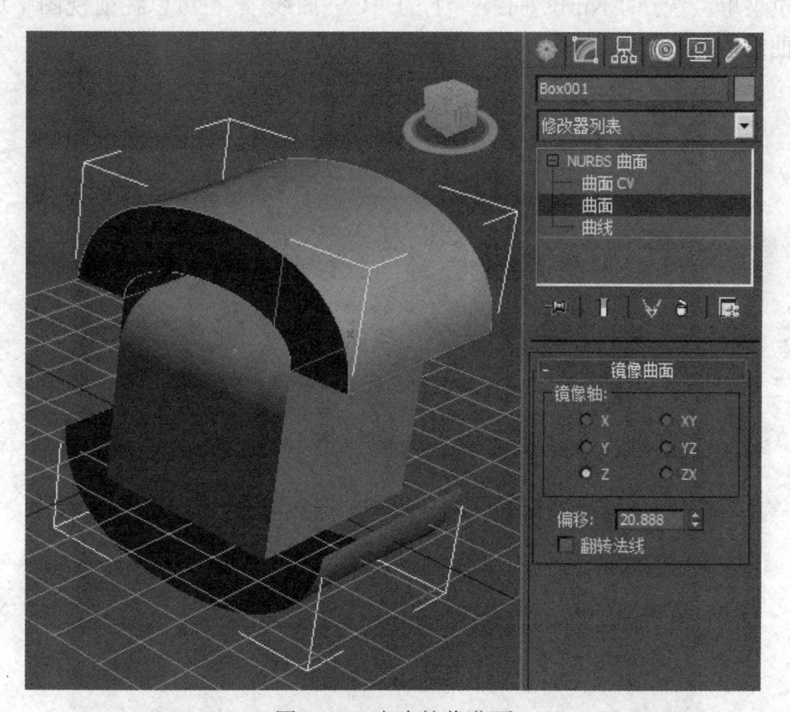

图 3-43　产生镜像曲面

进入“创建面板”的“样条线”下的“矩形”在前视图中创建一个矩形线框，“长度”为 100，“宽度”为 30，如图 3-44 所示。

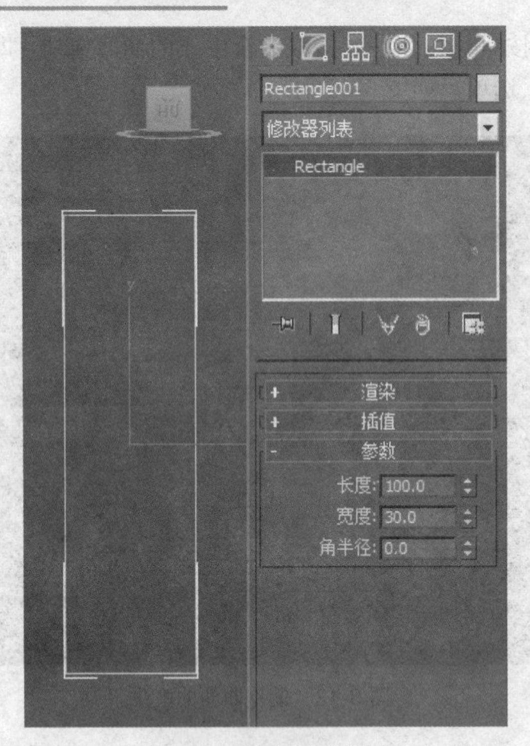

图 3-44　建立矩形线框

点出下拉菜单，选择“Nurbs 曲线”下的“CV 曲线”，也可以在前视图中通过单击创建出一条 S 形曲线，如图 3-45 所示。

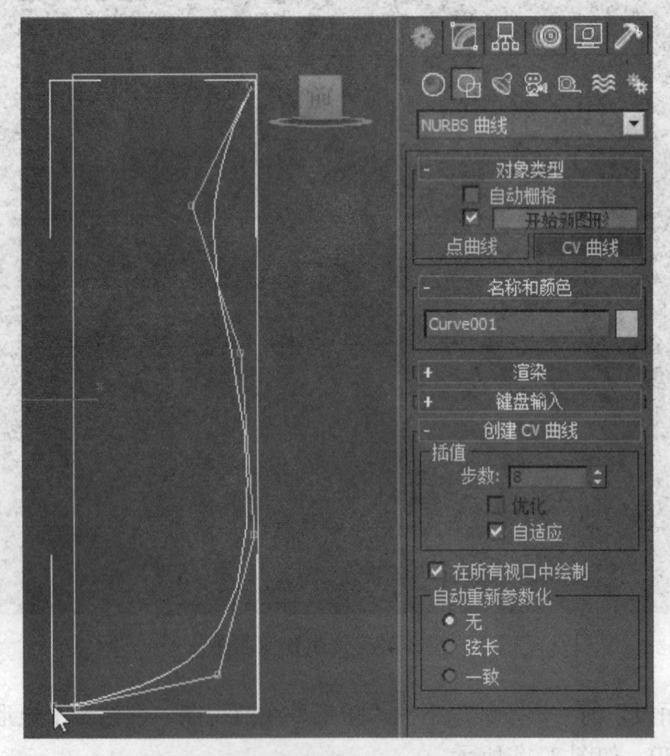

图 3-45　CV 曲线建立 S 形曲线

右击结束创建，进入“修改面板”后单击 NURBS 曲线 前的+号，选择“曲线 CV”级，使用“移动”工具对曲线进行调节，如图 3-46 所示。

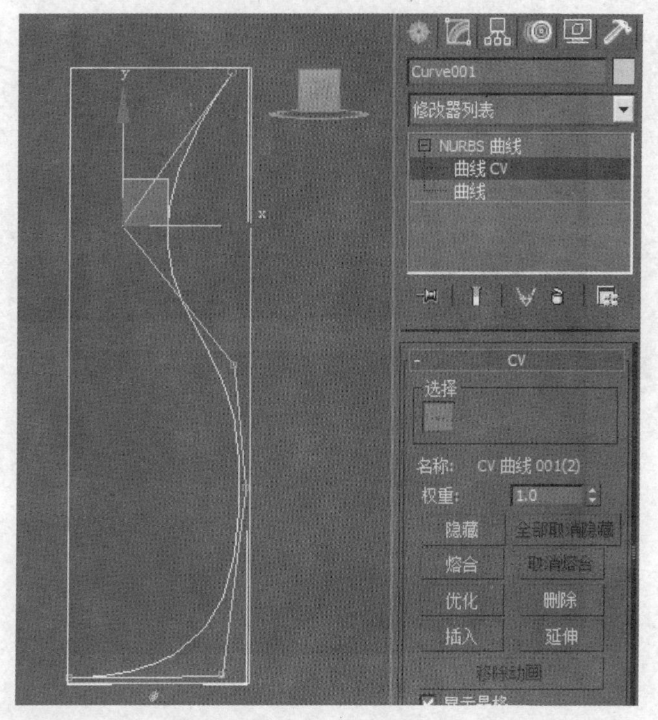

图 3-46　调整曲线

回到选中 NURBS 曲线 级，单击 Nurbs 创建工具箱图标，弹出工具箱，选择曲面中的“创建车削曲面”按钮，单击曲线形成车削效果，如图 3-47 所示。

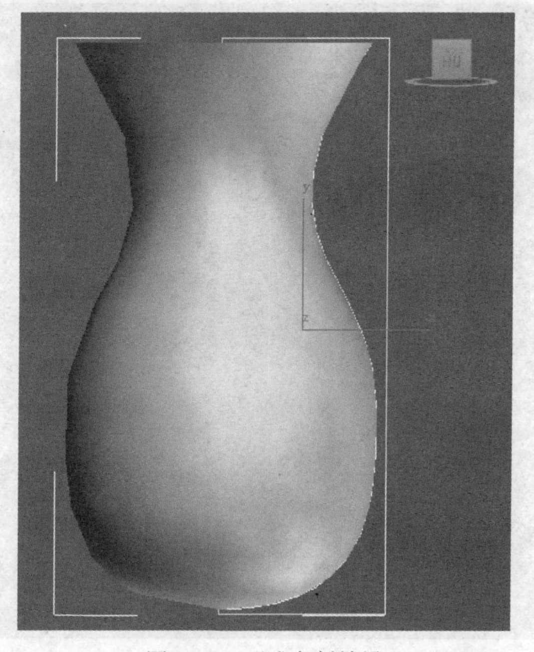

图 3-47　形成车削效果

右键单击结束创建，再次选择“曲线 CV”级进行调节，以取得一个更好的造型，效果如图 3-48 所示。

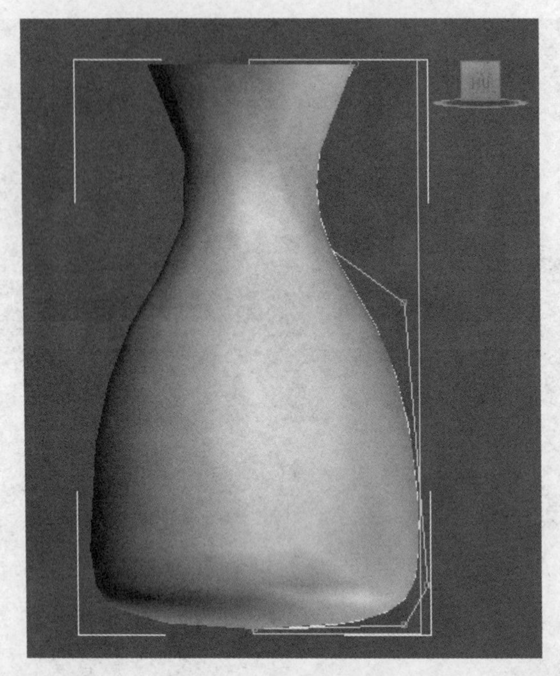

图 3-48　调整后的效果

这种调节只能产生对称效果，如果要做出非对称效果，需使曲面独立后才可进行。进入“曲面”级，选中曲面，单击“使独立”按钮，此时在会多出一个“曲面 CV”级，如图 3-49 所示。

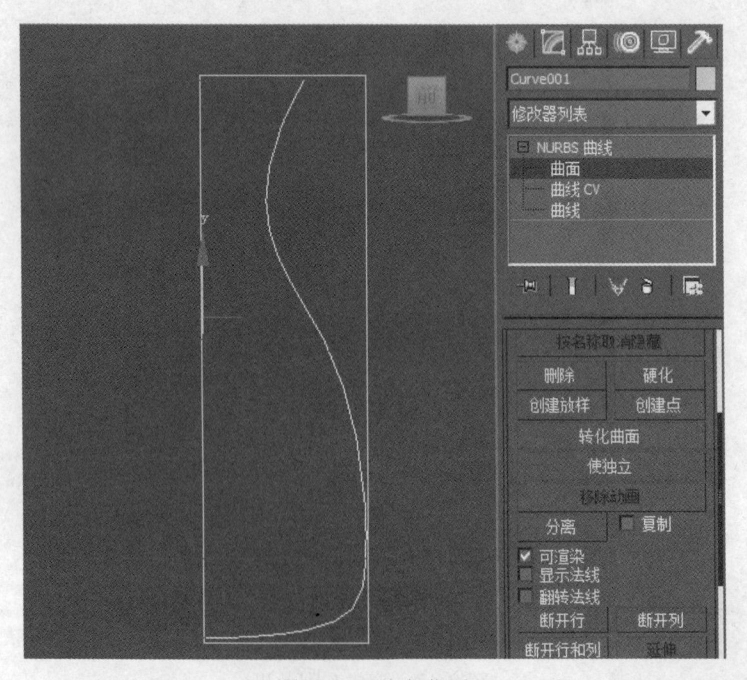

图 3-49　独立曲面

选择“曲面 CV”级，曲面上显示出了控制点，如图 3-50 所示。

但是控制点在竖直方向的数量太少，无法精确控制造型，如图 3-51 所示。再次进入“曲面”级，单击“转化曲面”按钮，弹出“转化曲面”对话框，选择“数量”，把“在 U 向”设为 12，“在 V 向”设为 6，勾选“预览”选项，按“确定”后即重新布局了控制点，效果如图 3-52 所示。

图 3-50　选择曲面 CV

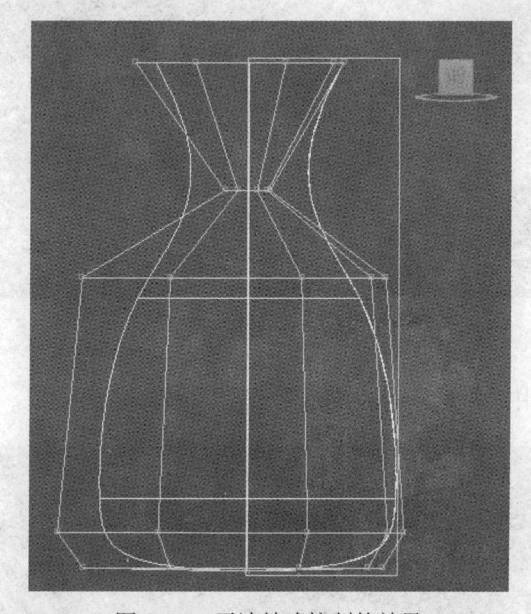

图 3-51　无法精确控制的效果

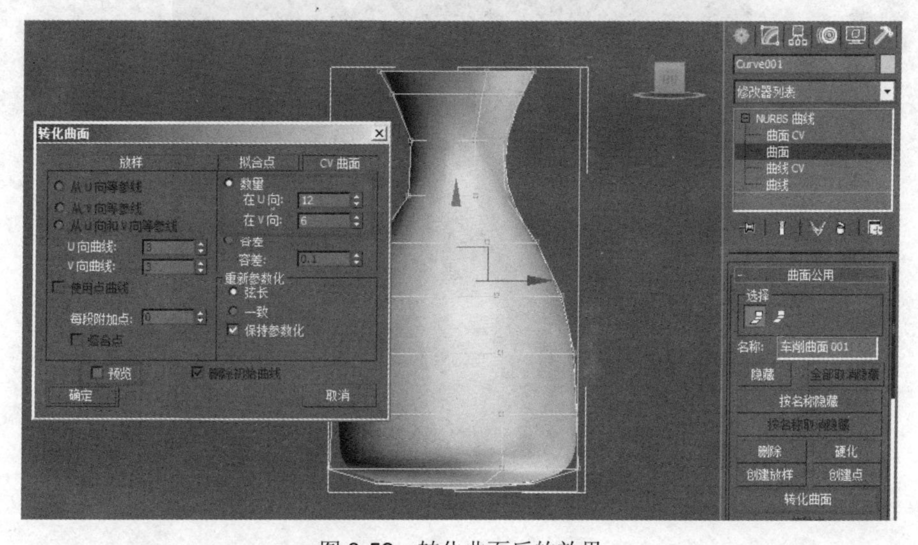

图 3-52　转化曲面后的效果

再次进入“曲面 CV”级，框选下部分所有控制点后单击“隐藏”按钮，如图 3-53 所示。

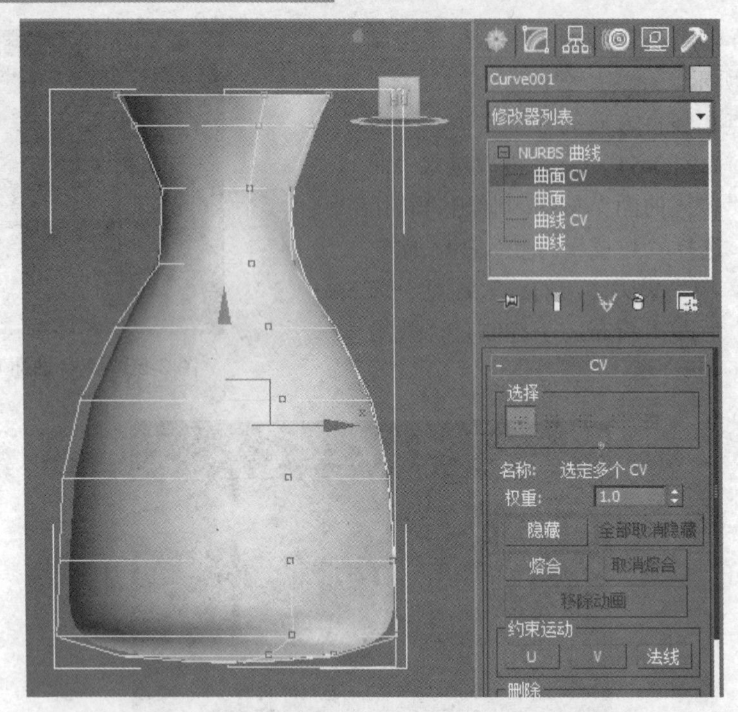

图 3-53　“隐藏”按钮

切换到透视图，使用“移动”和“缩放”工具调节瓶口的造型，如图 3-54 所示。

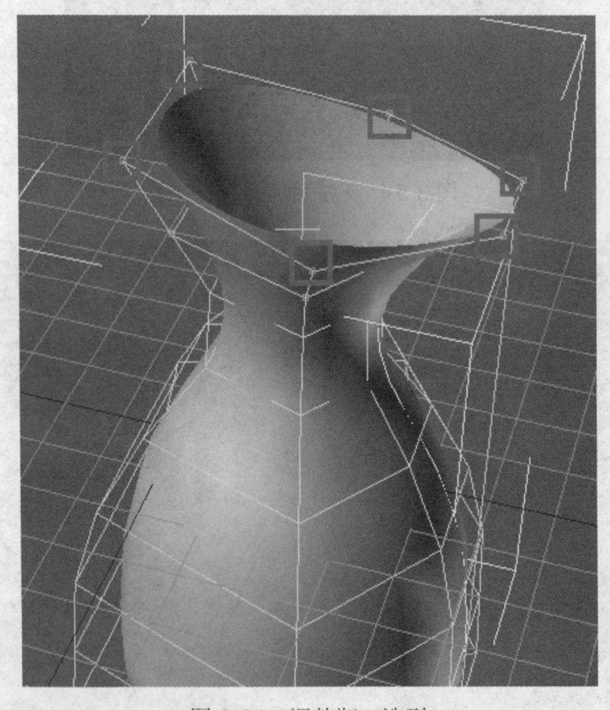

图 3-54　调整瓶口造型

接着开始创建瓶子的把手，在创建工具栏中选择“创建 CV 曲线”按钮，在前视图中创建出一条弧度曲线，如图 3-55 所示。

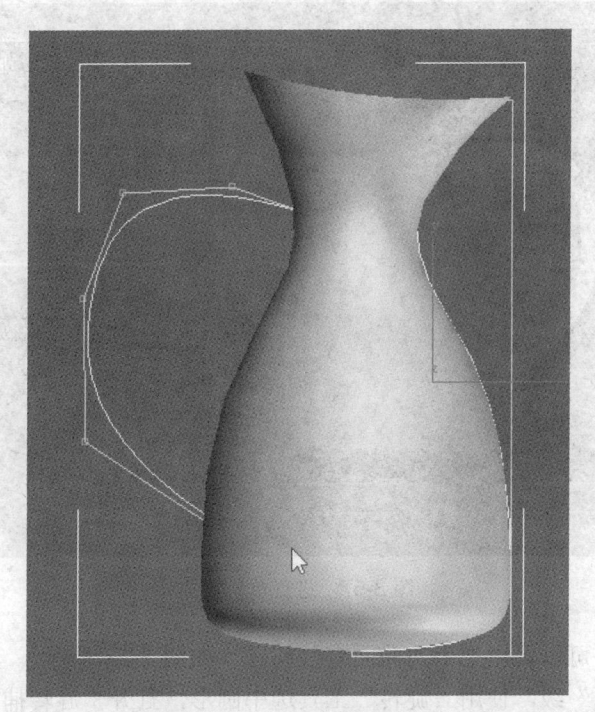

图 3-55　前视图中画曲线一条

右键结束创建，进入“创建面板”的“样条线”在前视图中创建一个半径为 3.5 的“圆”。选中瓶身，切换到“修改面板”，单击“附加”按钮，在屏幕中拾取圆形，如图 3-56 所示。

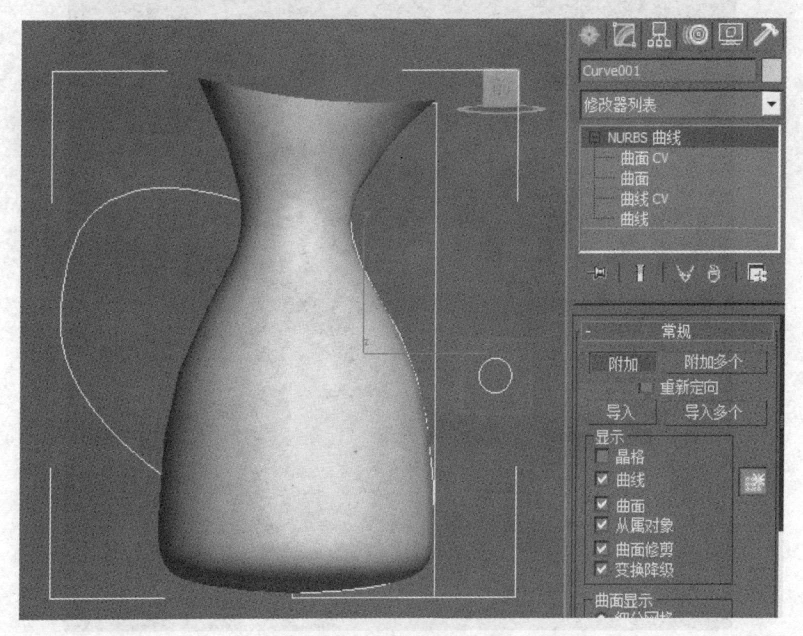

图 3-56　创建圆并拾取

在“创建工具箱”中选取“创建单轨扫描”按钮，先后单击把手曲线和圆形，在面板中勾选“捕捉横截面”选项，取消“平行扫描”选项，如图 3-57 所示。

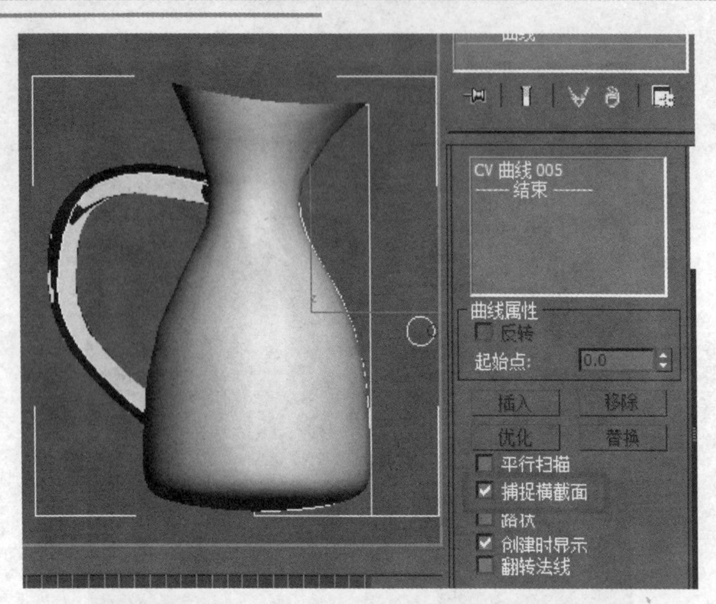

图 3-57　进行单轨扫描

切换到透视图，可以看出把手的曲面有些问题（如图 3-58 所示）。原因是绘制圆时的方向不对，进入“曲线”级，使用“旋转”工具选中圆形，打开“旋转捕捉”功能，绕 *z* 轴旋转 90°，把手显示就正常了，如图 3-59 所示。

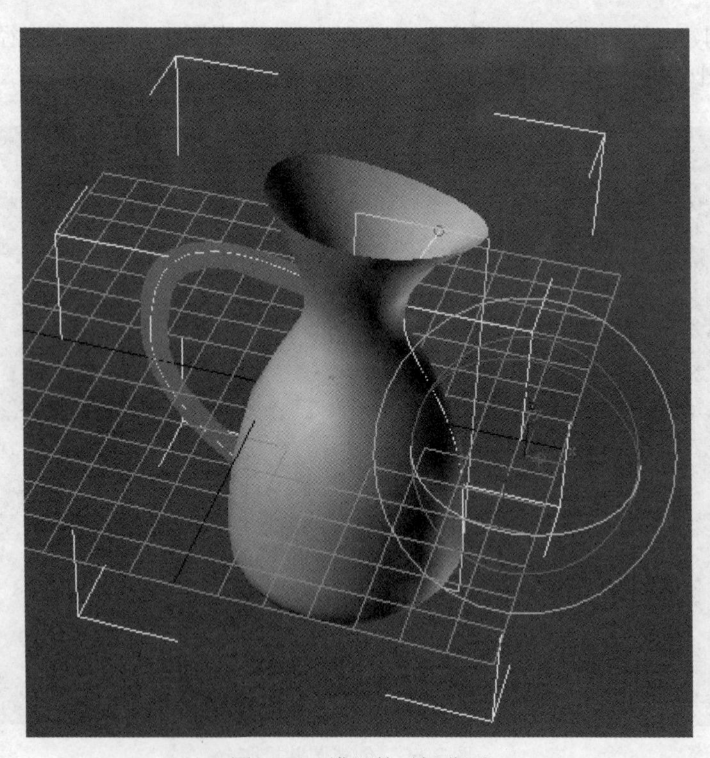

图 3-58　错误的手柄曲面

放大显示瓶口，发现是没有厚度的，为了更真实需添加上厚度。进入“曲面”级，选中瓶身曲面，使用“缩放”工具对 *x*、*y* 轴方向进行适当的拖动，弹出“子对象克隆选项”对话框，选择“复制为变换对象”，“取定”后完成缩放，如图 3-60 所示。

图 3-59　调整角度后的效果

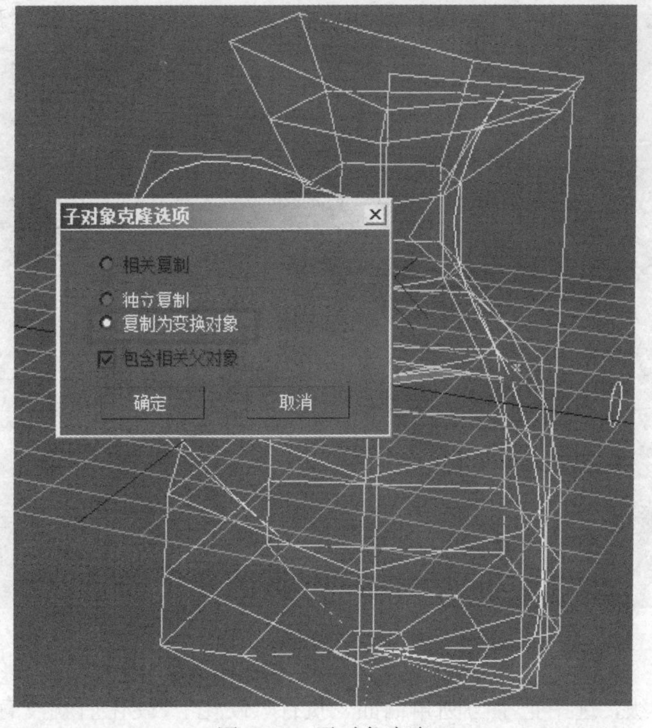

图 3-60　子对象克隆

放大显示瓶口，单击“创建工具箱”上的“创建混合曲面”按钮，分别单击瓶口的两个面，形成曲面混合效果，观察效果是否正常，如果不正常请调整面板中的选项和数值，此处选中“翻转末端 1”选项，“张力 1”为 3，“张力 2”为 1，如图 3-61 所示。

图 3-61　曲面混合

旋转视图，显示把手与瓶身结合处，选择“创建工具箱”的“创建圆角曲面”按钮分别单击瓶身外曲面和把手曲面（选择时可按“F3”键以线框方式显示），形成圆角过渡面，在面板中勾选“修剪曲面”选项，“起始半径”设为 3，如图 3-62 所示。

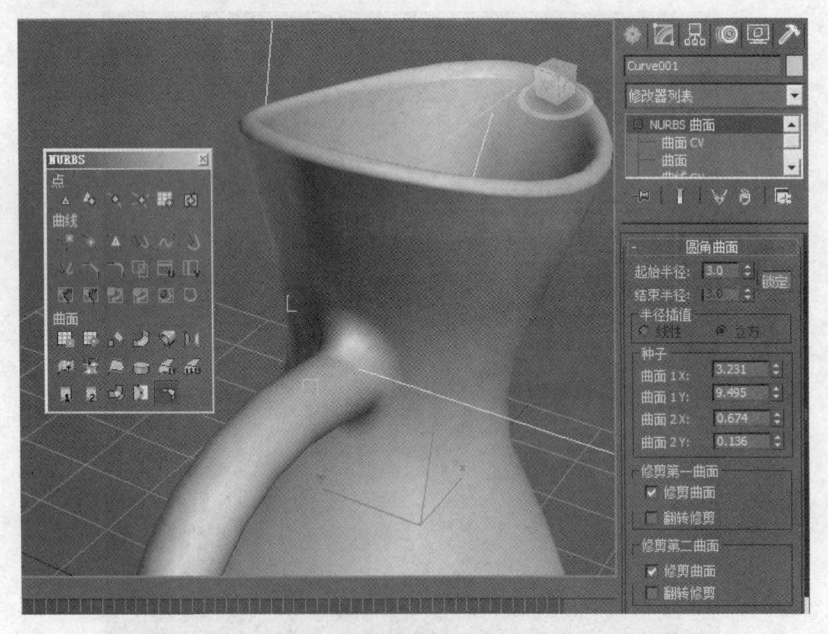

图 3-62　圆角过渡面

进入“曲面”级，选中把手与圆角曲面，执行“硬化”（硬化后就没有历史修改参数了），如图 3-63 所示。如果不做这一步，做下一个圆角时会发生错误。

图 3-63　硬化曲面

用相同的方法创建下端的另一个圆角。

创建完后的效果如图 3-64 所示，渲染一张图片发现有两个问题：内表面法线反了，曲面渲染质量不高。

图 3-64　硬化曲面后的效果

进入“曲面”层，选中内表面，勾选“翻转法线”选项。

进入“Nurbs 曲面”级，滑动至“曲面近似”栏，选择“渲染器”选项，然后单击“高”，如图 3-65 所示。

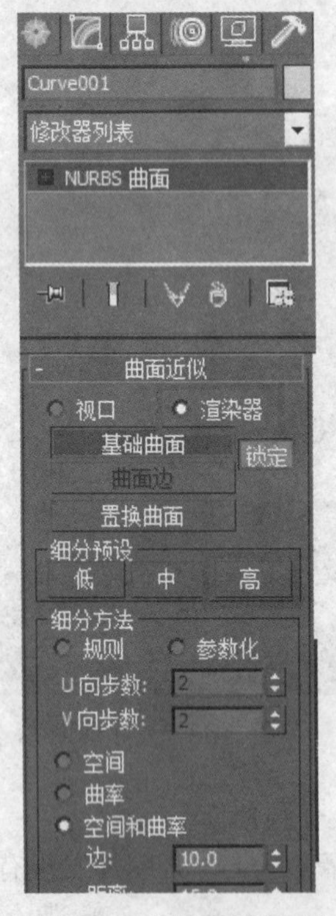

图 3-65 “曲面近似”栏

放大视图，再次进行渲染，如图 3-66 所示。

图 3-66 最终效果图

项目四　关键帧动画制作

4.1　关键帧动画制作项目概述

“关键帧动画”是最常用的动画方式。打开自动关键点就可以开始记录动画，每一步的操作都会被记录下来，它还可记录“材质”和“修改器”中的数值变化，形成丰富的动画效果。打开（轨迹视图面板）可以对动画进行更精确的调整，实现非常逼真或有趣的效果。下面将通过简单的例子来熟悉 3ds Max 中动画的制作方法。

4.2　关键帧动画制作

4.2.1　场景建立

启动 3ds Max 2011。在（创建面板）中单击“球体”，右击“透视图”视口切换为当前视图，按住鼠标左键拖动拉出一个“球体”，在右侧面板中修改球体的“半径”为 10，如图 4-1 所示。

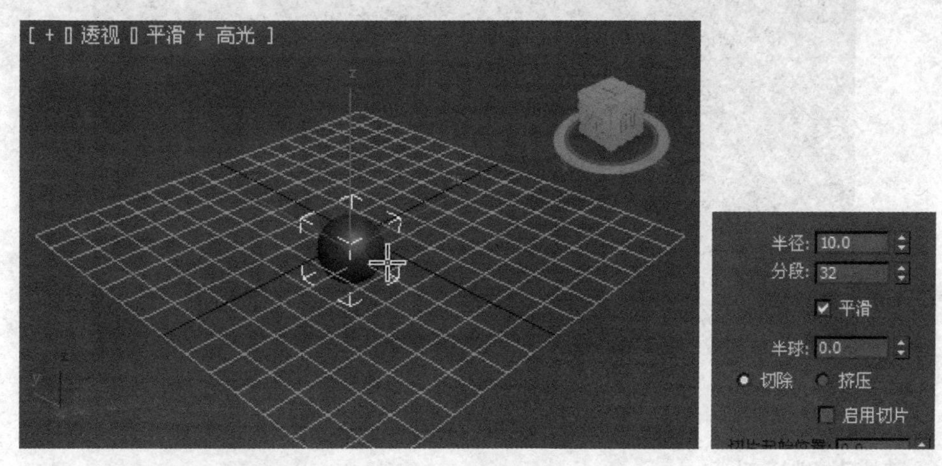

图 4-1　创建球体

单击工具栏中的（移动工具），观察下端“位置属性”，如图 4-2 所示，发现“x”与“y”的坐标都不是 0，说明“球体”圆心不在原点上，为了方便今后操作，建议将球体圆心放置在原点。右击（调整按钮），数值归 0，如图 4-3 所示，“球体”移动到原点位置。

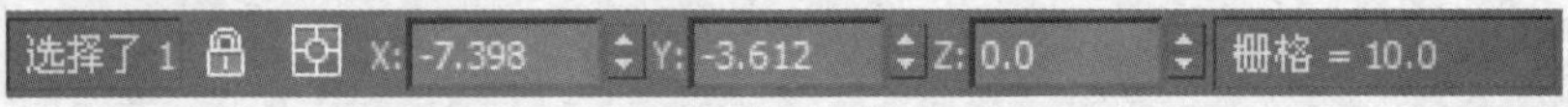

选择了 1
X: -7.398
Y: -3.612
Z: 0.0
栅格 = 10.0

图 4-2　位置属性 1

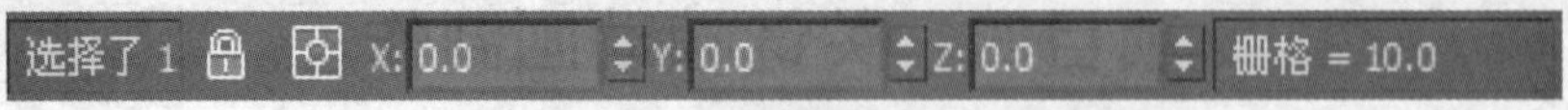

选择了 1
X: 0.0
Y: 0.0
Z: 0.0
栅格 = 10.0

图 4-3　位置属性 2

在“创建面板”中单击“平面”，在“透视图”中拉出一个狭长的长方形，其数值（长 30，宽 250）如图 4-4 所示。平面的“位置属性”，如图 4-5 所示。

使用右下角（视图缩放工具）和（视图平移工具），适当调整“透视图”中物体的显示大小和位置，并按 G 键以隐藏栅格，如图 4-6 所示。

完成此步骤后，这个简单的场景就建立完毕了。

长度: 30.0
宽度: 250.0
长度分段: 1
宽度分段: 1

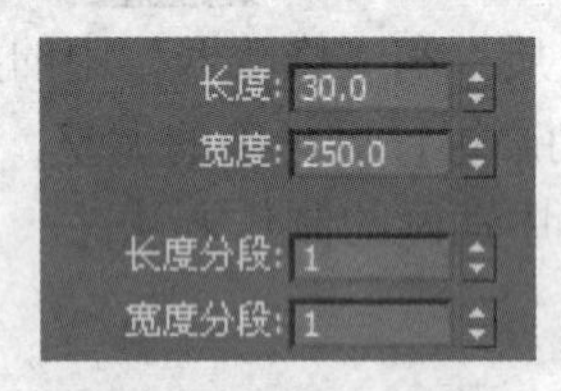

图 4-4　创建“平面”

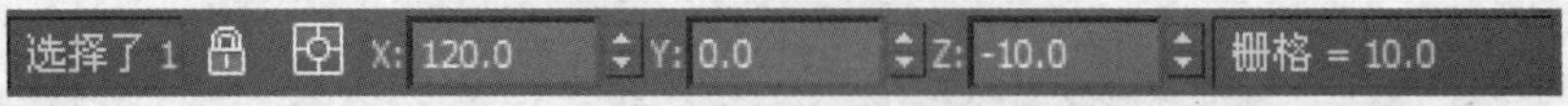

选择了 1
X: 120.0
Y: 0.0
Z: -10.0
栅格 = 10.0

图 4-5　“平面”的“位置属性”

[+] 透视] 平滑 + 高光]

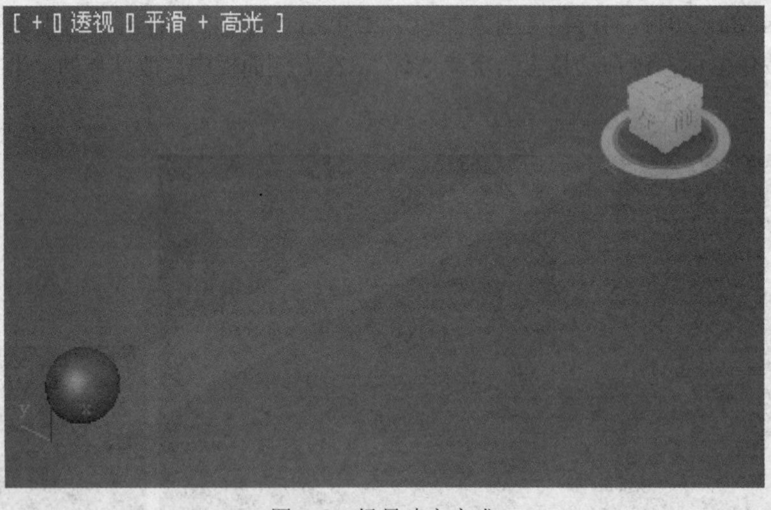

图 4-6　场景建立完成

4.2.2　基本弹跳运动

使用（移动工具）选中“球体”，在“位置属性”的“z”处输入 80，打开自动关键点，使其呈现红色自动关键点，移动 5 / 100 （时间滑块）到 5 帧，再在“z”处输入 0，

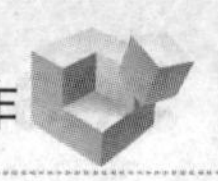

此时这个移动过程就被记录了下来，并产生了关键帧，如图 4-7 所示。

“球体”落下后又会弹起，在能量不衰减的情况下将弹起到原来位置，为了制作方便，这里直接将 0 帧处的关键帧复制到 10 帧处，而不进行继续记录动画。关闭自动关键点停止记录动画，按住“Shift”键拖动 0 帧处的关键帧复制到 10 帧处，如图 4-8 所示，再单击▶（播放按钮）就可进行动画预览，可以发现只有在前 10 帧有动画，并且速度较快，也可以通过拖动“时间滑块”的方式来进行反复观察。

图 4-7　产生关键帧

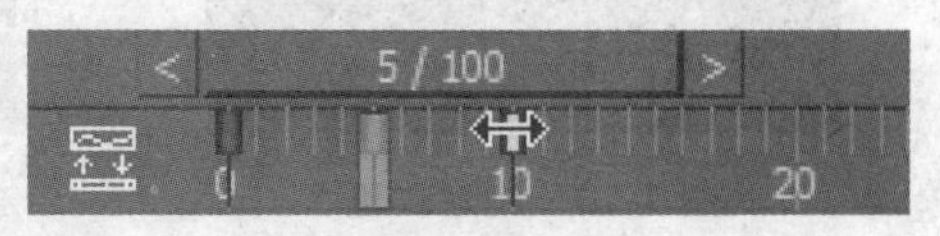

图 4-8　复制关键帧

完成此步骤后，“球体”的基本弹跳运动就制作完成了，接下去要使其更持久地弹跳并使高度逐渐降低。

4.2.3　渐弱弹跳运动

单击工具栏 （轨迹视图），呈现在眼前是“轨迹视图面板”，如图 4-9 所示，面板左侧显示了各种物件的属性，右侧是一个坐标轴。

图 4-9　轨迹视图

分别查看左侧“x 位置”、“y 位置”、“z 位置”，可以发现在右侧都会呈现出轨迹来，其中“x 位置”和“y 位置”的轨迹都是水平的，说明物体在这两个方向并没有运动，单击 （锁定当前选择）使其取消锁定，分别选中“x 位置”和“y 位置”的轨迹点，如图 4-10 所示，进行删除。再选中“z 位置”，可以发现随着时间的递增（x 轴）数值在不断变化（y 轴），说明在这个方向产生了运动。

如果要让运动继续下去，就要在“z 位置”不断重复这个轨迹，单击面板中的 （超出范围轨迹按钮），弹出图 4-11 所示的对话框。

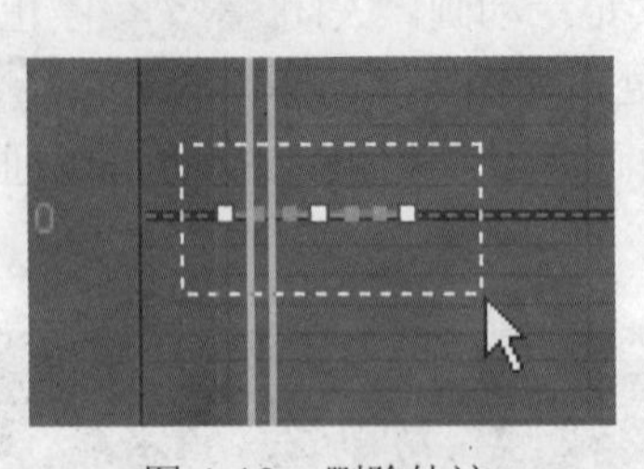

图 4-10　删除轨迹

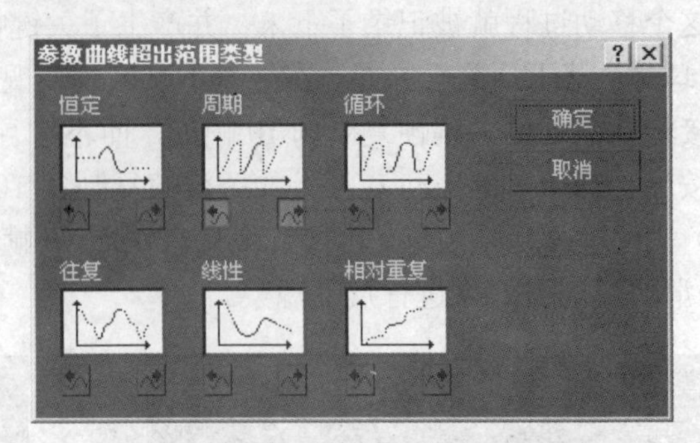

图 4-11　超出范围类型

选中“周期”轨迹，单击 确定 后，轨迹呈现出不断重复的状态，自动添加的轨迹都以虚线表示出来，如图 4-12 所示。

图 4-12　轨迹重复

此时单击▶（播放）动画，发现“球体”在快速不断地跳动，这与真实的物理情况不符合，减低跳动的频率会更真实些。

把“时间滑块”放置在 0 帧处，切换到“轨迹视图”面板，框选所有关键帧，单击（缩放关键帧）向右拖动，直至把最右侧的关键帧移动到 20 帧处，如图 4-13 所示。

再次播放动画，可以发现效果已经好多了。

此时“球体”下落和反弹的加速度是相同的，真实的情况应该是下落时加速度快而反弹慢，通过对关键帧节点的修改就可以实现这个效果。

在“轨迹视图”面板中选择（移动关键点）工具，按住“Shift”键拖动第 2 关键点的手柄为“V”型，如图 4-14 所示。

执行“视图”→“显示重影”，再次“播放”动画，如图 4-15 所示。

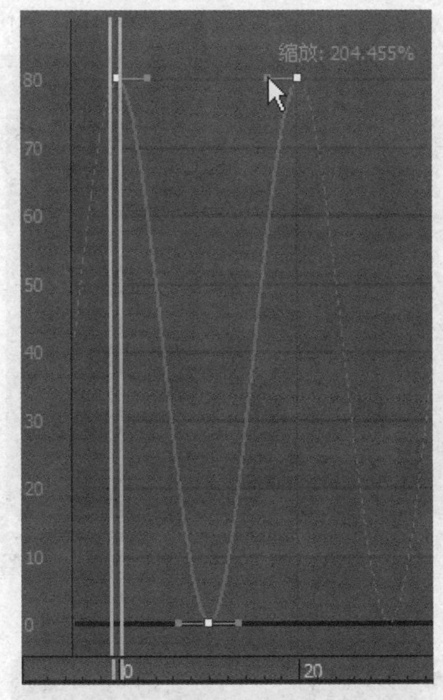

图 4-13　缩放关键帧

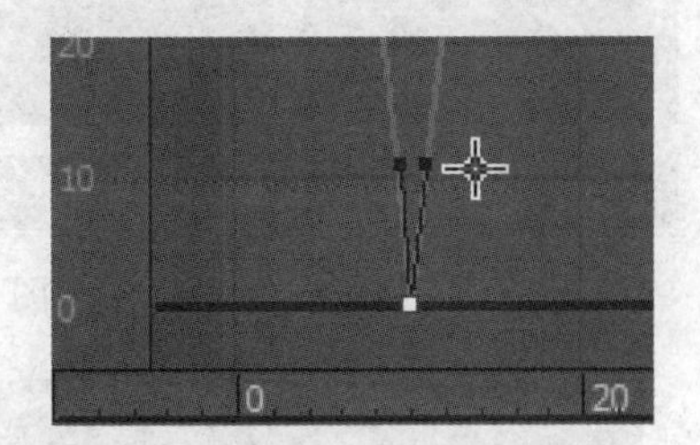

图 4-14　调节关键点手柄

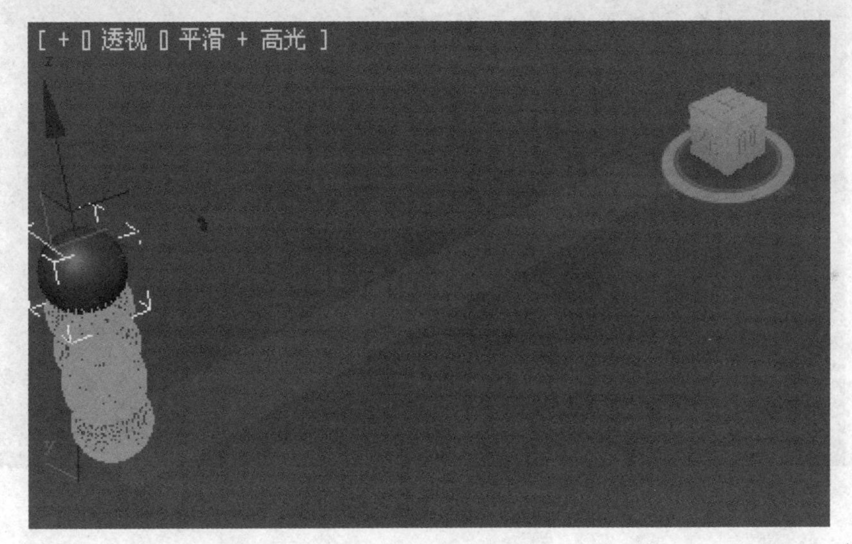

图 4-15　重影动画

接着要使“球体”越跳越低，选中“z 位置”，在“轨迹视图”面板的菜单中执行“曲线”/“增强曲线”，此时在“z 位置”下又多出了一个子项，并且在坐标轴上也出现了一个新的轨迹，如图 4-16 所示。

右击“增强曲线”轨迹的右侧关键点，弹出一个修改对话框，把“值”改为 0，此时“z 位置”轨迹就呈现出逐渐降低的状态，如图 4-17 所示。

再次“播放”动画，小球的运动高度越来越低，直至停止。

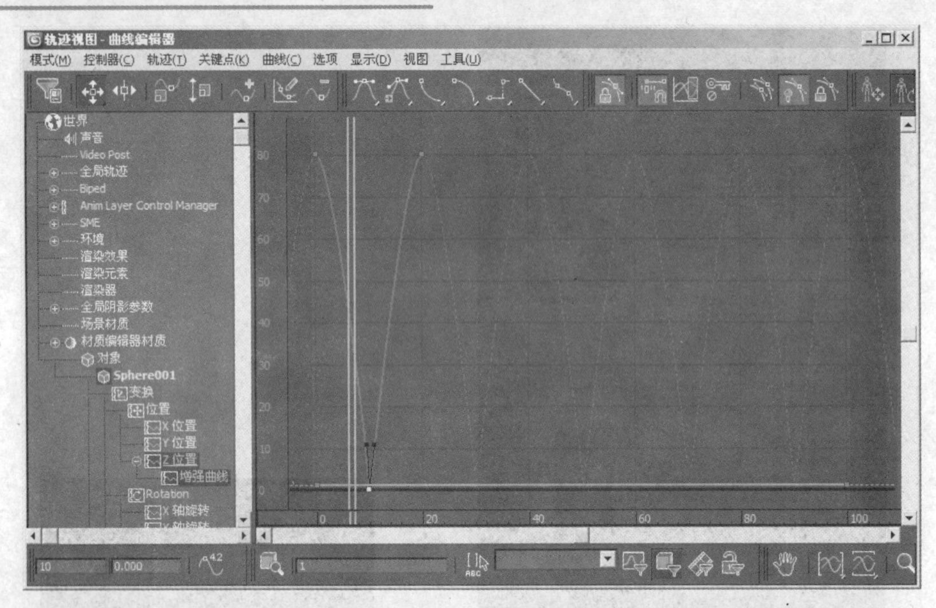

图 4-16　增强曲线

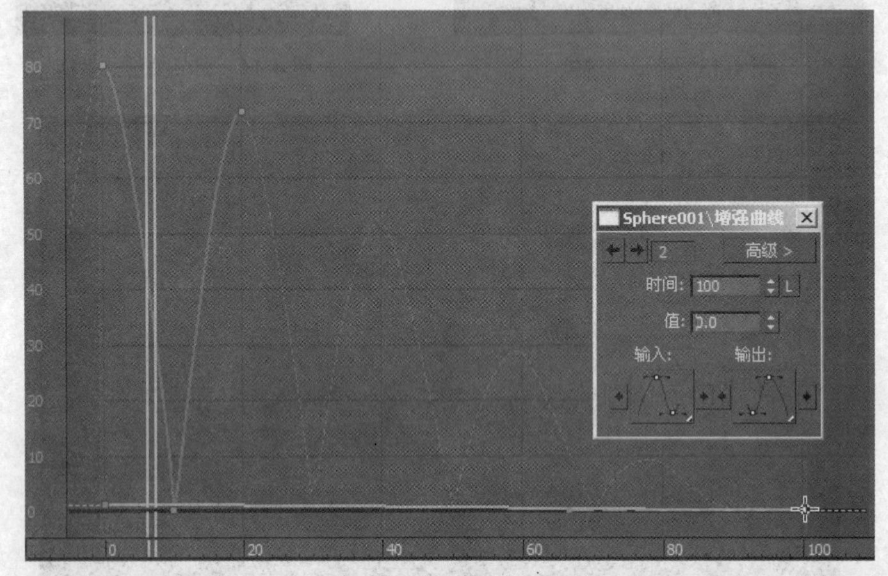

图 4-17　弹跳高度逐渐降低

4.2.4　向前弹跳运动

此步骤的任务是使小球向前移动，打开自动关键点，把“时间滑块”移动到100帧，使用“移动工具”把小球移动到长方形的末端位置，如图 4-18 所示。

关闭自动关键点，并“播放”动画，可以看见小球往前进行跳动，高度逐渐降低，如图 4-19 所示。

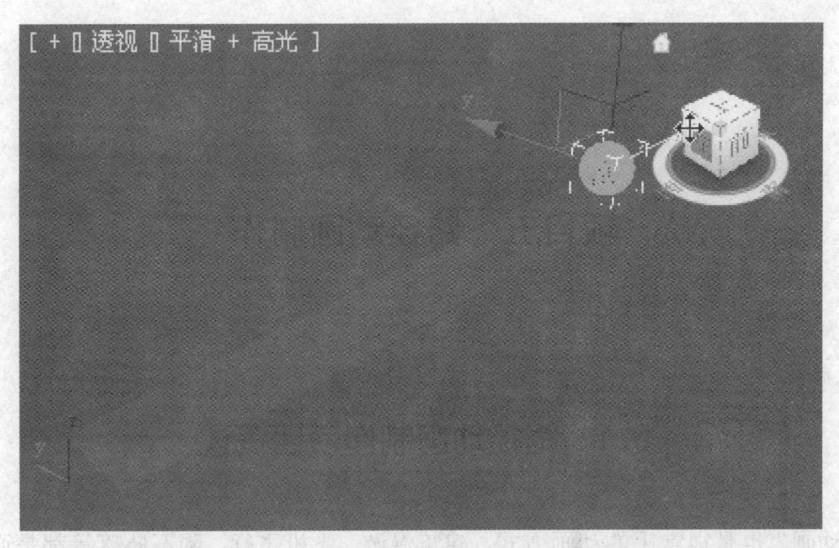

图 4-18　向前移动

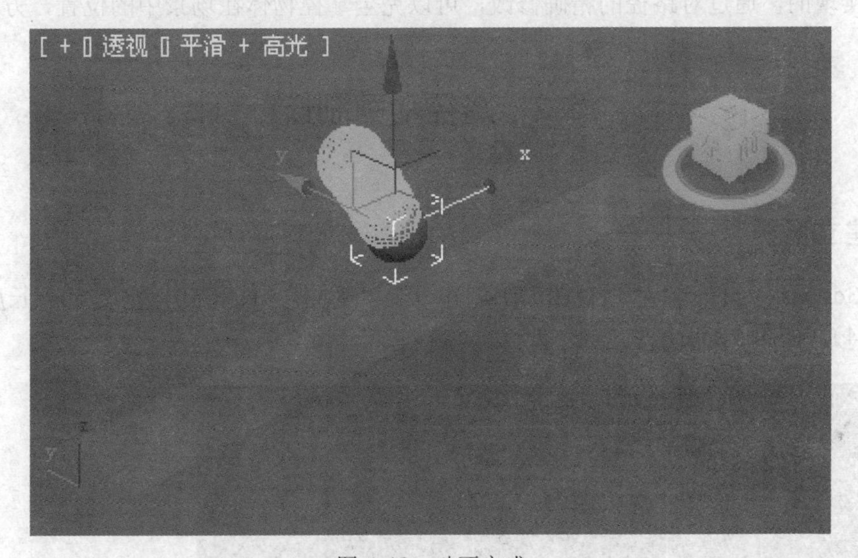

图 4-19　动画完成

至此，小球的帧动画就制作完毕了，用户可以打开 ball2011.max 进行查看。

项目五　路径动画制作

5.1　路径动画制作项目概述

“路径动画”也是很常用的动画方式，建筑漫游、飞机飞行、陨石坠落等都是通过“路径动画”来实现的，通过对路径的精确修改，可以完全掌控物体在场景中的位置，方便直观。

5.2　路径动画制作

5.2.1　建立场景

启动 3ds Max 2011。在“顶视图”中创建一个“平面”（长度 50，宽度 50，长度分段 1，宽度分段 4），如图 5-1 所示。

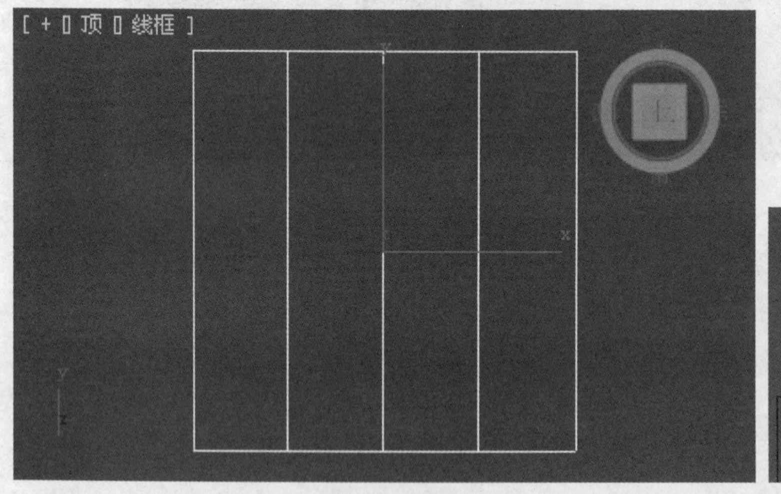

图 5-1　创建“平面”

单击（修改面板），在下拉菜单中选中“编辑多边形”修改器，如图 5-2 所示。

选择“顶点”级，如图 5-3 所示，框选上边所有顶点，执行“塌陷”命令，如图 5-4 所示，5 个点并成了 1 个点。

图 5-2　添加修改器

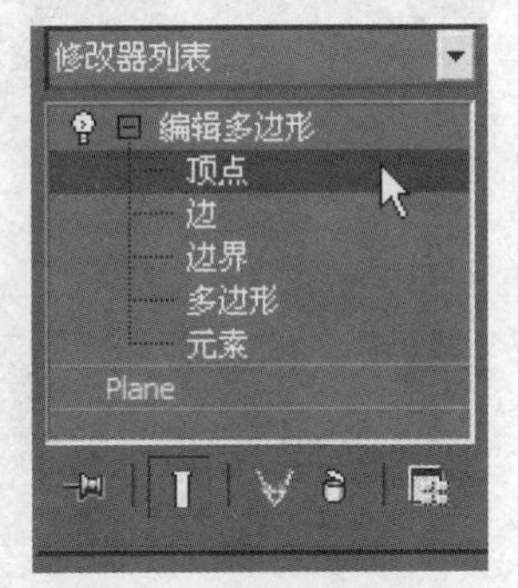

图 5-3　进入“顶点”级编辑状态

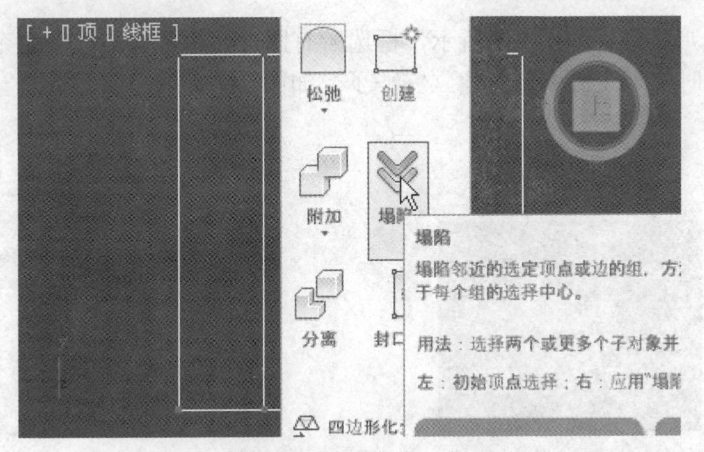

图 5-4　塌陷上边 5 点

选中下边中间 3 点，单击（缩放工具）对其进行缩小，如图 5-5 所示。

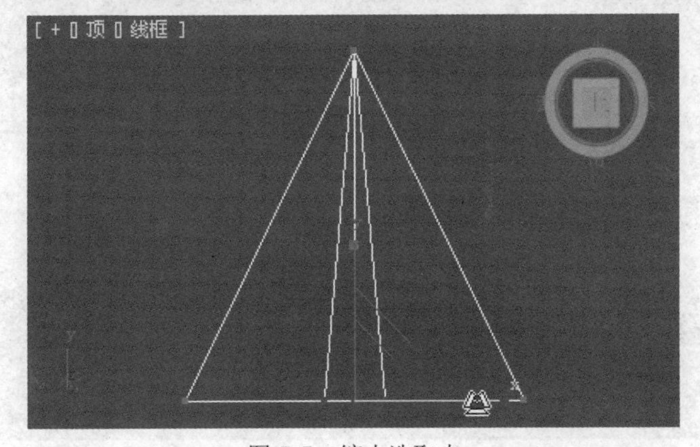

图 5-5　缩小选取点

选中中间点，切换到“透视图”，使用（移动工具）往 z 轴方向进行向上移动，如图 5-6 所示。

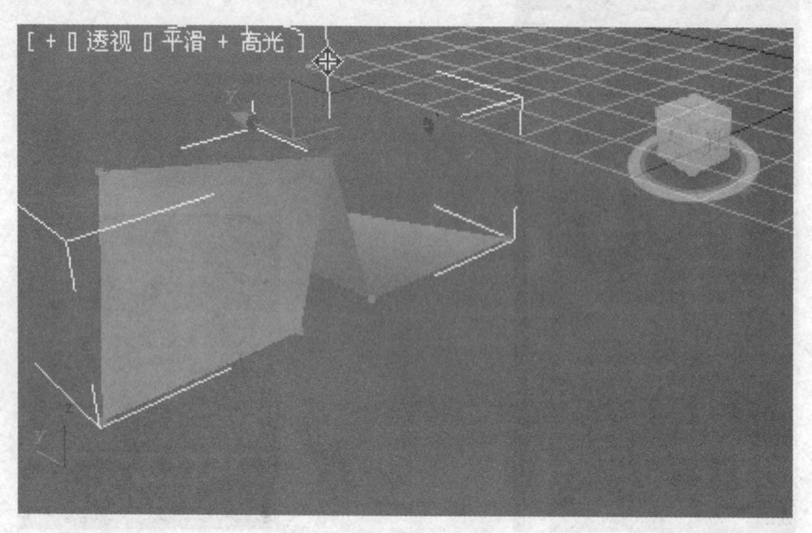

图 5-6　移动点

选择“多边形”级，如图 5-7 所示，框选所有图形，执行“属性”命令里的“硬”，如图 5-8 所示，此时的纸飞机模型就建立完毕了，如图 5-9 所示。

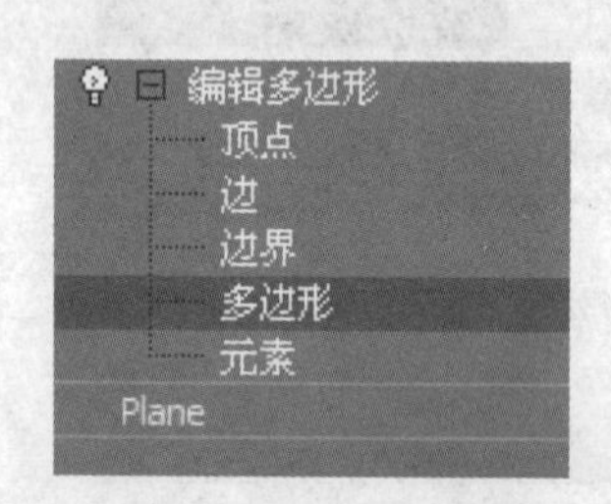

图 5-7　进入“多边形”级编辑状态

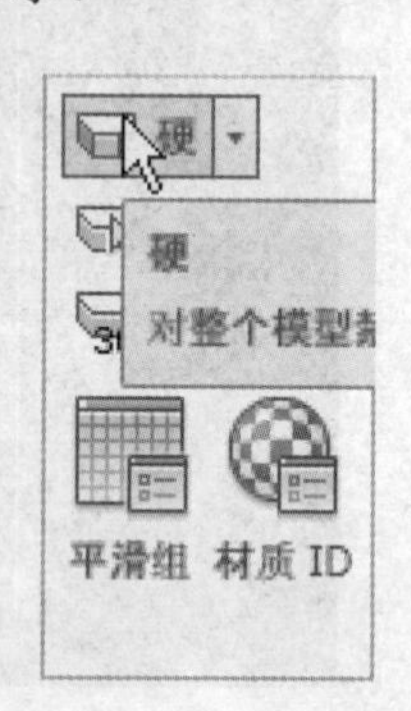

图 5-8　平滑为“硬”

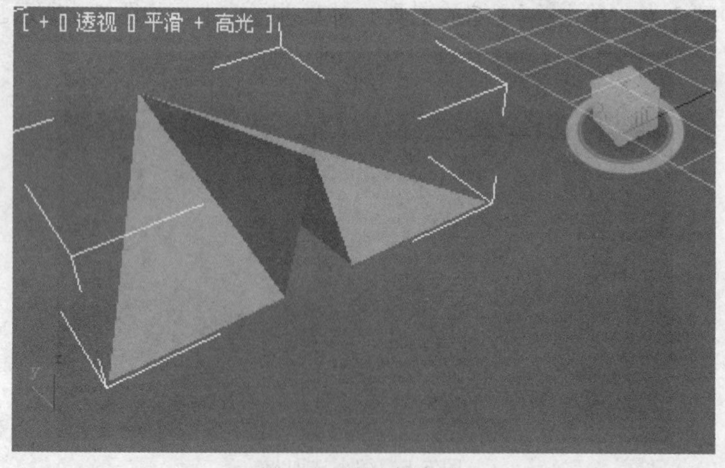

图 5-9　纸飞机完成

接下去建立飞行路径，单击“创建面板”下的（图形），挑选“线”在“顶视图”进行绘制，如图 5-10 所示。

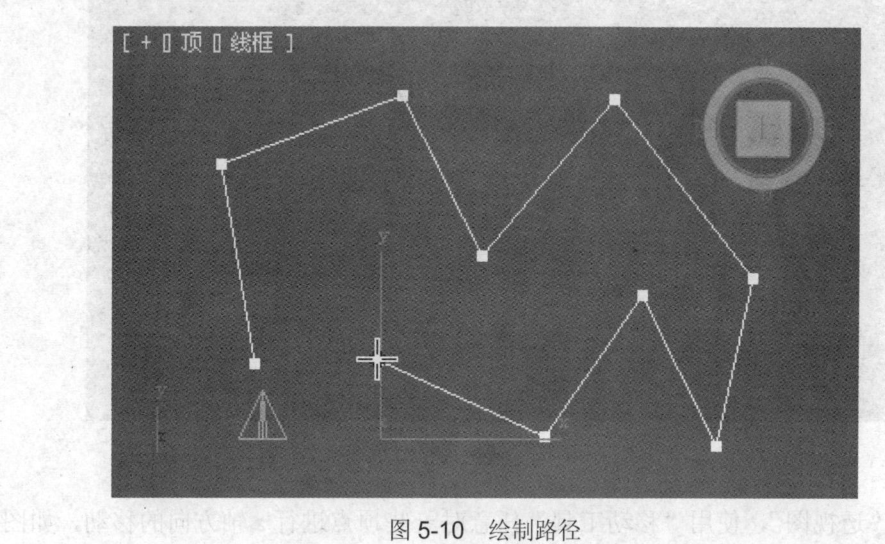

图 5-10　绘制路径

创建完毕后，切换到“修改面板”，选中“顶点”级，如图 5-11 所示。

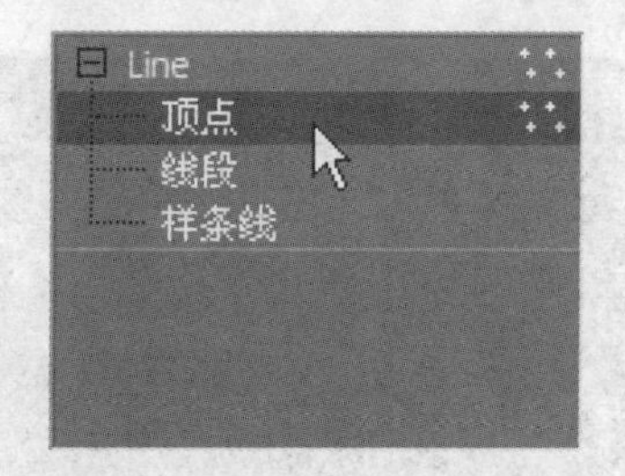

图 5-11　选中图形的“顶点”级

框选线的所有顶点，右键选择“平滑”，如图 5-12 所示，角点就转换成了平滑点，如图 5-13 所示。

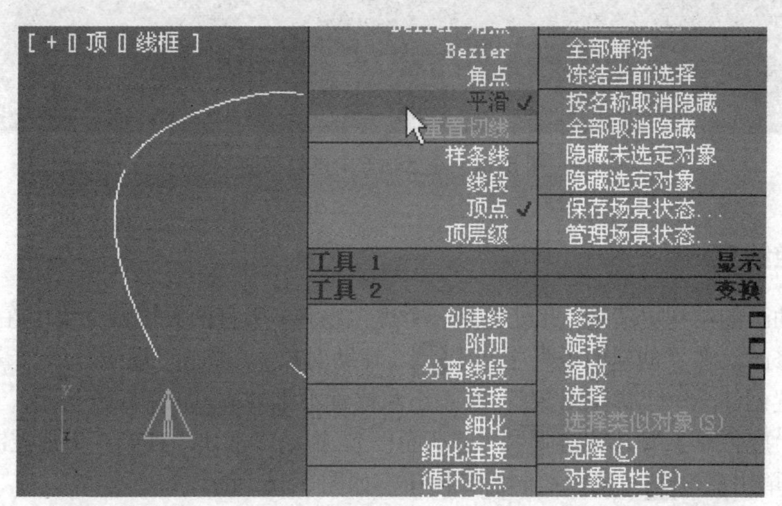

图 5-12　右键菜单

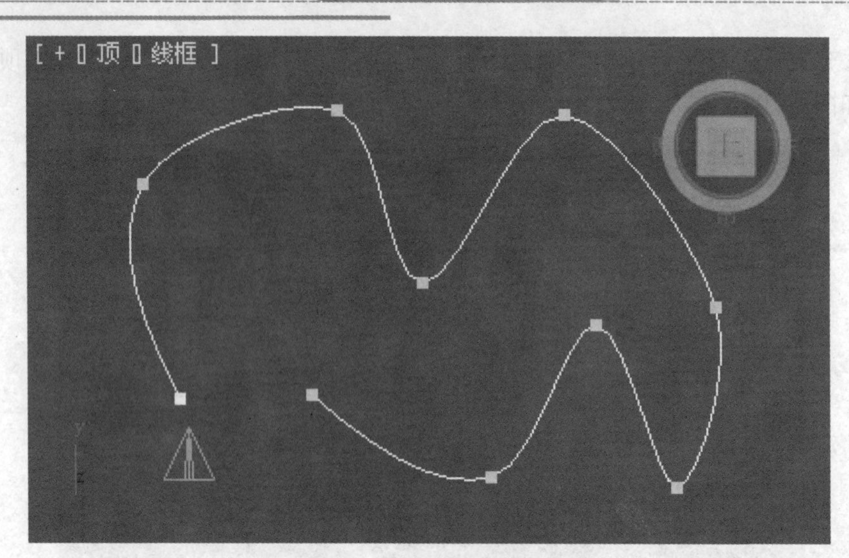

图 5-13　转换为平滑点

切换到“透视图”，使用“移动工具”任意对一些顶点进行 *z* 轴方向的移动，如图 5-14 所示。

至此，场景就建立完毕了。

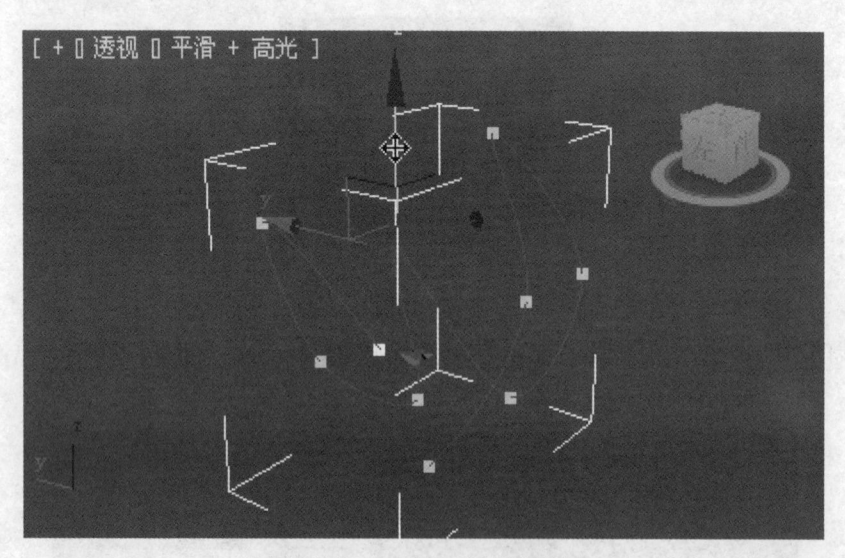

图 5-14　在 *z* 轴方向进行移动

5.2.2　路径约束

为了使动画的结构更清晰，此处建立一个虚拟物体，所有的关键帧都集中在虚拟物体上，方便今后的修改。在“创建面板”中选中 （辅助对象），单击“虚拟对象”，在“透视图”中的任意位置创建一个“虚拟对象”（其大小和位置不重要），如图 5-15 所示。

选中此“虚拟对象”，切换到 （运动面板），拖动“滑块”找到“指定控制器”栏，选中“位置”，单击左侧 （指定控制器）按钮，如图 5-16 所示。

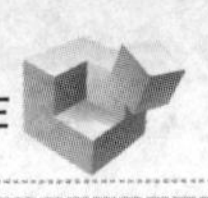

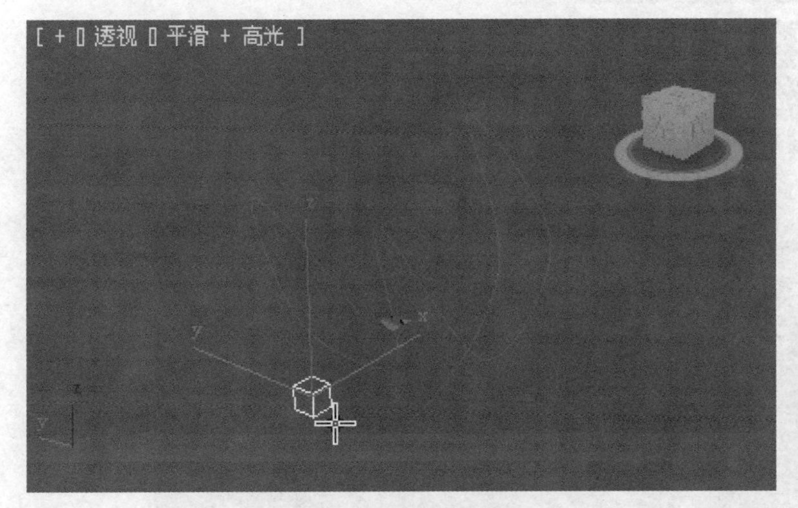

图 5-15 创建“虚拟对象”

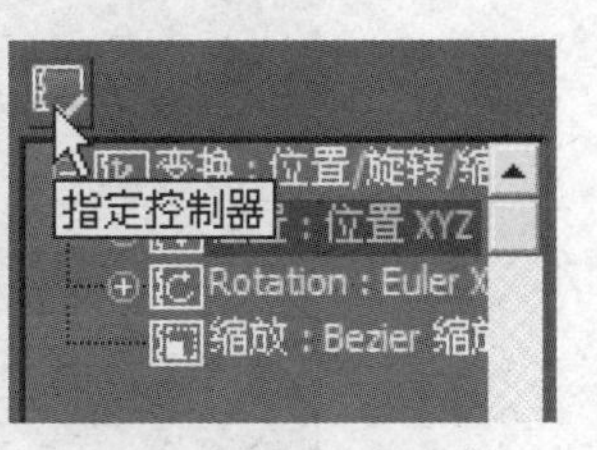

图 5-16 添加控制器

在弹出的对话框中双击“路径约束”，如图 5-17 所示。

拖动“滑块”找到“路径参数”栏，单击“添加路径”，并在“透视图”上单击刚才画的路径，此路径就被添加进来了，如图 5-18 所示，同时在“时间轴”上也出现了关键帧。单击“播放”可查看路径动画的情况，如图 5-19 所示。

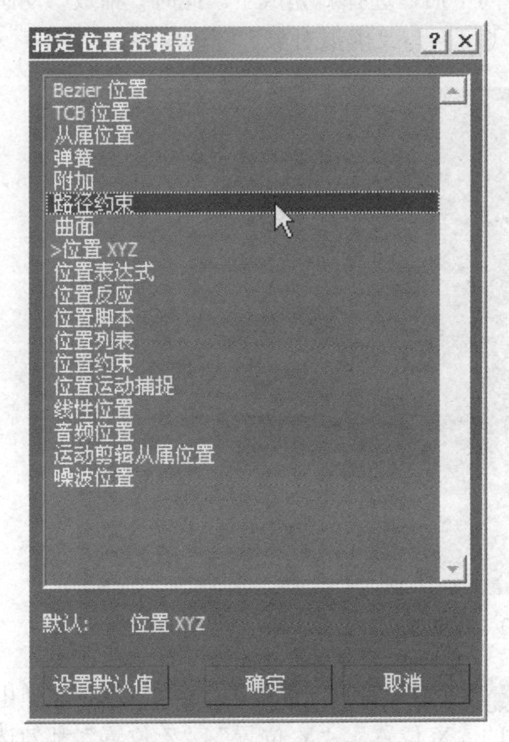

图 5-17 添加“路径约束”

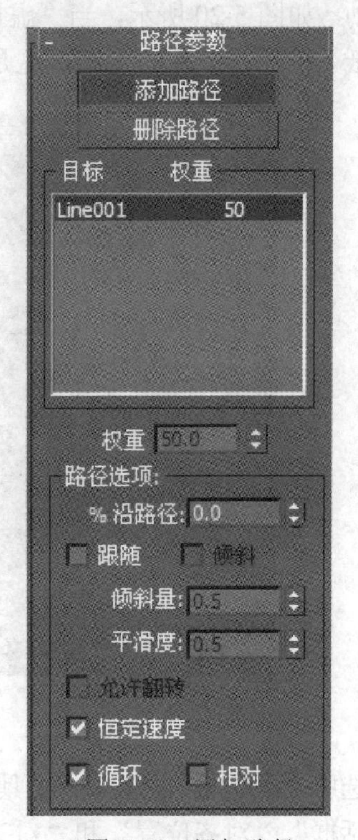

图 5-18 添加路径

可以发现，“虚拟对象”的运动不是非常“活泼”，它的方向始终保持不变，勾选“跟随”和“倾斜”两个选项，效果明显改善。

至此，“虚拟对象”的运动就完成了，接下去要把“纸飞机”绑带在“虚拟对象”上。

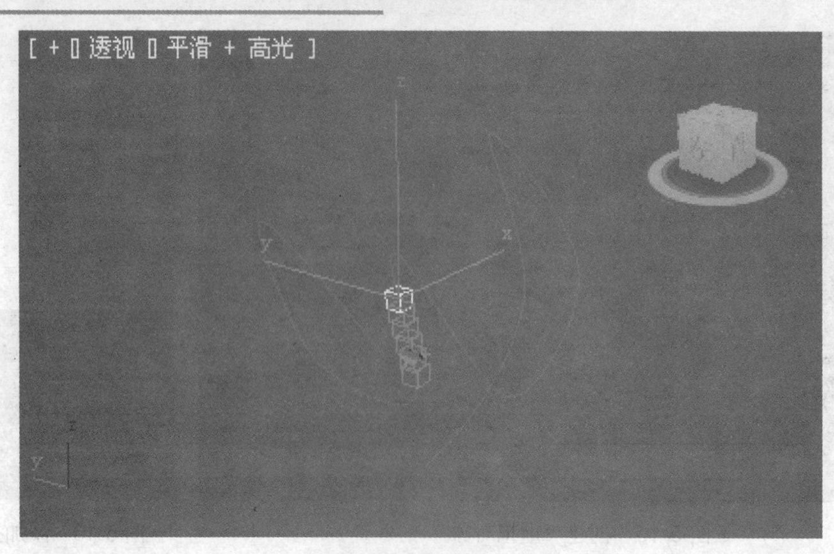

图 5-19 动画预览

5.2.3 建立关系

单击“工具栏”上的（链接工具）“纸飞机”并一直按住左键不放，向“虚拟对象”处拖动，如图 5-20 所示，当“虚拟对象”一闪下后，选择就完成了。此时“播放”动画，发现“纸飞机”在杂乱的飞舞，这是因为“纸飞机”与“虚拟对象”还没对齐。

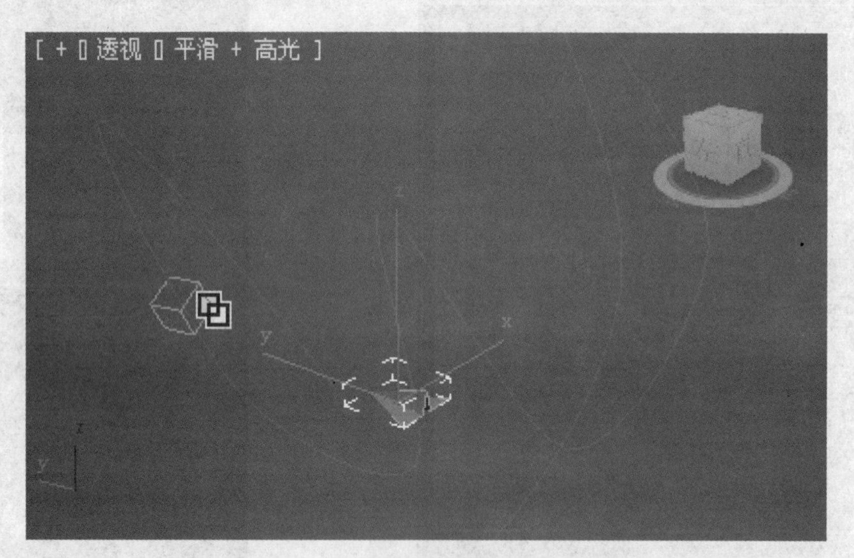

图 5-20 链接对象

选中“纸飞机”，选择“工具栏”上的（对齐工具），再单击“虚拟对象”，弹出“对齐对话框”，“对齐位置”和“对齐方向”中的“X 位置”、“Y 位置”、“Z 位置”都勾选，如图 5-21 所示，对齐后的效果如图 5-22 所示。

此时的“纸飞机”头部没有向前，使用（旋转工具），并选择为“局部”，如图 5-23 所示。通过调整“纸飞机”的方向，使其头部向着前面，如图 5-24 所示。

最后单击“播放”，动画效果就此完成。

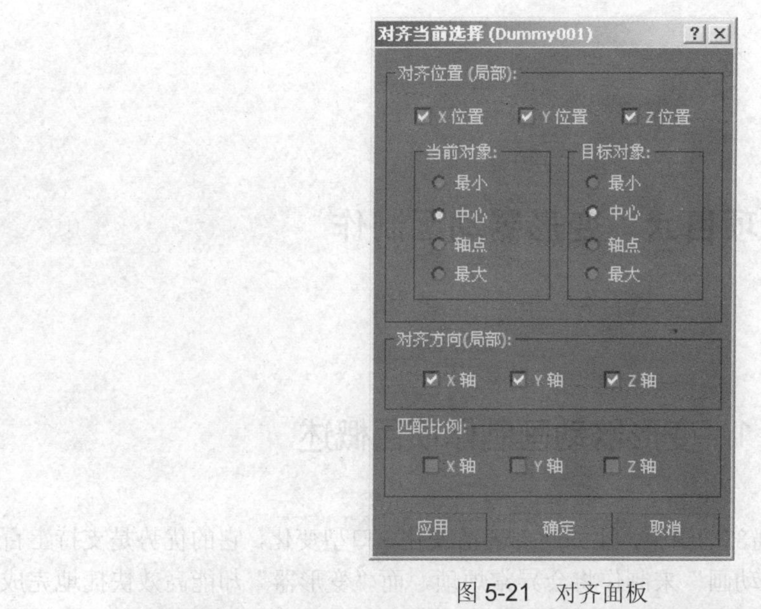

图 5-21　对齐面板

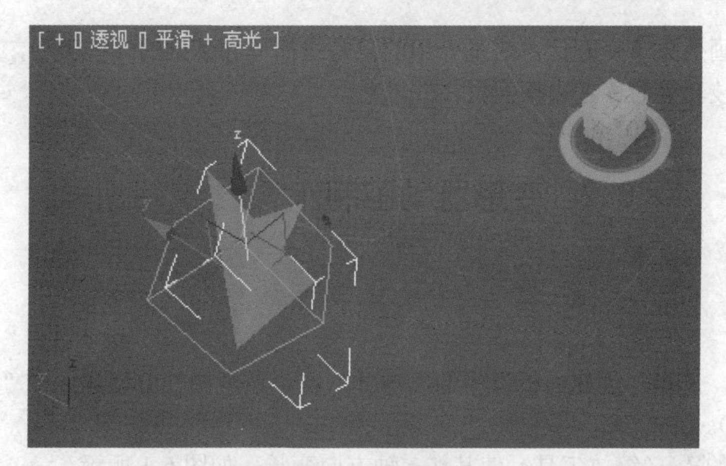

图 5-22　完成对齐

图 5-23　局部旋转

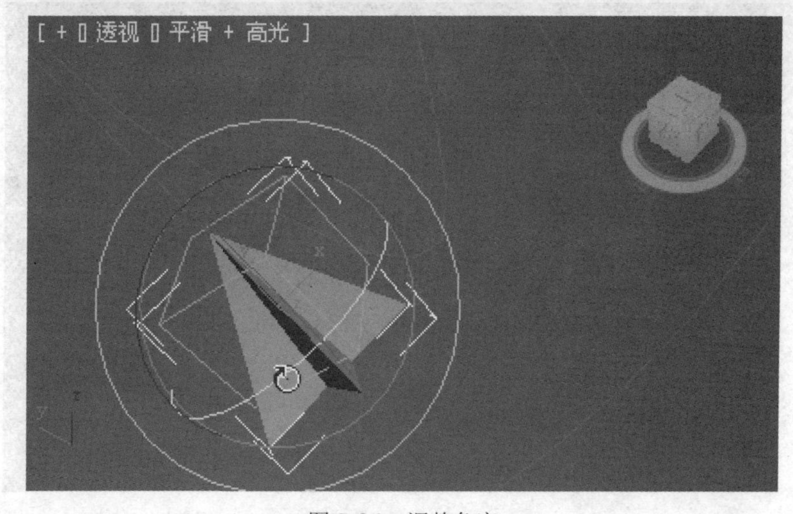

图 5-24　调整角度

项目六　变形器动画制作

6.1　变形器动画制作项目概述

“变形器”最常运用在局部动画中，比如脸部表情变化、口型变化，它的优势是支持上百次的变形，如果用“关键帧动画”来制作将会异常烦琐，而“变形器”却能高效快捷地完成这类任务。

3ds Max 2011 的动画效果千变万化，这里介绍的只是最简单和基础的一些类型，可谓冰山一角，更多的效果和技巧等着读者去探索。

6.2　变形器动画制作

6.2.1　基础模型建立

启动 3ds Max 2011。选择“创建面板”中的“球体”在“透视图”中创建一个“球体”（“半径”10，“分段”8）。

使用“工具栏”中的（缩放工具）使其在 z 轴方向变长，如图 6-1 所示。

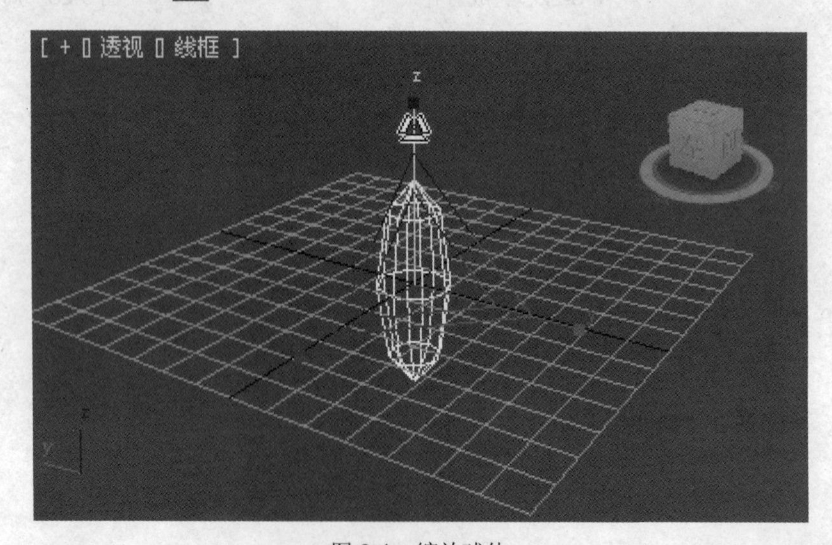

图 6-1　缩放球体

切换到“修改面板”，右键执行“可编辑多边形”，如图 6-2 所示，“球体”就转换为“多边形体”。

滚动“滑块”，找到“细分曲面”栏，勾选“使用 NURMS 细分”选项，“迭代次数”为 3，如图 6-2 所示。

选择“顶点”级，切换到“前视图”，单击![]（最大化显示），按“F3”键平滑显示，如图 6-3 所示。

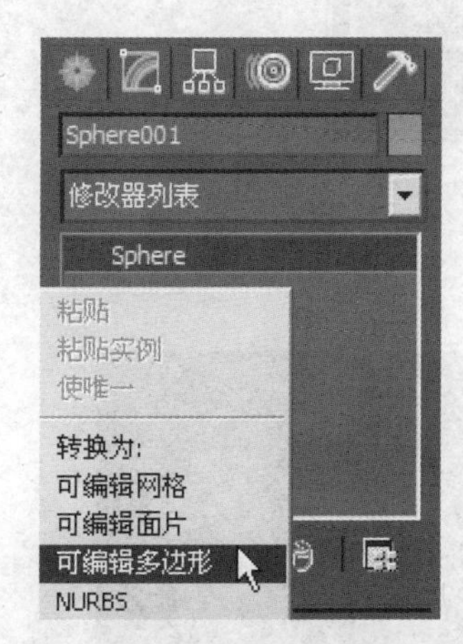

图 6-2　转换为“可编辑多边形”

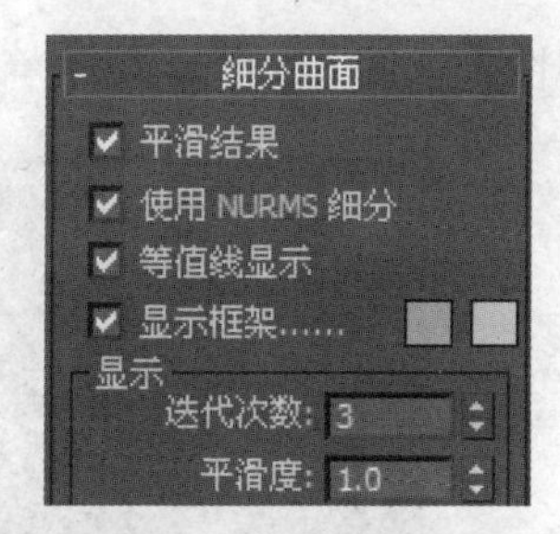

图 6-3　使用细分

基础模型就完成了，如图 6-4 所示。

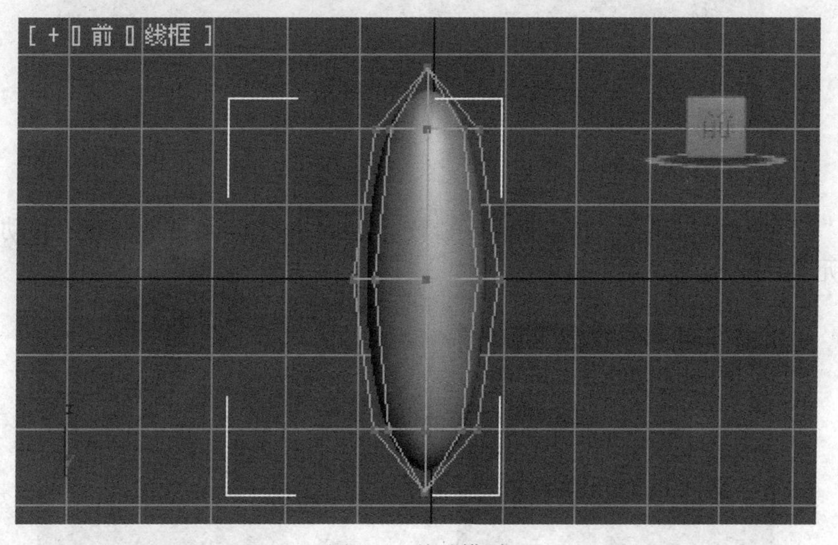

图 6-4　基础模型

6.2.2　模型变形

再次单击“顶点”级就会退出层级选择，按住“Shift”键并使用“移动工具”向 x 轴的负方向移动一小段距离，松开左键后弹出“克隆选项对话框”，“副本数”为 2，如图 6-5 所示。

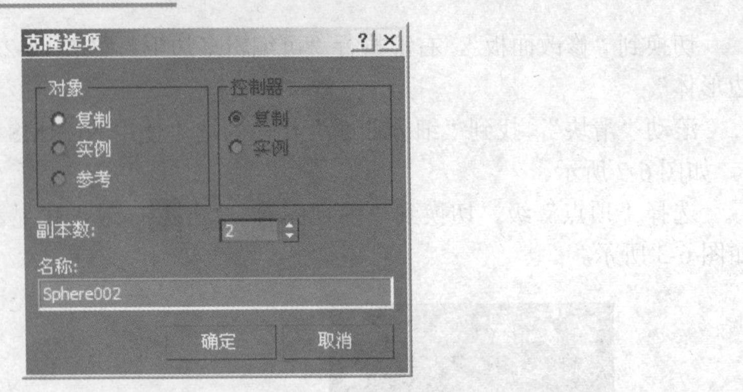

图 6-5　克隆对象

“前视图”如图 6-6 所示。

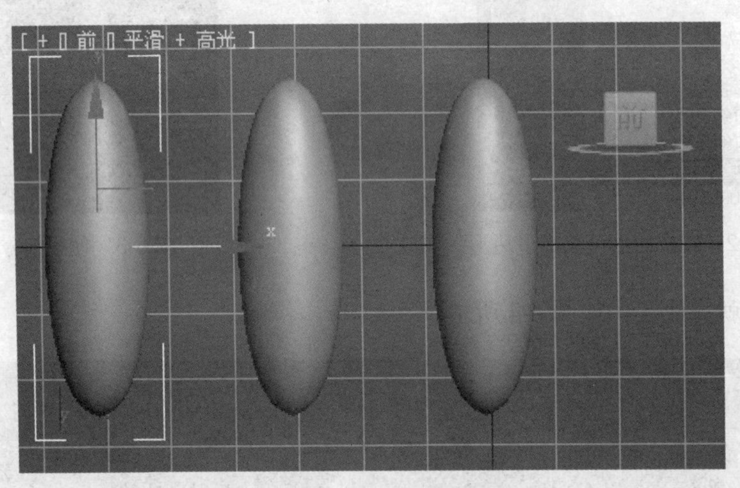

图 6-6　完成克隆

使用“移动工具”，进入“顶点”级分别对克隆出的 2 个副本进行节点的移动，把它们变为图 6-7 所示的样子。

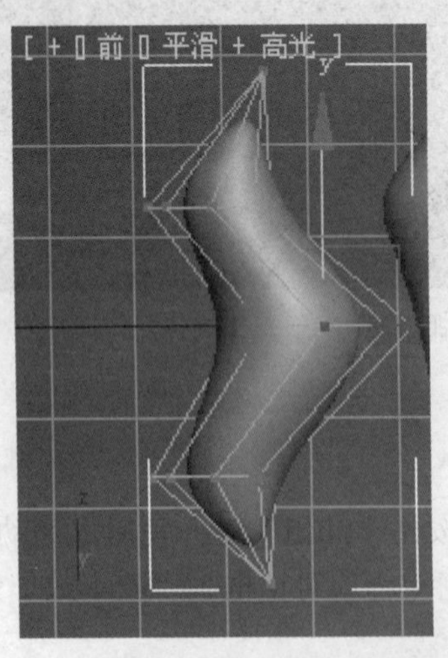

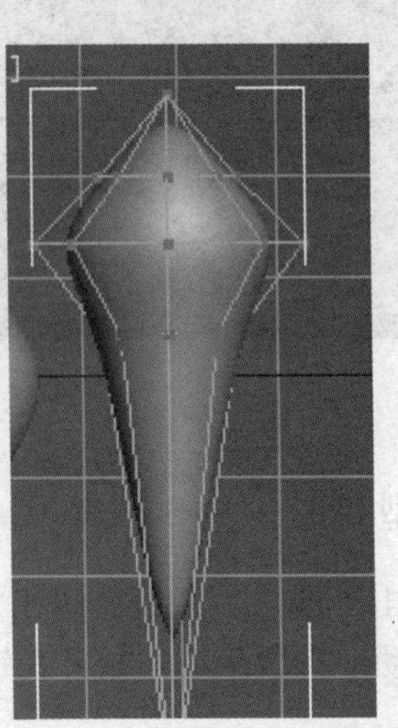

图 6-7　节点调整

6.2.3　添加变形器

选中原始形（sphere001），添加“变形器”修改器，如图 6-8 所示。

在“通道列表”栏中可以看到 100 个通道，每次显示 10 个，在“空”通道出右击出现“从场景中拾取”，如图 6-9 所示，此时单击“前视图”中任何一个副本，发现无法选取物体，这是因为添加“变形器”后的物体节点数增加了，按“F3”键进行线框显示就可以看到，如图 6-10 所示。

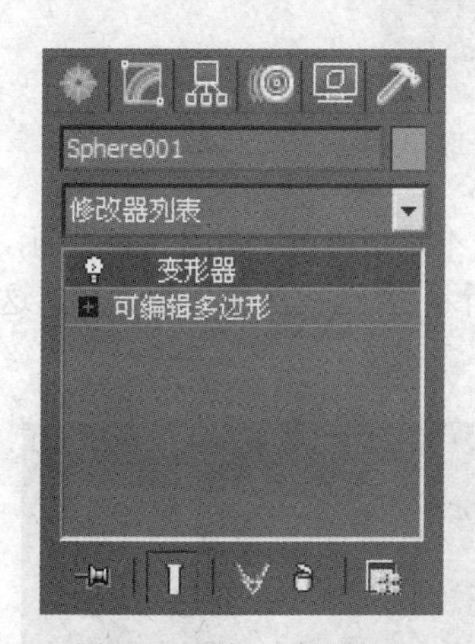

图 6-8　添加“变形器”

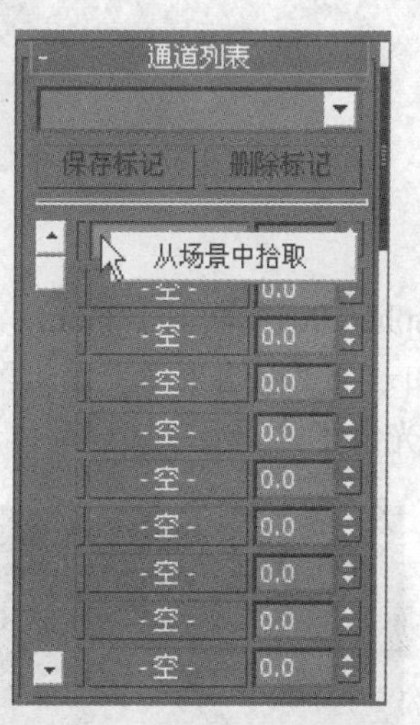

图 6-9　通道列表

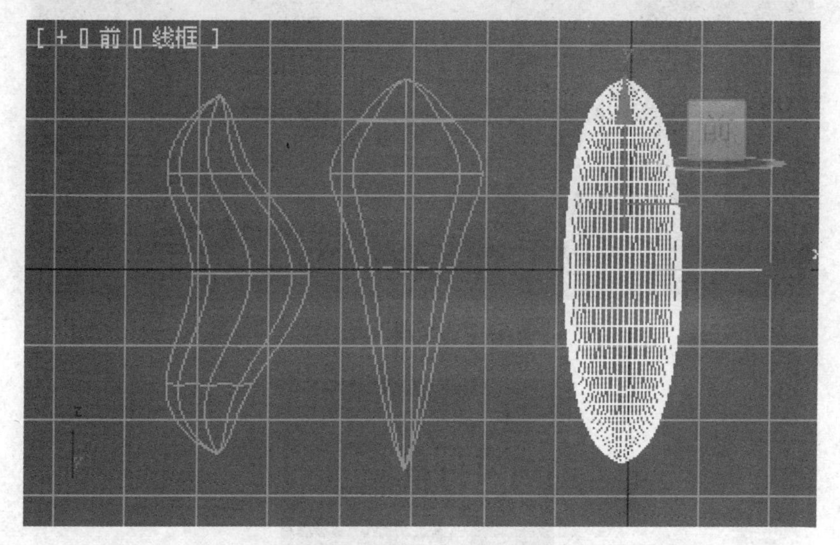

图 6-10　节点数目不相等

为了解决这个问题，必须使 3 个物体的节点数相同，选中“sphere001”，在“修改面板”中选中“可编辑多边形”修改器，取消“使用 NURMS”选项，再次选中“变形器”修改器，尝试再次“从场景中拾取”，这次可以进行选取了。

2 个副本的“名字”分别出现在通道中，如图 6-11 所示。

图 6-11　完成拾取

由于“sphere001”取消了 Nurms，所以它看上去不是很平滑，如图 6-12 所示，给“sphere 001”再添加一个“网络平滑”编辑器，如图 6-13 所示，“迭代次数”为“2”，这样它就和 2 个副本一样光滑了。

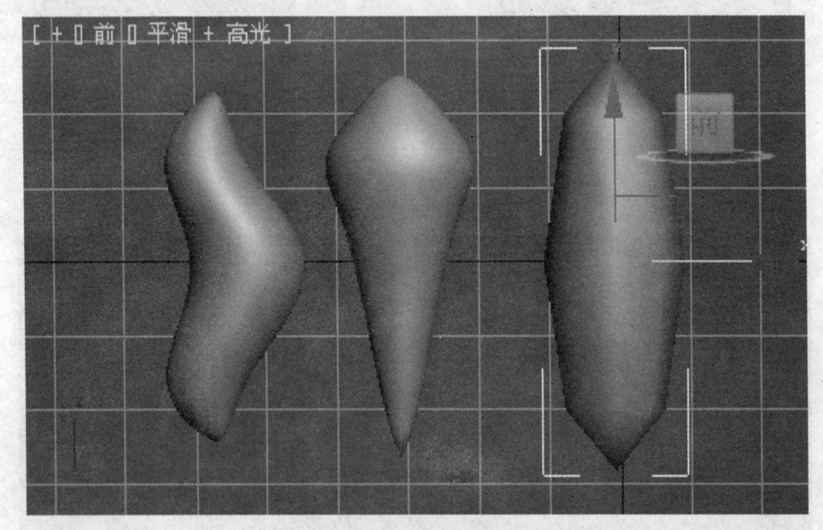

图 6-12　平滑程度不同

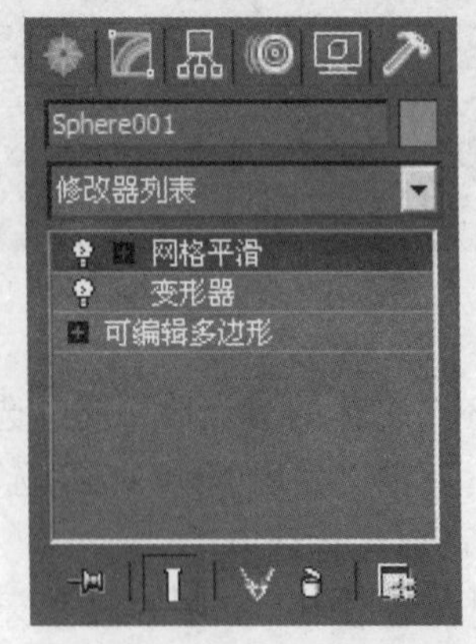

图 6-13　添加“网络平滑”

通过调整各通道右侧的数值，可以对变形进行调整和融合，如图 6-14 所示，此变化可以从“前视图”中看出来，如图 6-15 所示。

图 6-14　调整通道数值

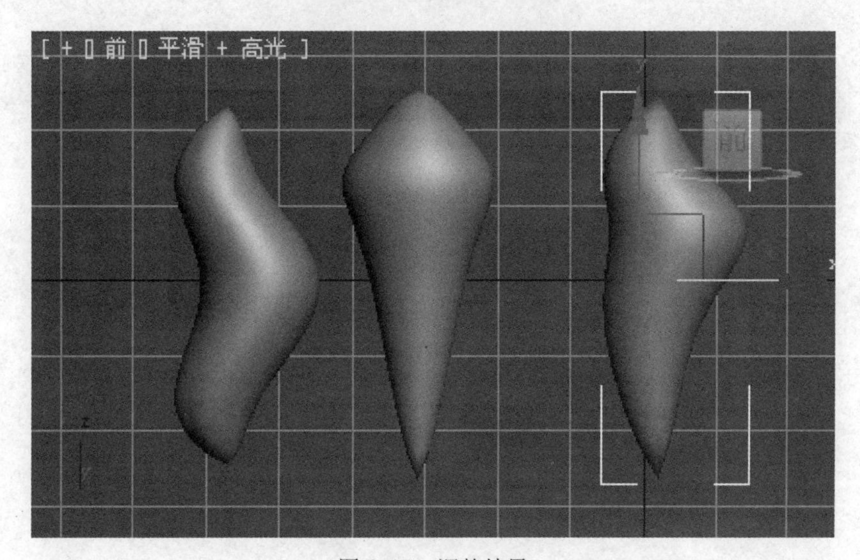

图 6-15　调整结果

6.2.4　制作变形动画

将通道右侧数值都归 0，打开自动关键点进行动画的记录，把“时间滑块”拖动到第 20 帧，在“变形器”修改器中把通道“sphere002”的值设成100，此时箭头带有红色外框，这表示此数值参与了动画，如图 6-16a 所示。

再把“时间滑块”拖动到第 40 帧，通道“sphere002”值设为 0，通道“sphere003”值设为 100，如图 6-16b 所示。

再把“时间滑块”拖动到第 60 帧，随意地更改 2 个通道的值，如图 6-16c 所示。

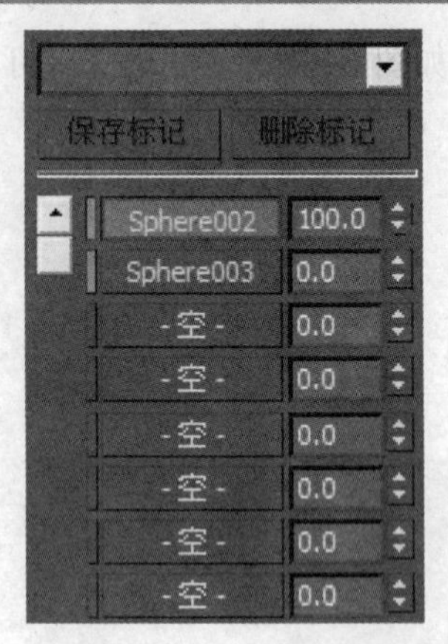

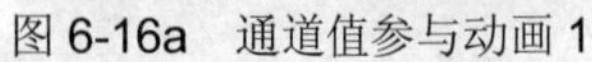
图 6-16a　通道值参与动画 1

图 6-16b　通道值参与动画 2

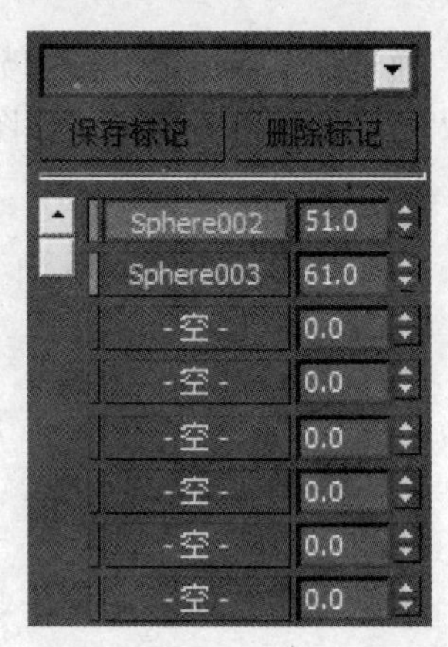

图 6-16c　通道值参与动画 3

单击自动关键点停止记录动画，单击▶（播放）预览动画效果。

至此，“变形器”动画制作完成。

项目七　渲染输出制作

7.1　静物渲染输出项目概述

通过这个项目学习玻璃材质、陶瓷材质、金属材质、木纹材质的参数设置，并进行常用灯光的布置来达到静物渲染的效果。

7.2　渲染输出制作

7.2.1　设置渲染器

单击，打开渲染设置对话框。在公用面板上，打开指定渲染器卷展栏，然后单击产品级渲染器的按钮。将打开选择渲染器对话框。在选择渲染器对话框中，高亮显示默认渲染器，然后单击确定。如图 7-1 所示。

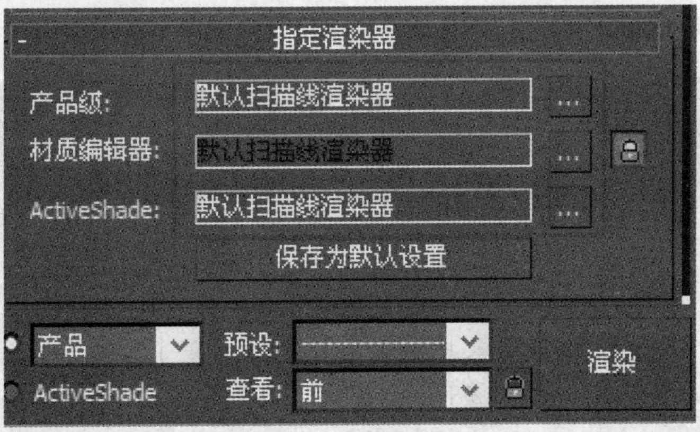

图 7-1　渲染设置对话框

在布置灯光时，在右键菜单中选择“照明和阴影”卷展栏。常用的灯光布置有“默认灯光照亮”、“启用硬件明暗处理”和“在视口中使用曝光控制”，此处选择“默认灯光照亮”。如图 7-2 所示。

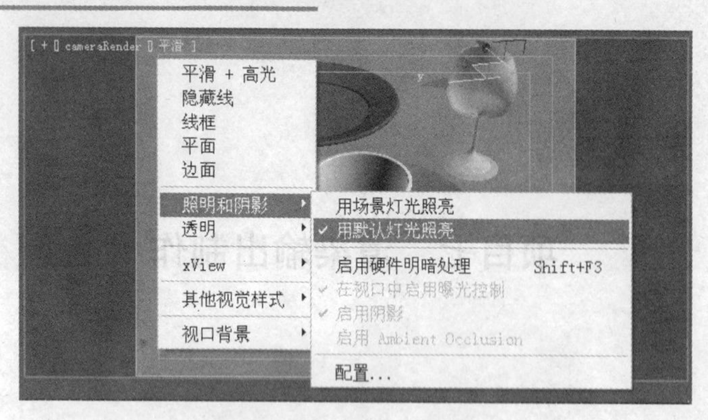

图 7-2　设置默认灯光照亮

7.2.2　布置灯光

在“创建”面板中选择“灯光”面板，创建“天光”，如图 7-3 所示。

图 7-3　创建天光

把自由灯光移到相应位置，把天光放在如下位置，如图 7-4～图 7-6 所示。

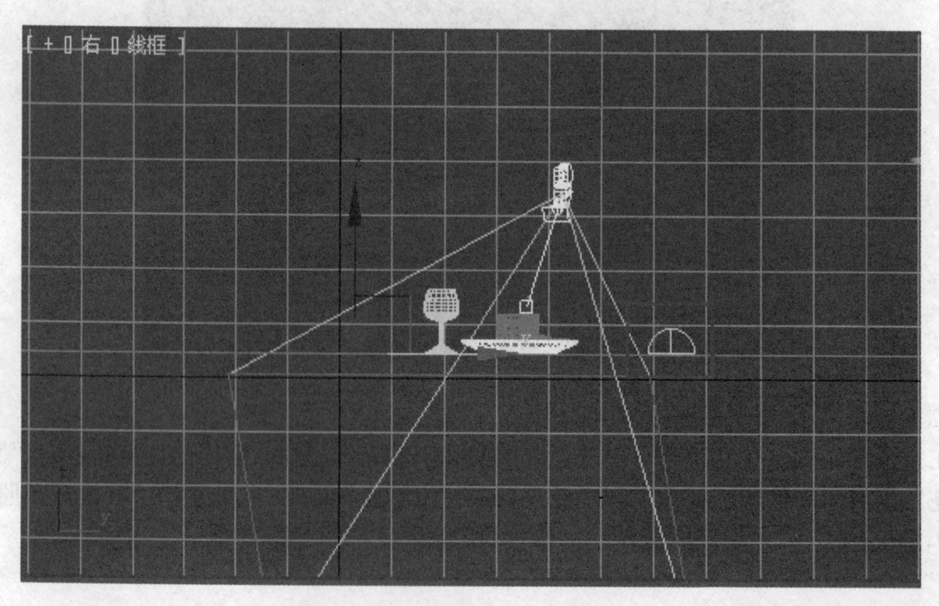

图 7-4　移动灯光位置（右视图）

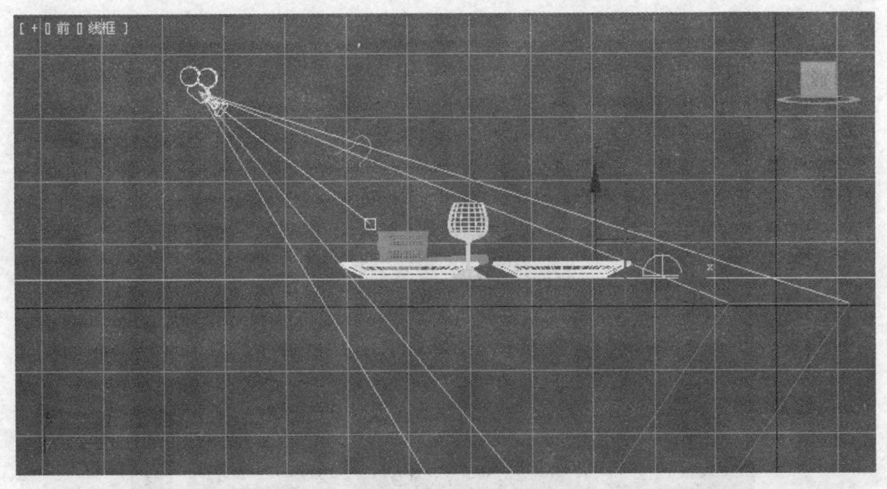

图 7-5　移动灯光位置（前视图）

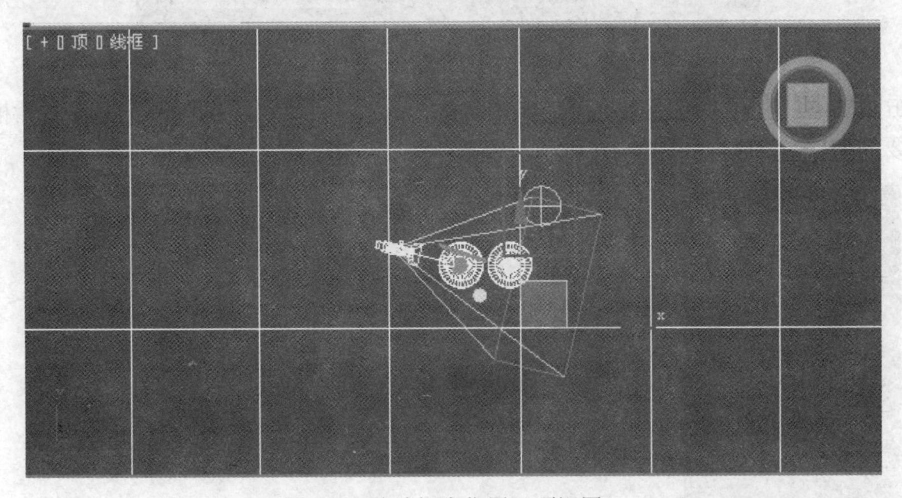

图 7-6　移动灯光位置（顶视图）

选择天光，单击修改器列表，展开天光参数卷展栏，修改倍增为 2，如图 7-7 所示。

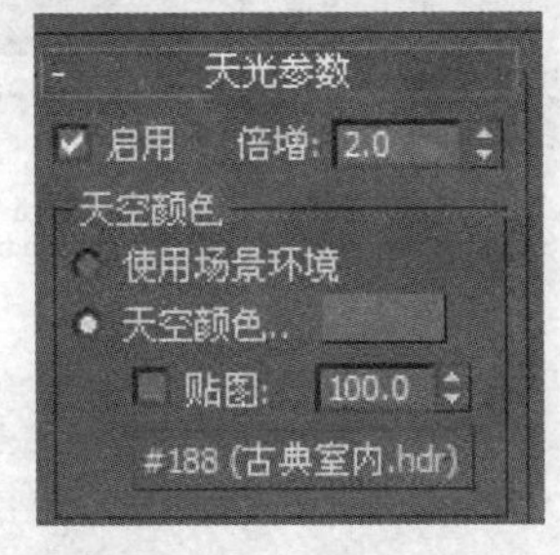

图 7-7　天光参数卷展栏

7.2.3　赋予材质

1. 编辑玻璃杯材质

单击按钮，打开材质编辑器，单击材质卷展栏，选取一个标准材质，左键拖入视图 1，如图 7-8 所示。

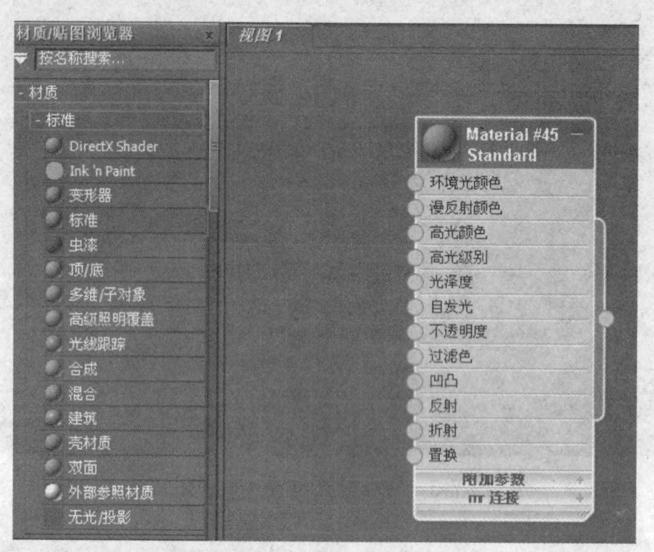

图 7-8　材质贴图浏览器

单击贴图卷展栏，左键双击位图，如图 7-9 所示。打开“材质贴图浏览器”对话框，单击打开需要的 HDR 图片，如图 7-10 所示。

图 7-9　材质贴图卷展栏

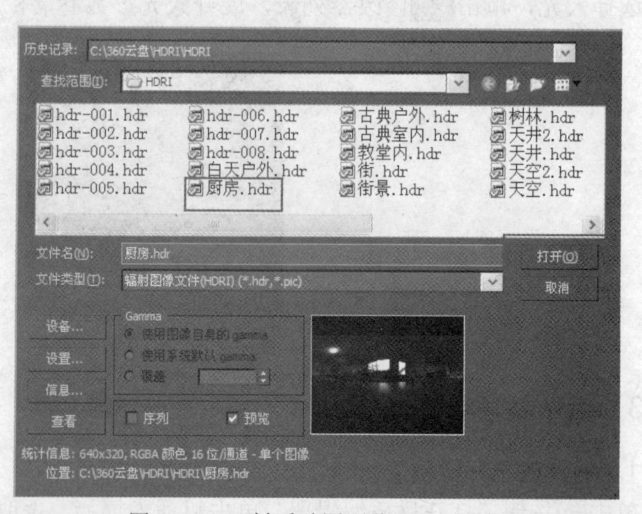

图 7-10　“材质贴图浏览器”对话框

单击左键，把位图贴图与标准材质的反射属性连接，如图 7-11 所示。

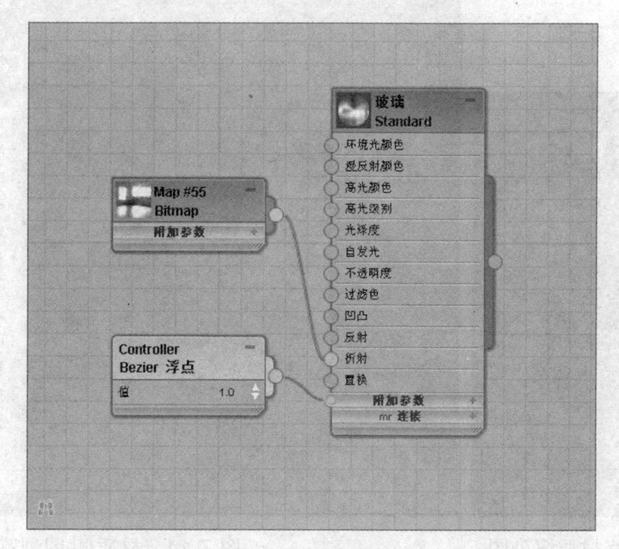

图 7-11　反射属性连接

最后，在材质编辑器中双击标准材质，打开属性编辑器，更改不透明度属性的数值为 30。设置胶性基本参数卷展栏中环境色的 RGB 值为 157、172、169，设置漫反射的 RGB 值为 180、212、206，高光色的 RGB 值为 219、219，219，另外把高光强度的值设置为 119，光泽度的数值为 65，柔化设置为 0.1，如图 7-12 所示。

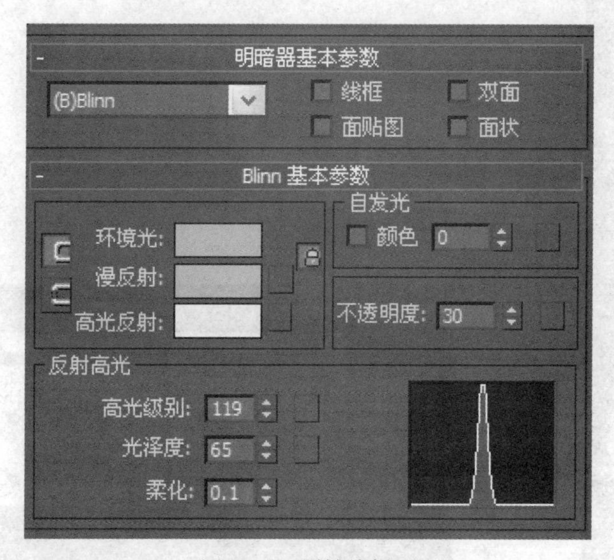

图 7-12　属性编辑器

单击渲染帧窗口，在其标签下选择 cameraRender 当前摄像机，单击渲染产品按钮进行渲染，渲染效果如图 7-13 所示。玻璃杯的材质就做好了。

2. 编辑陶瓷材质

单击按钮，打开材质编辑器，单击材质卷展栏，选取一个标准材质，左键拖入视图 1，如图 7-14 所示。

图 7-13　玻璃的最终材质渲染图　　　　图 7-14　材质/贴图浏览器

单击贴图卷展栏，如图 7-15 所示，双击位图，选择需要的 HDR 图片，单击打开，如图 7-16 所示。

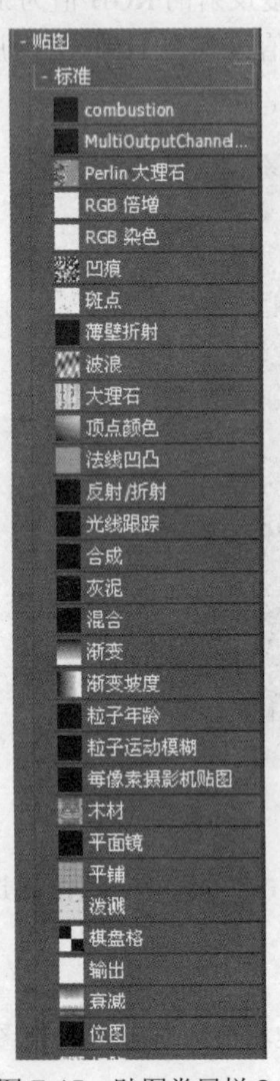

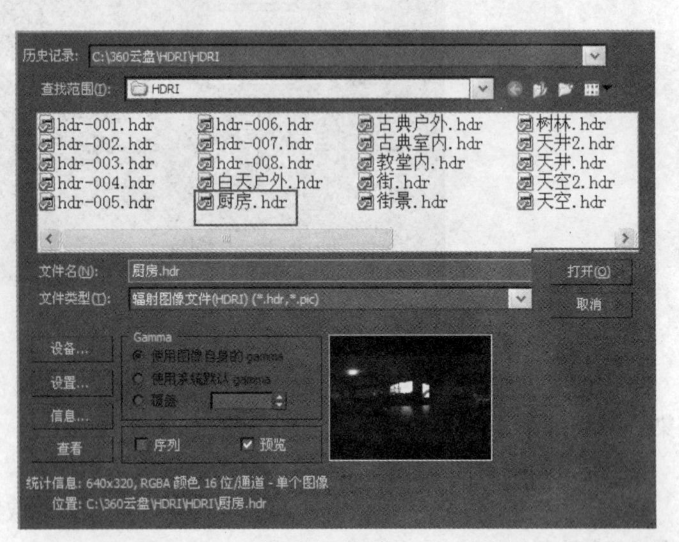

图 7-15　贴图卷展栏 2　　　　图 7-16　“材质贴图浏览器”对话框 2

单击标准材质球，把材质球的颜色改为褐色，如图 7-17 所示。

图 7-17　材质参数调整面板

单击左键，把位图贴图与标准材质的反射属性连接，如图 7-18 所示。

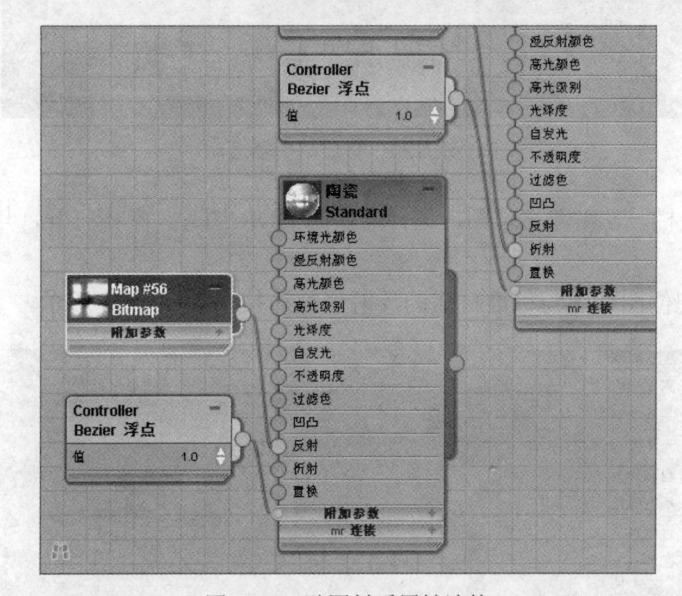

图 7-18　贴图材质属性连接

单击渲染帧窗口，在其标签下，选择 cameraRender 当前摄像机，单击渲染产品按钮进行渲染，渲染效果如图 7-19 所示。盘子的陶瓷材质就做好了。

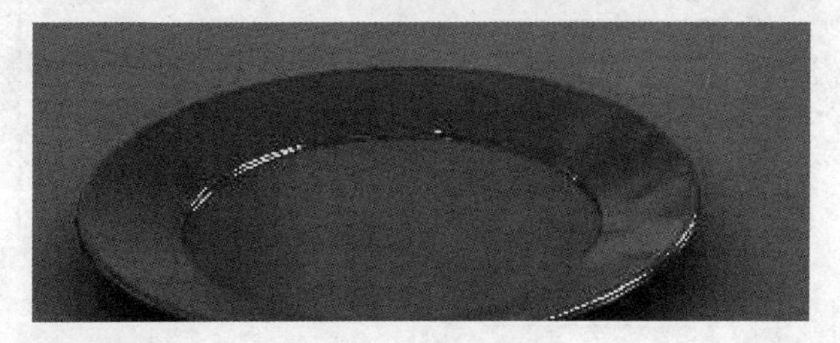

图 7-19　陶瓷材质表现

3. 制作金属刀材质

单击按钮，打开材质编辑器，单击材质卷展栏，选取一个标准材质，左键拖入视图 1，如图 7-20 所示。

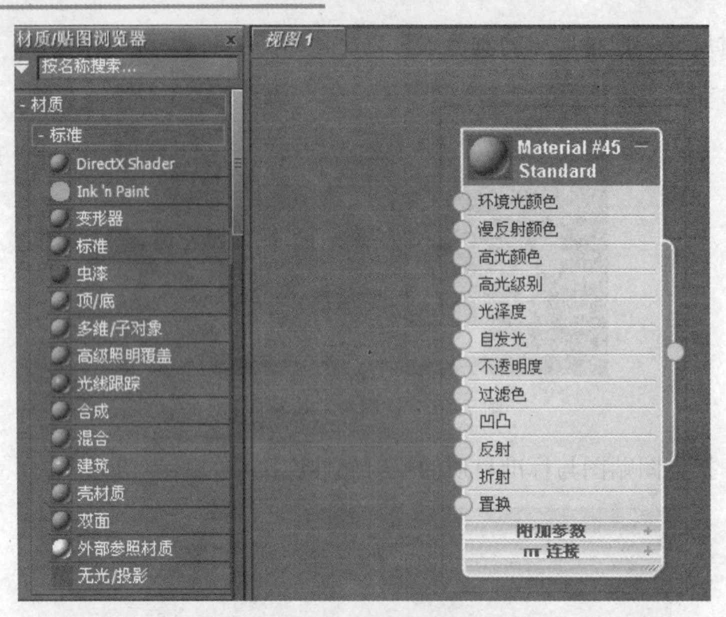

图 7-20　材质编辑器 3

单击贴图卷展栏，左键双击位图，选择需要的 HDR 图片，单击打开，与以上材质制作方式类似。

单击左键，把位图贴图与标准材质的反射属性连接，如图 7-21 所示。

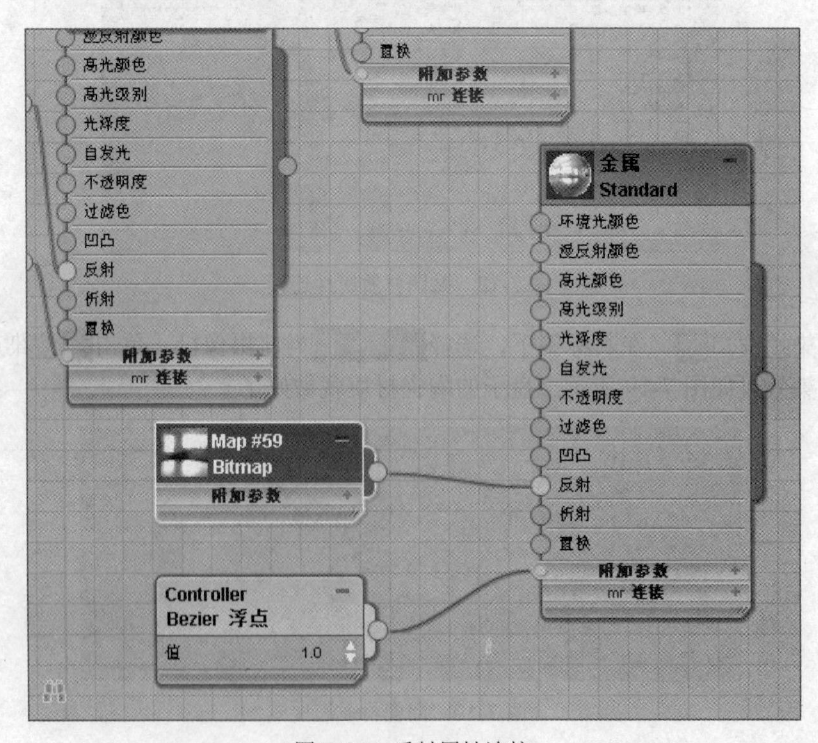

图 7-21　反射属性连接

调节 HDR 图片参数，双击 HDR 图片，调节输出量为 3，提高图片的反射程度，如图 7-22 所示。

单击渲染帧窗口，在其标签下，选择cameraRender当前摄像机，单击渲染产品按钮进行渲染，渲染效果如图 7-23 所示。金属刀的材质就做好了。

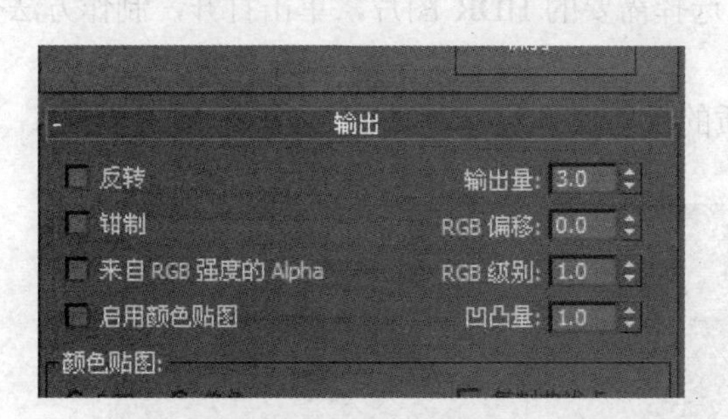

图 7-22　输出面板

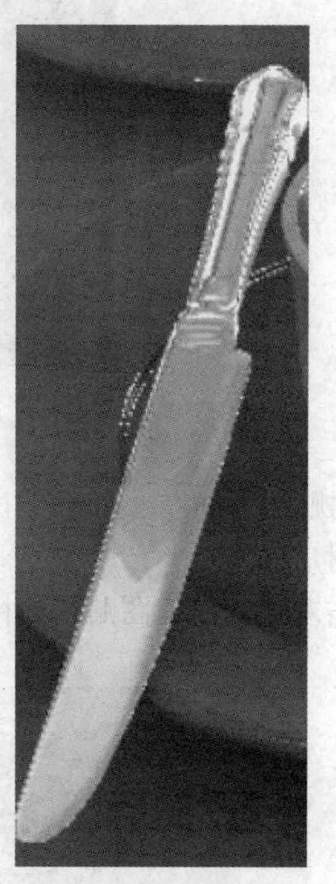

图 7-23　金属材质

4. **制作咖啡杯（白陶瓷）材质**

制作咖啡杯材质，单击按钮，打开材质编辑器。单击材质卷展栏，选取一个标准材质，左键拖入视图 1，如图 7-24 所示。

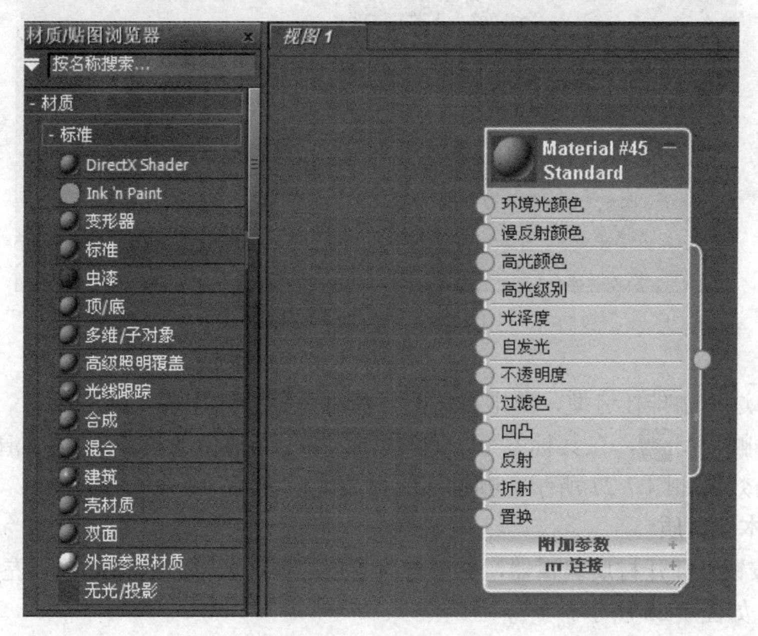

图 7-24　材质编辑器 4

单击标准材质球，把材质球的颜色改为天蓝色，如图 7-25 所示。

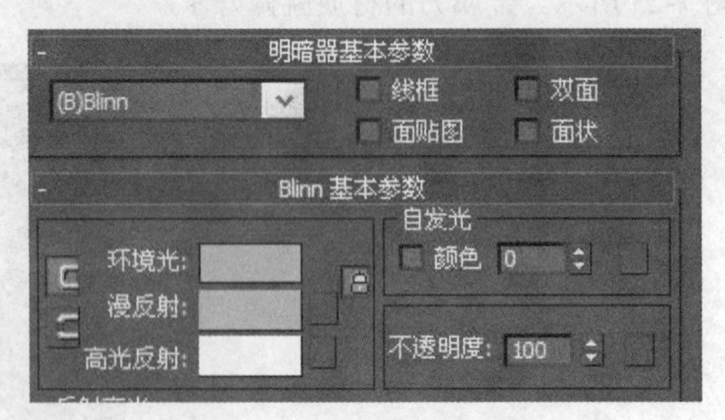

图 7-25　材质球调整面板

单击贴图卷展栏，左键双击位图，选择需要的 HDR 图片，单击打开，制作方法类似先前做过的材质。

单击左键，把位图贴图与标准材质的反射属性连接，如图 7-26 所示。

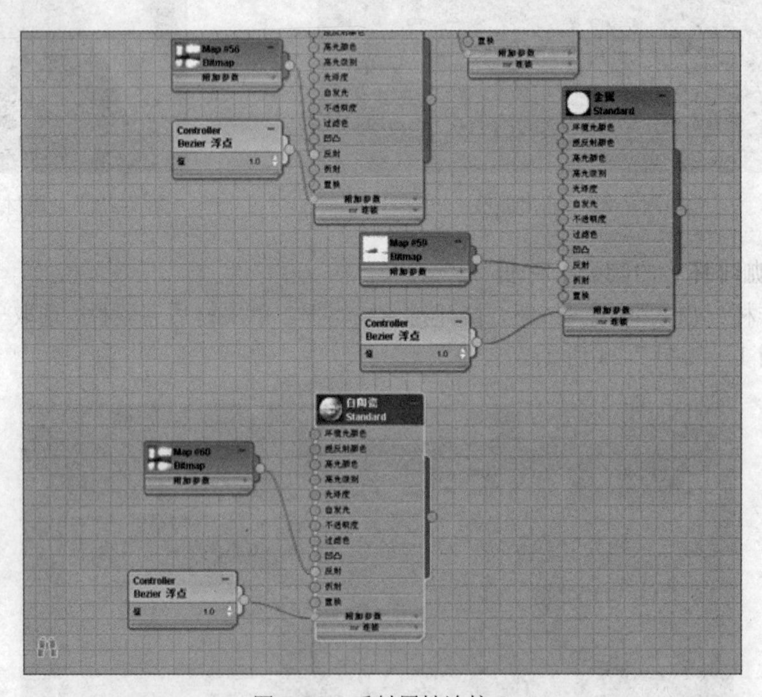

图 7-26　反射属性连接 2

在视图中选择咖啡杯造型，单击按钮，将材质赋予选中模型。

单击渲染帧窗口，在其标签下，选择cameraRender当前摄像机，单击渲染产品按钮进行渲染，渲染效果如图 7-27 所示。咖啡杯的材质就做好了。

5. 制作木纹材质

单击按钮，打开材质编辑器，单击材质卷展栏，选取一个标准材质，左键拖入视图 1，命名为木板，如图 7-28 所示。

图 7-27　咖啡杯材质

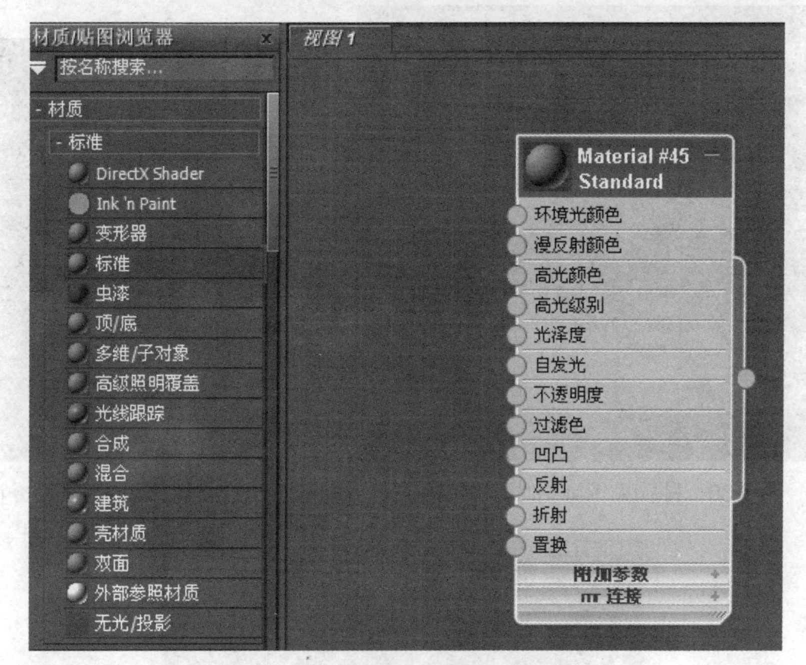

图 7-28　材质编辑器 5

在胶性基本参数卷展栏中，设置高光级别为 19，光泽度为 13，柔化为 0.09，如图 7-29 所示。

在贴图卷展栏中，单击漫反射颜色和凹凸贴图通道右侧的按钮，在弹出的材质/贴图浏览器对话框中双击位图选项，选择木纹材质图，如图 7-30 所示。

运用 UVW 贴图命令调整贴图的大小，如图 7-31 所示。

双击木质贴图，在坐标系卷展栏中，设置 U 方向的镜像值为 2，V 方向上的镜像值为 2，如图 7-32 所示。

图 7-29　胶性基本参数卷展栏

	数量	贴图类型
☐ 环境光颜色 . . .	100	None
☑ 漫反射颜色 . . .	100	木板 (23.jpg)
☐ 高光颜色	100	None
☐ 高光级别	100	None
☐ 光泽度	100	None
☐ 自发光	100	None
☐ 不透明度	100	None
☐ 过滤色	100	None
☑ 凹凸	30	木板 (23.jpg)
☐ 反射	100	None
☐ 折射	100	None
☐ 置换	100	None
☐	100	None

图 7-30　材质/贴图浏览器—木纹材质

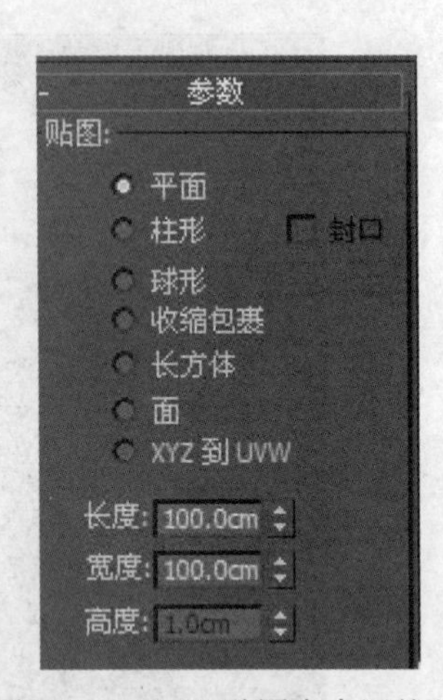

图 7-31　UVW 贴图命令调整贴图

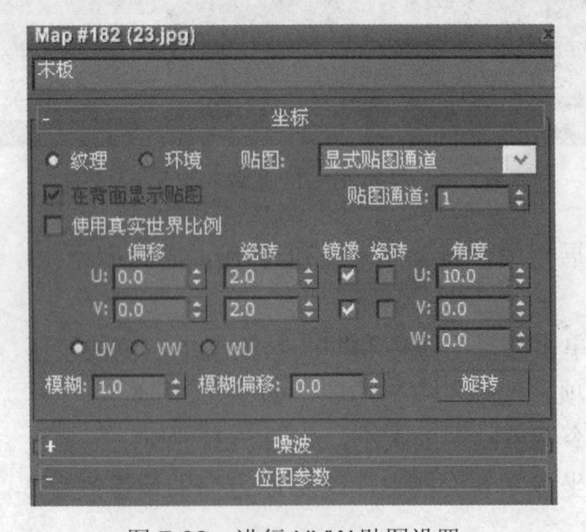

图 7-32　进行 UVW 贴图设置

在视图中选择木板造型，单击按钮，将材质赋予选中模型。

7.2.4　渲染输出

单击渲染设置按钮，打开抗锯齿，把过滤器大小设置为8，如图7-33所示。

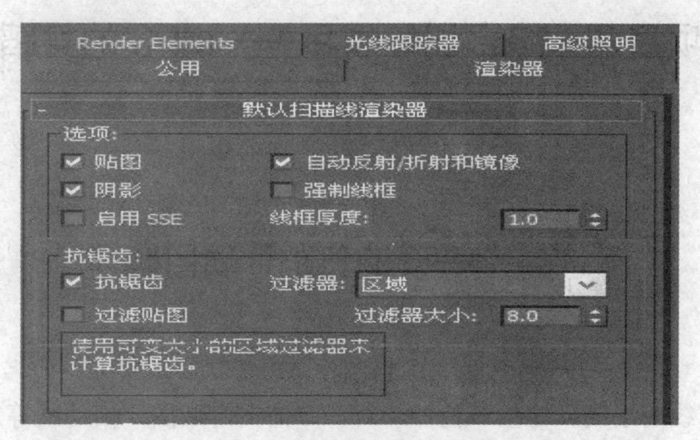

图7-33　渲染设置—抗锯齿

单击渲染帧窗口，在其标签下，选择cameraRender当前摄像机，单击渲染产品按钮进行渲染，渲染效果如图7-34所示。

图7-34　材质最终效果图

项目八　综合训练项目——MP3 的舞蹈

8.1　“MP3 的舞蹈”项目概述

本项目要求建立一个 MP3 播放器，项目制作难度不大，但是涉及较多的技术，比如长方体的建立，倒角，线的绘制、连接、拉伸、对齐、捕捉，贴图，帧动画等。

经分析后可以将其分为建立模型、制作材质、建立动画、渲染动画等几个部分来完成。

8.2　“MP3 的舞蹈”项目制作

8.2.1　场景创建

1. 模型的建立

首先，创建出 MP3 模型的大致比例。单击（最大化视口切换），在顶视图中操作，单击创建面板下的长方体按钮 长方体 ，创建 BOX 并修改参数，长度为 22，宽度为 26，高度为 8.6。如图 8-1 所示。

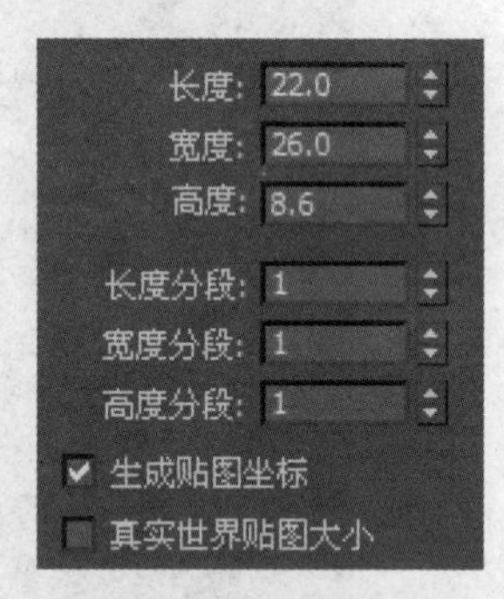

图 8-1　BOX 参数面板

再使用选中目标后，按住“Shift”键单击 y 轴，并按住左键不放向下移动，如图 8-2 所示。

修改复制出的长方体尺寸，将长度改为 70，并调整位置。单击（最大化视口切换）回到全部 4 个视口，选中左视图窗口，此时可以通过切换选择视口标题的“透明”选项的“无”和“简单”切换透明显示，如图 8-3 所示。

创建圆在小的正方体内部，调整位置时可以使用（对齐）工具，左键单击“确定”，如图 8-4 所示。

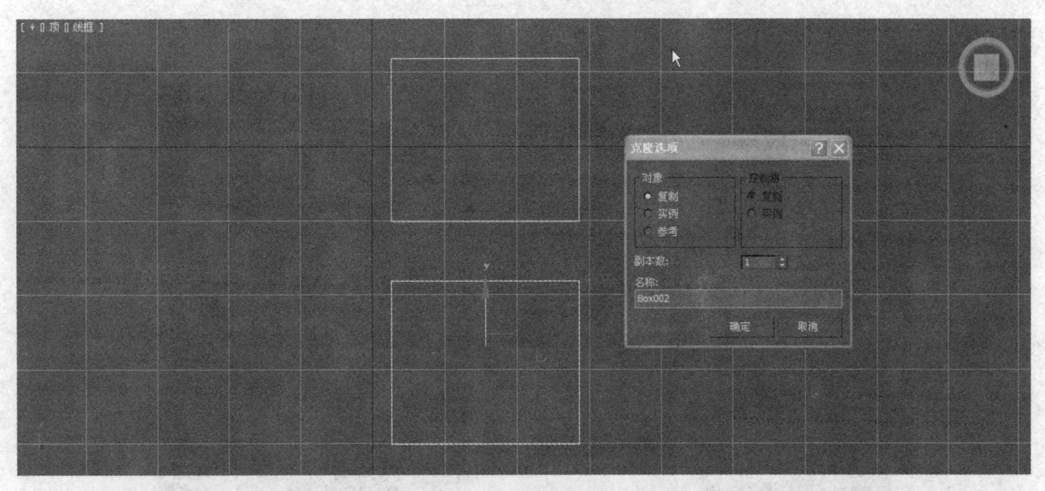

图 8-2　复制长方体

图 8-3　调整长方体的位置

对齐当前选择 (Box001)

对齐位置 (世界):

X 位置　Y 位置　Z 位置

当前对象:　最小　中心　轴点　最大

目标对象:　最小　中心　轴点　最大

对齐方向(局部):

X 轴　Y 轴　Z 轴

匹配比例:

X 轴　Y 轴　Z 轴

应用　确定　取消

图 8-4　创建圆并对齐

修改圆的半径为 3，调整位置如图 8-5 所示。

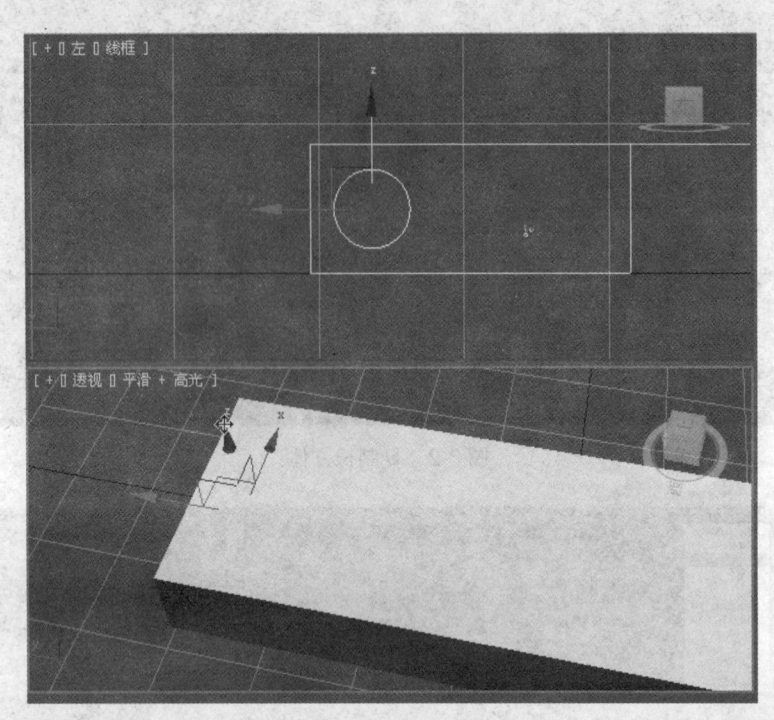

图 8-5　调整圆的半径

回到透视图中将圆的位置沿着 *x* 轴调整到长方体外面，再右键单击复制，修改半径为 4.3。如图 8-6 所示。

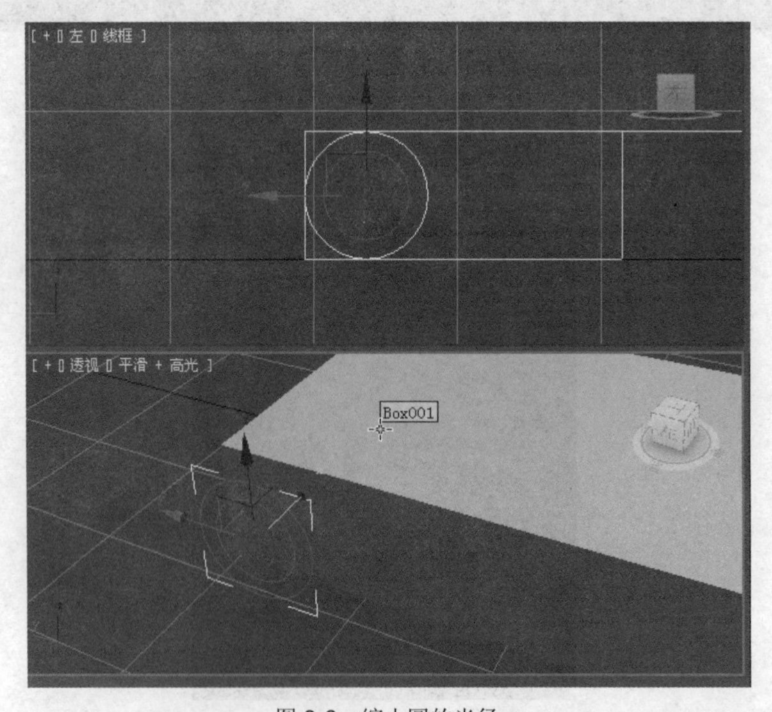

图 8-6　缩小圆的半径

回到左视图，打开对象捕捉。在上单击鼠标右键，打开“栅格和捕捉设置”对话框，将捕捉设置为顶点和端点。如图 8-7 所示。

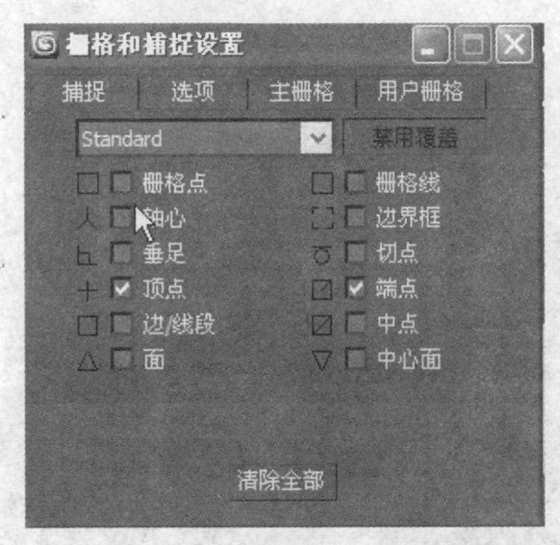

图 8-7　“栅格和捕捉设置”对话框

在原长方体的参照下，创建一个矩形，关闭捕捉。切换到透视图视角，将这个矩形和先前的两个圆环进行对齐，但只勾选 X 和 Z 位置。如图 8-8 所示。

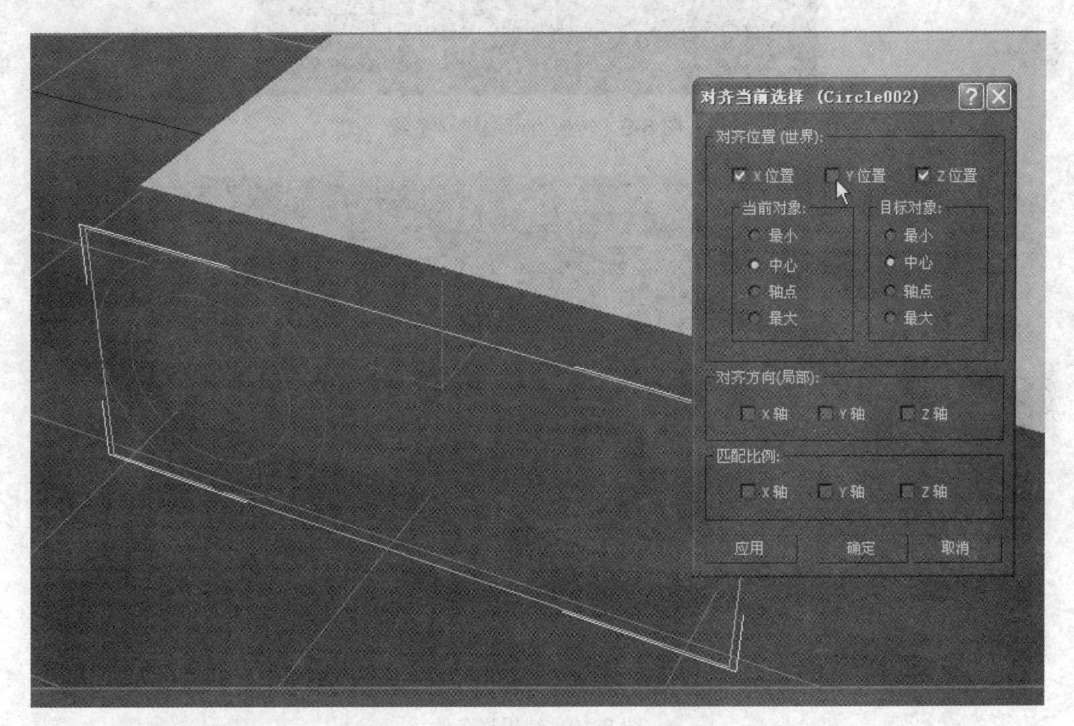

图 8-8　“对齐当前选择”对话框

做完上述步骤后，单击鼠标右键，将矩形选择转换为可编辑样条线。如图 8-9 所示。

打开可编辑样条线下的顶点，选择矩形的所有点，右键矩形选择角点，再找到集合体选项中的附加，将两个圆环附加进来，使其可以再同一个样条线内进行编辑。如图 8-10 所示。

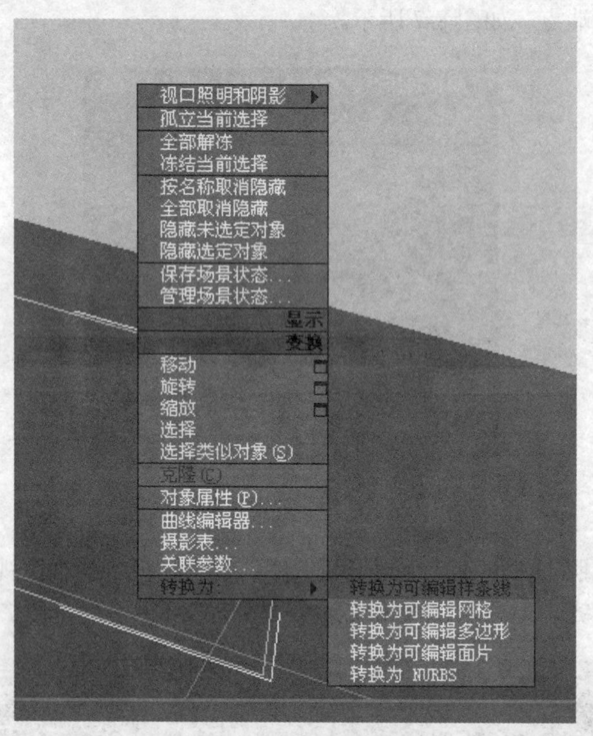

图 8-9　转换为可编辑样条线

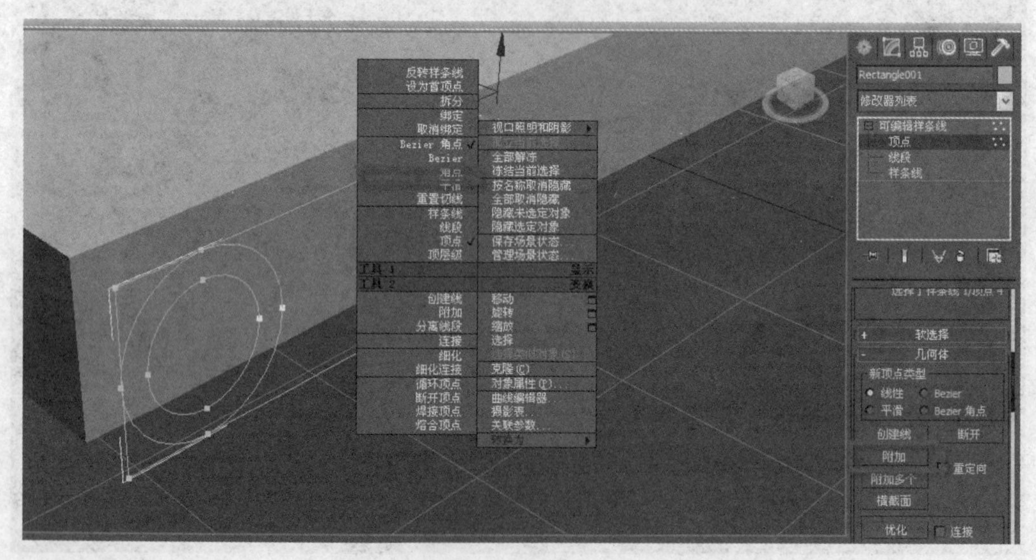

图 8-10　编辑样条线

单击进入线段层级，按住“Ctrl”键单击圆环的 2 条线段和矩形的顶端的线段，如图 8-11 所示。

按“Delete”键进行删除。然后选择顶点，再选中矩形顶端剩下的两个顶点，用工具沿 y 轴方向移动至离开圆环，这时会发现和圆环断开没有连接。如图 8-12 所示。

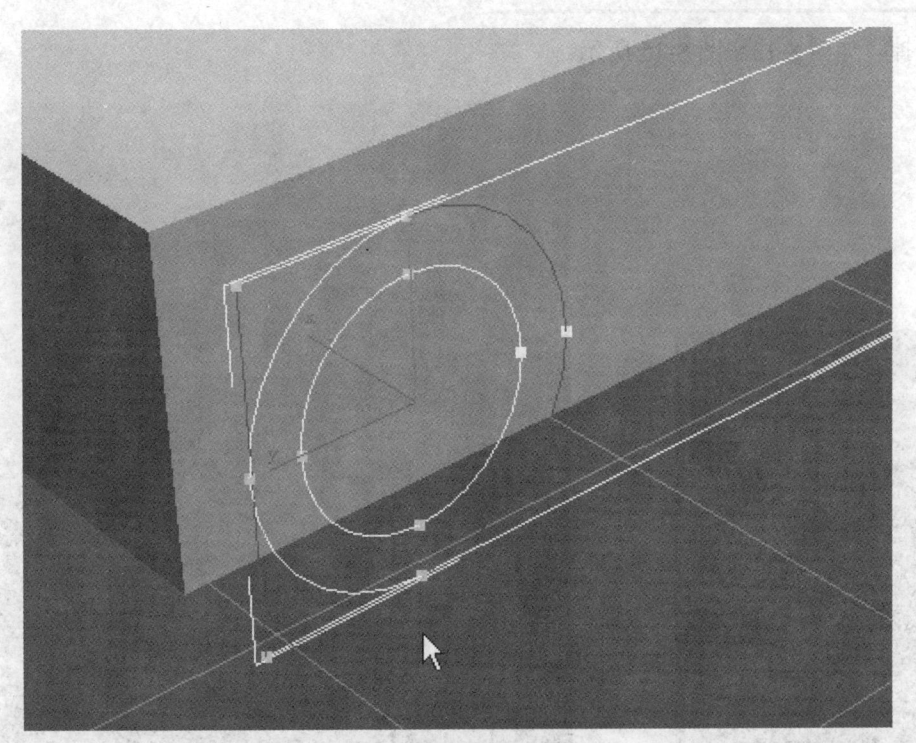

图 8-11　选中圆环的 2 条线段

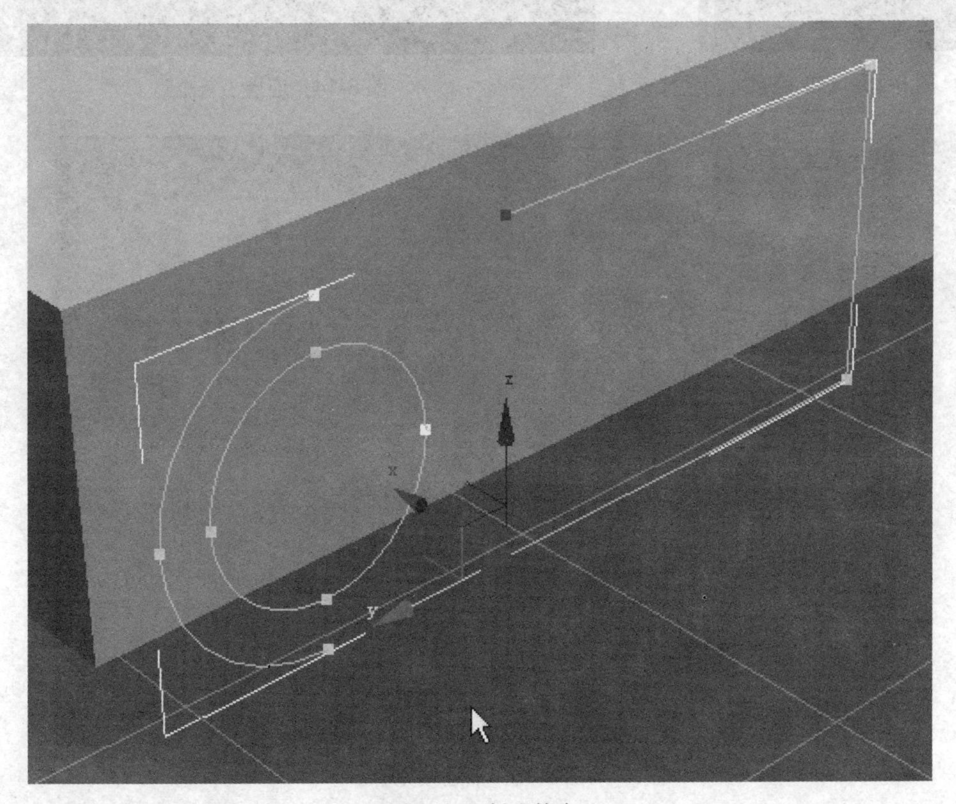

图 8-12　断开的点

选择连接，按住左键将两点连接起来，下面两点也以同样的方式连接，再将原来的两个点删除掉。如图 8-13～图 8-15 所示。

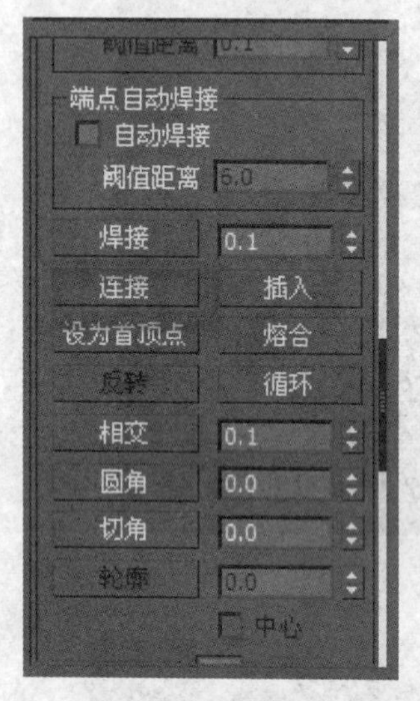

图 8-13　点的连接

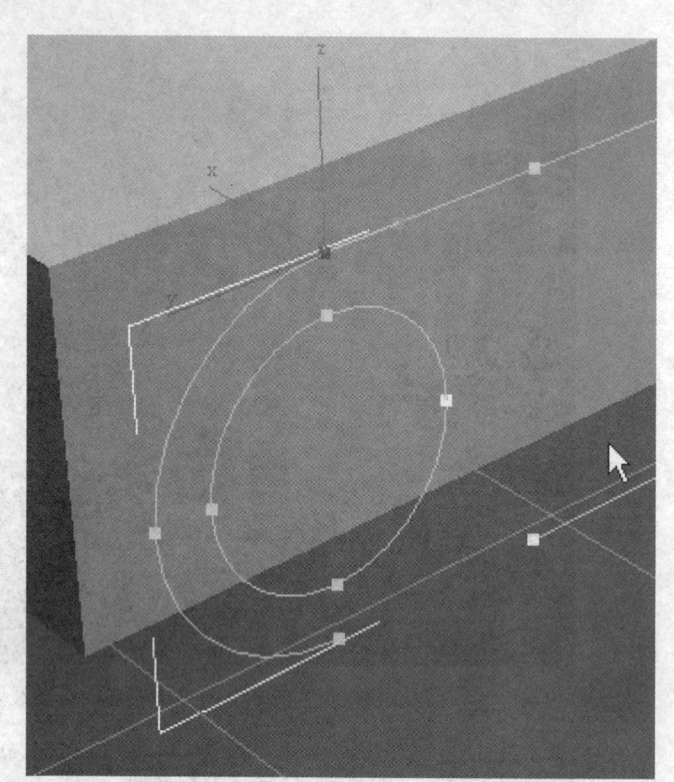

图 8-14　连接了一个点

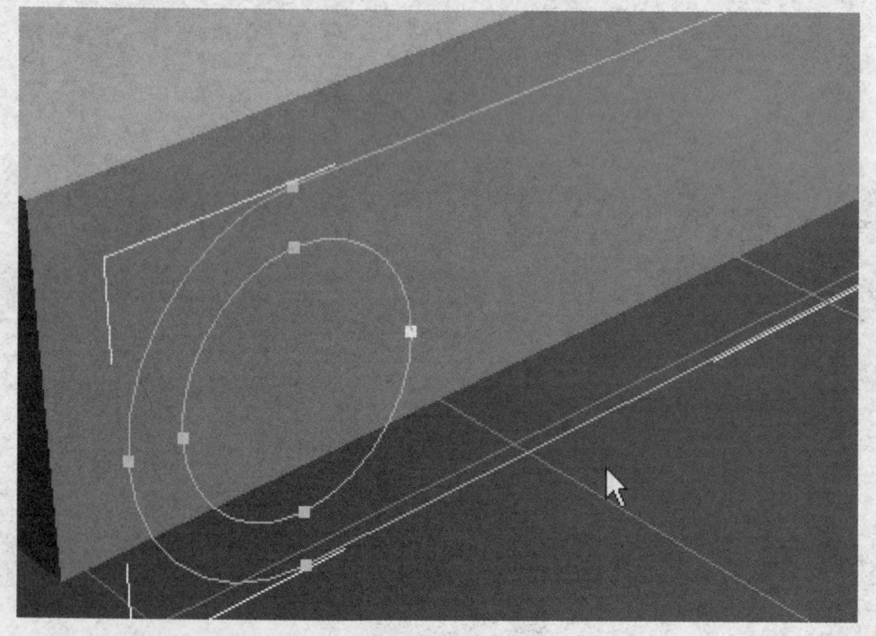

图 8-15　点连接完毕

接着，样条线添加一个“挤出”命令，数量设置为 26，如图 8-16 所示。

单击对齐工具，将其与基本模型对齐。如图 8-17 所示“与长方体对齐”。

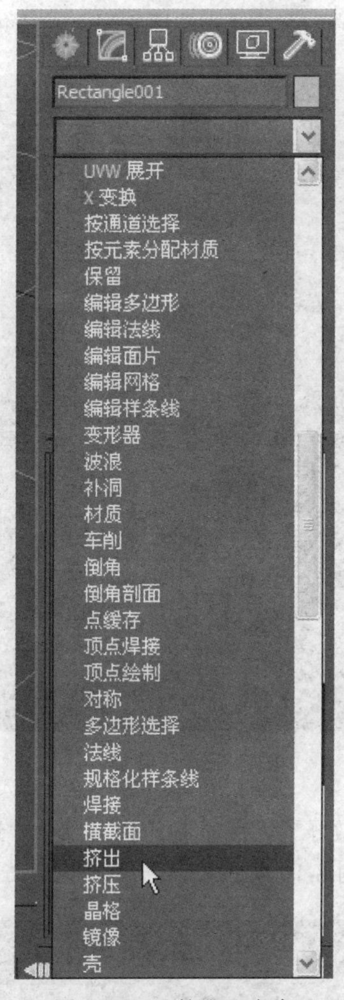

图 8-16　“挤出”命令

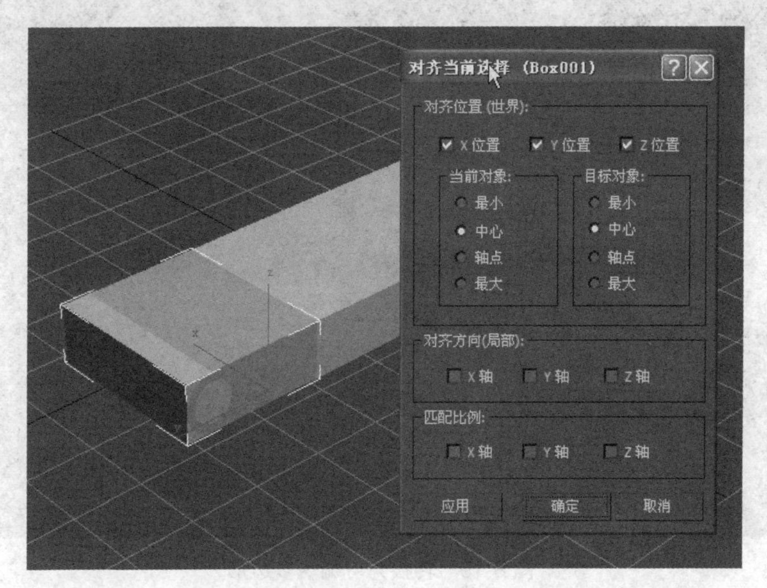

图 8-17　与长方体对齐

选择基本模型中的长方体，已经不需要使用它了，单击右键将其隐藏掉。

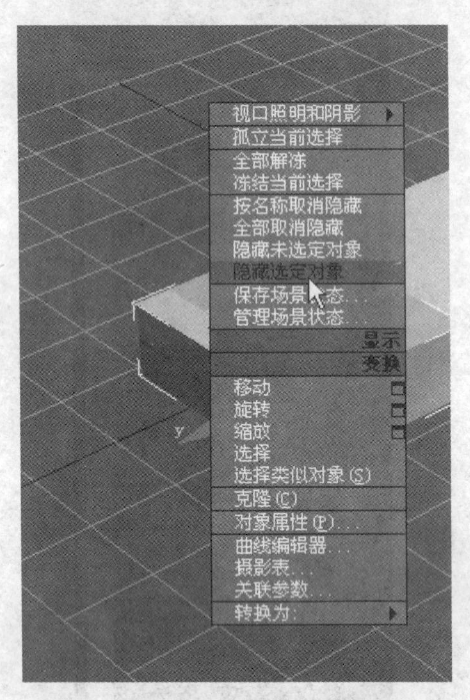

图 8-18　隐藏长方体

这样，MP3 的盖子部分就做好了，接着制作机身部分。选中之前创建的大长方体，右键选择转化为可编辑多边形。如图 8-19 所示。

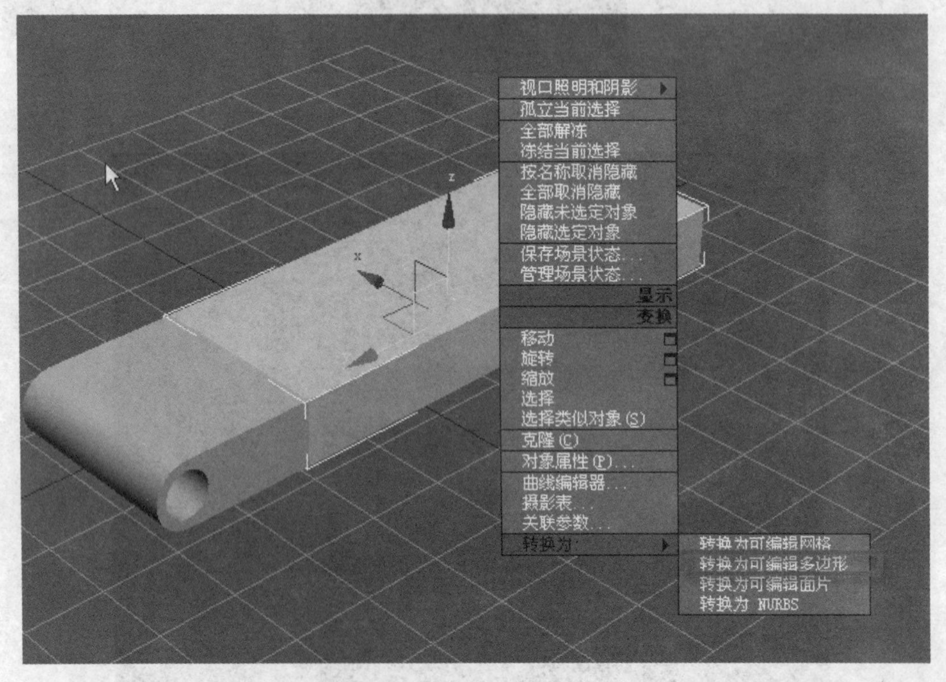

图 8-19　转换为可编辑多边形

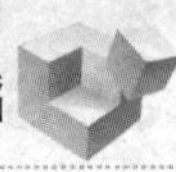

之后，单击 进入它的边级别，选择长方体的两条边（选择时要按住“Ctrl”键）进行 切角 命令，单击 进入图 8-20 界面，在边切角量输入数值 3.6，分段数为 12，单击 确定完成切角。如图 8-20 所示。切角的效果如图 8-21 所示。

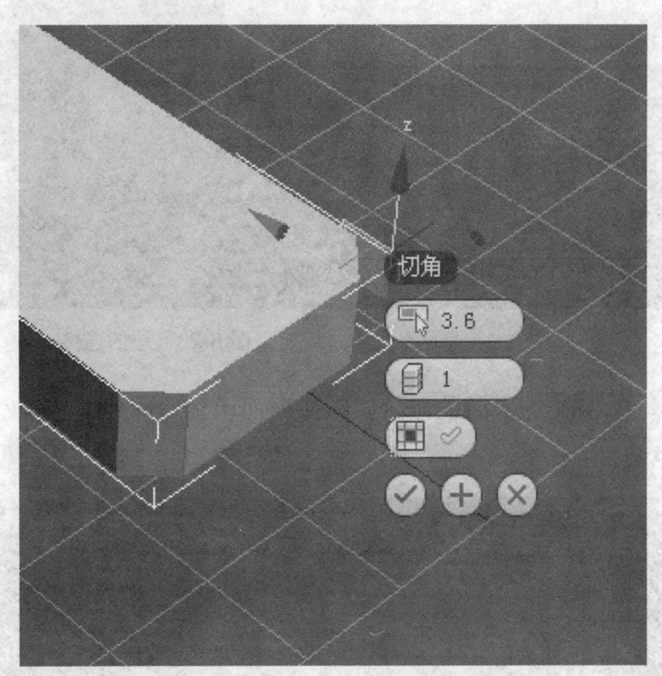

图 8-20　切角修改面板

图 8-21　切角完成图

然后，选择长方体的 4 条长边，如图 8-22 所示。

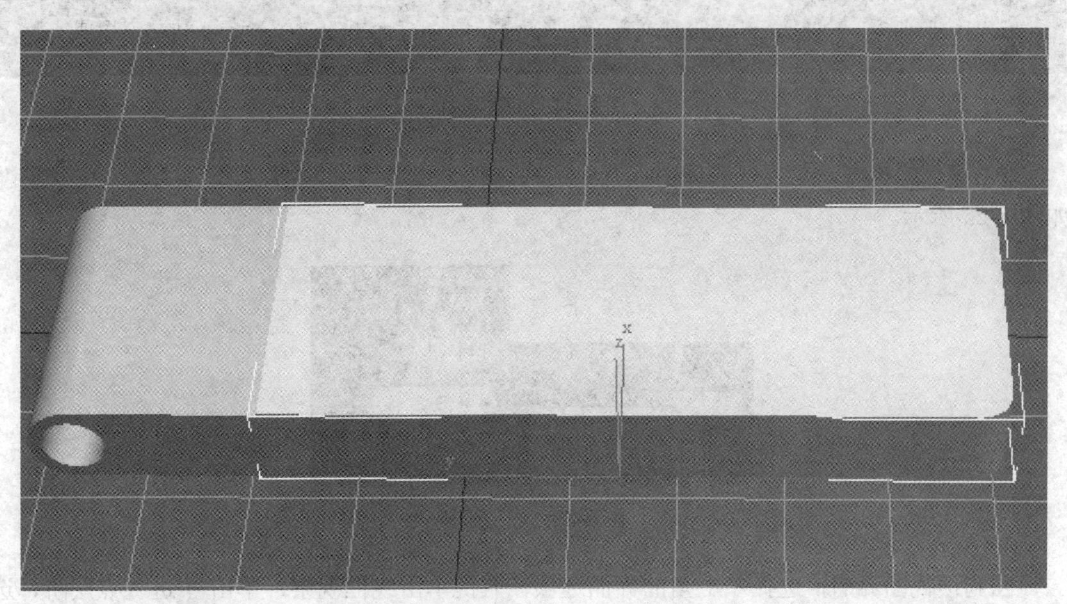

图 8-22　选择长方体的 4 条长边

单击鼠标右键，选择“连接”命令，在设置中连接边数量改为 2，选 确定，如图 8-23 所示。

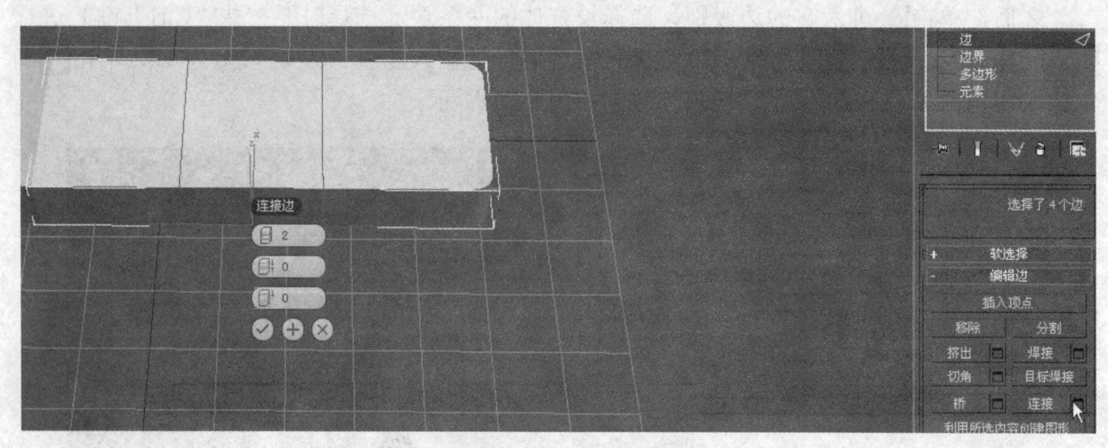

图 8-23　边的连接

单击进入面的层阶，选择顶面上的一个面，按住“Ctrl”键添加一个面，如图 8-24 所示。

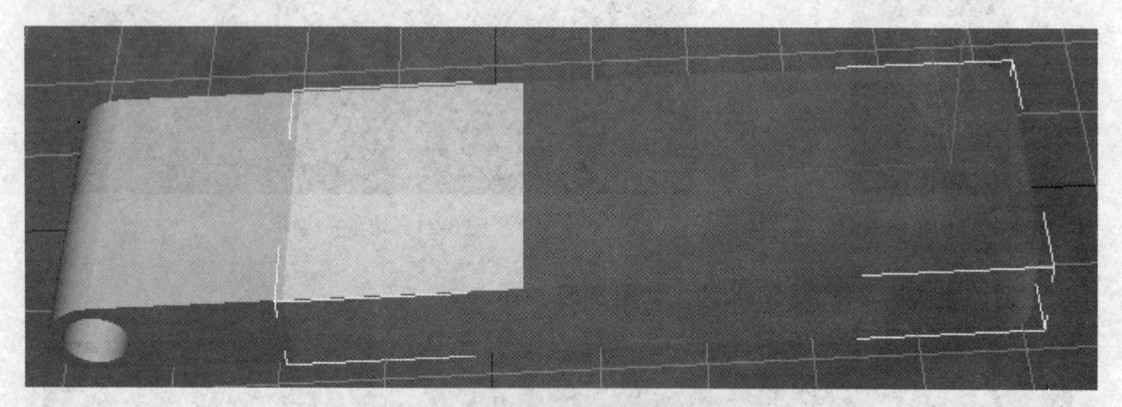

图 8-24　面的选择

单击 插入 ，在类型选项中点开小箭头选择“按多边形”，插入量为 3.2，点确定，如图 8-25 所示。

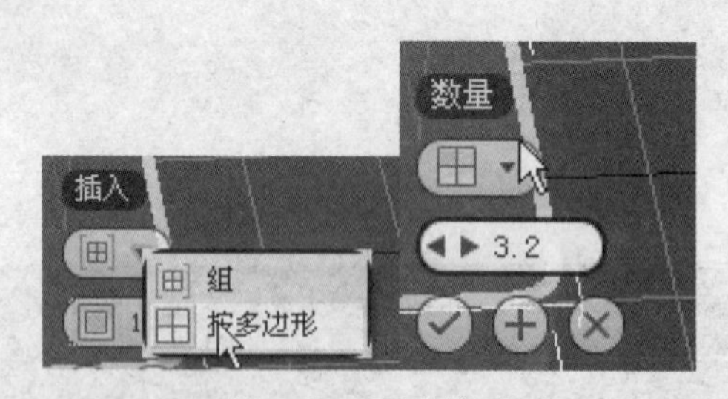

图 8-25　面的缩减

回到顶视图界面，选择左上角的界面选项，右键单击线框观察，单击进入点层阶，选择点进行编辑，如图 8-26 所示。

通过和变形工具进行点的位置调整，如图 8-27 所示。

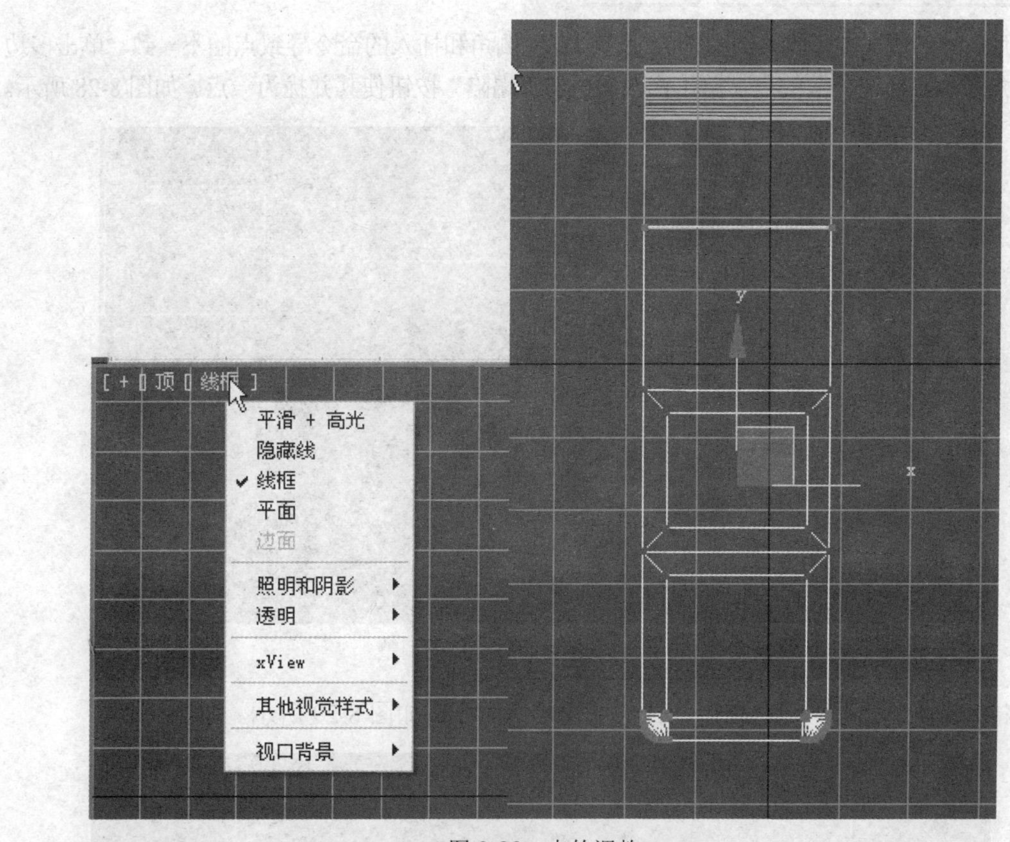

图 8-26　点的调整

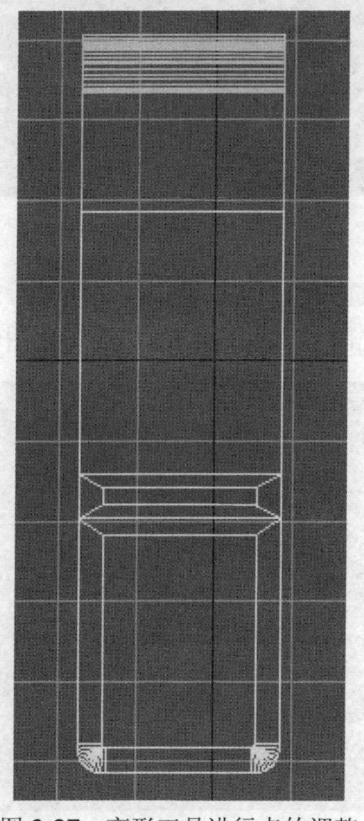

图 8-27　变形工具进行点的调整

然后，回到透视图，放大倒圆角的地方会发现倒角和插入的命令导致点的不一致。单击多边形的顶点层阶，框选分散的点，单击修改面板的“塌陷”按钮使其并拢为一点。如图 8-28 所示。

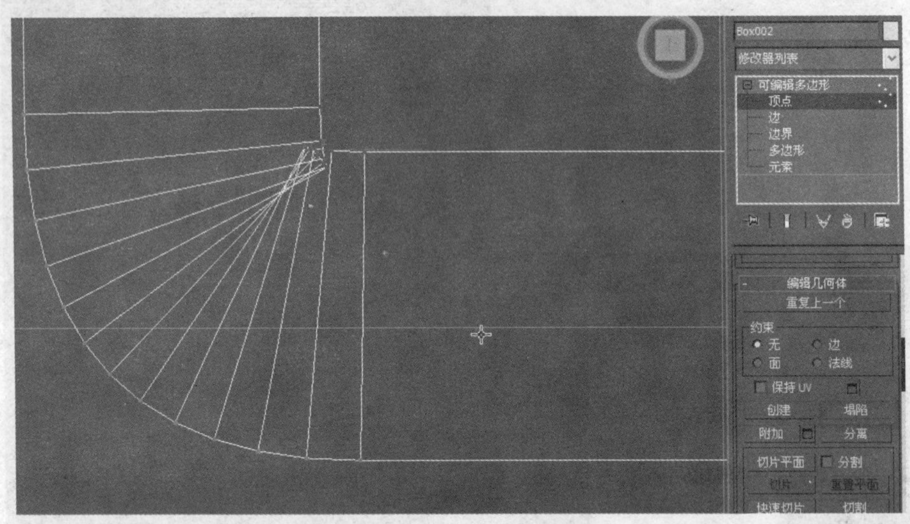

图 8-28　变形工具进行点的调整

该 MP3 模型的另一边也使用同样的“塌陷”命令，如图 8-29 所示。

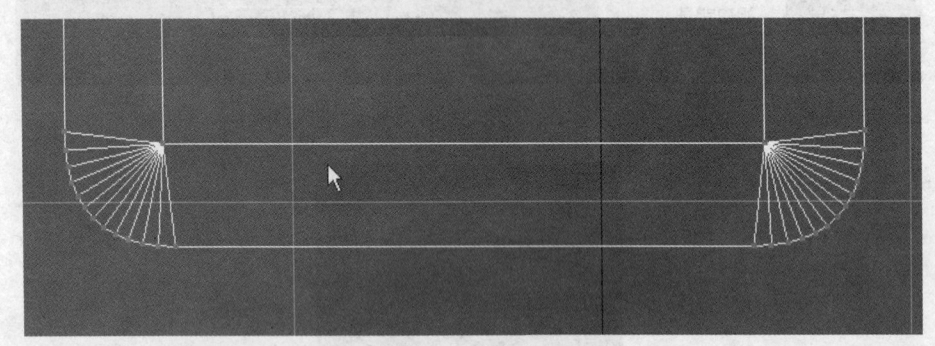

图 8-29　倒角的制作

在透视图界面中，进入修改面板，单击■进入面层阶，选择一个面后，按住“Ctrl”键选择另一个面，这两个面均是之前插入的两个面。效果如图 8-30 所示。

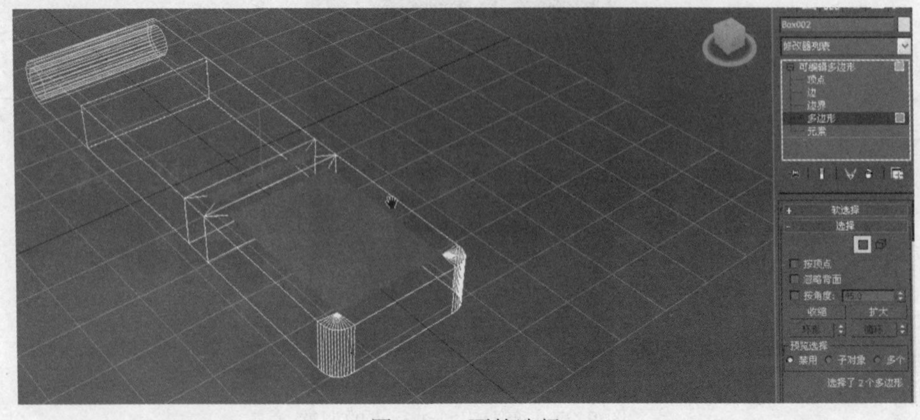

图 8-30　面的选择

在修改面板中的“修改列表”里选择“多边形”，使用“挤出”命令，将这两个面挤出，类型选组，数量输入为-0.5，由于设置为负数，则该挤出就是向下的，单击确定，如图 8-31 所示。效果如图 8-32 所示。

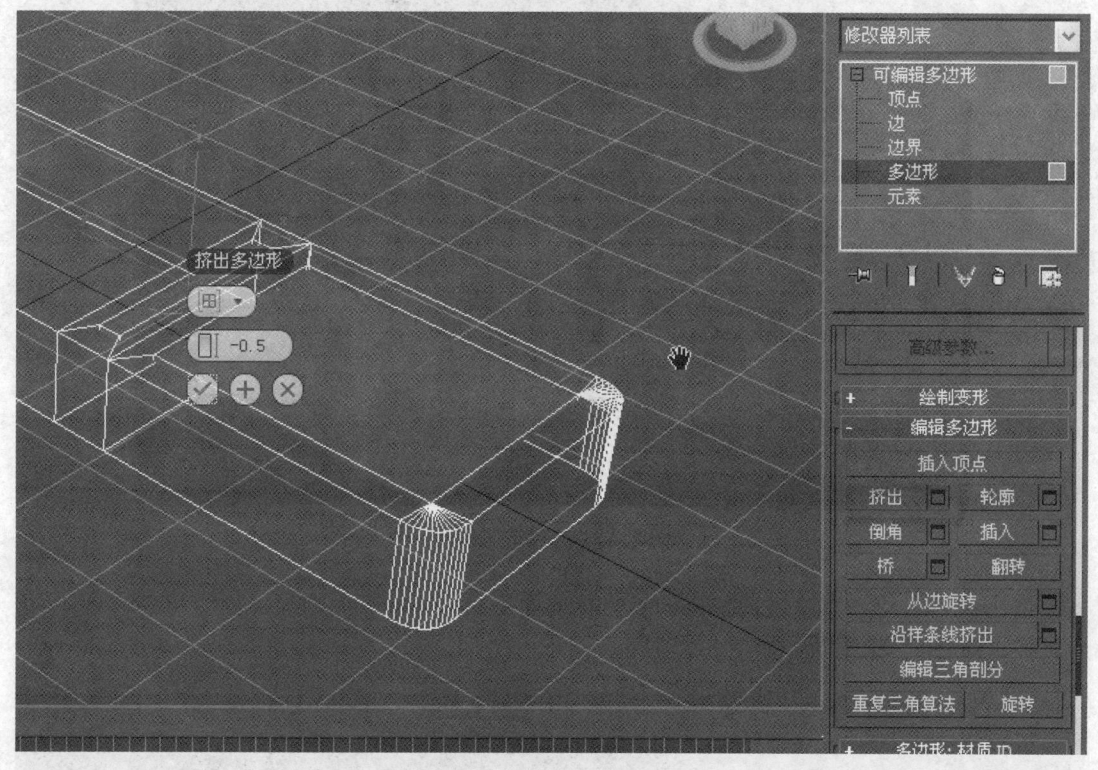

图 8-31　向下挤出

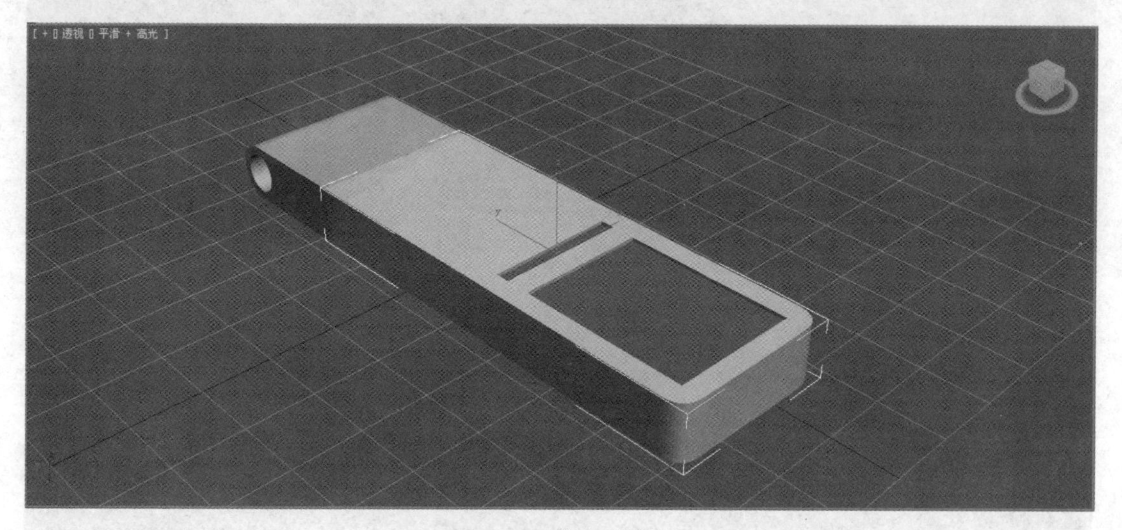

图 8-32　挤出后效果

在修改面板中选择多边形之后，选取刚才向下挤出的长方体的面中大的那个面，并单击“扩大”按钮，以选取周围的面，若没有选取完全可以再单击“扩大”来进行选择，如图 8-33 所示。

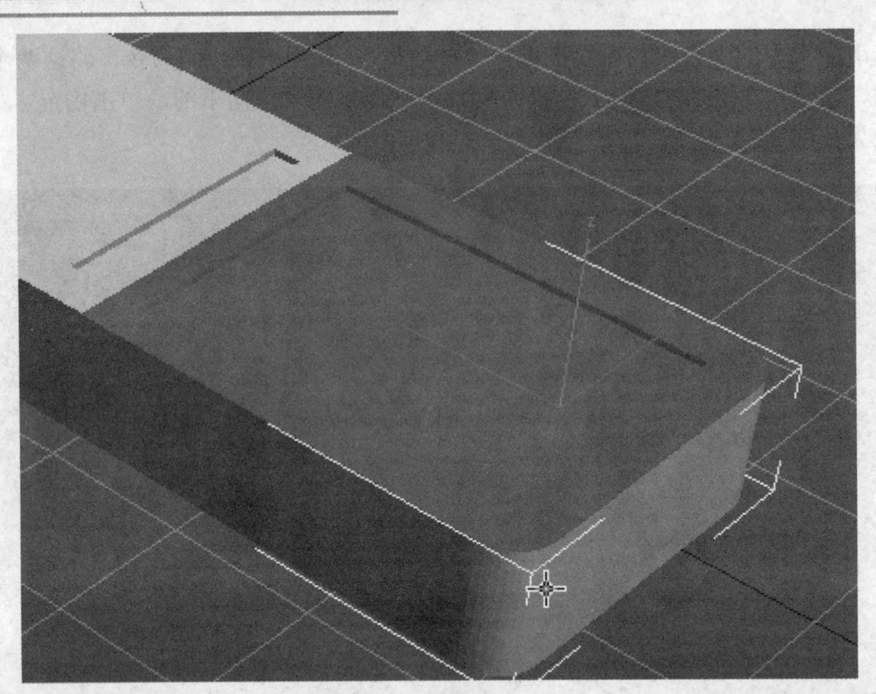

图 8-33　选择扩大的面

按住“Alt”键，移除之前挤出的长方体的面，只留下最表面的面，如图 8-34 所示。之后，按“Delete”键删除。如图 8-35 所示。

图 8-34　选择 MP3 的边面

图 8-35　删除 MP3 的边面

在线框视图，为刚才向下挤出的两块面做周围的倒角，选择 进入边阶层，选择向下挤出一个大长方体的一条竖边，如图 8-36 所示。再单击“环形”按钮，自动选取周围的另外 3 条边。如图 8-37 所示。

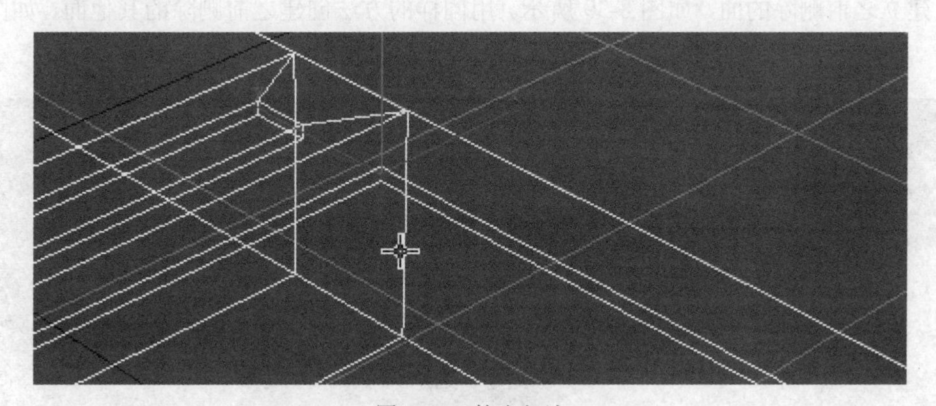

图 8-36　挤出竖边

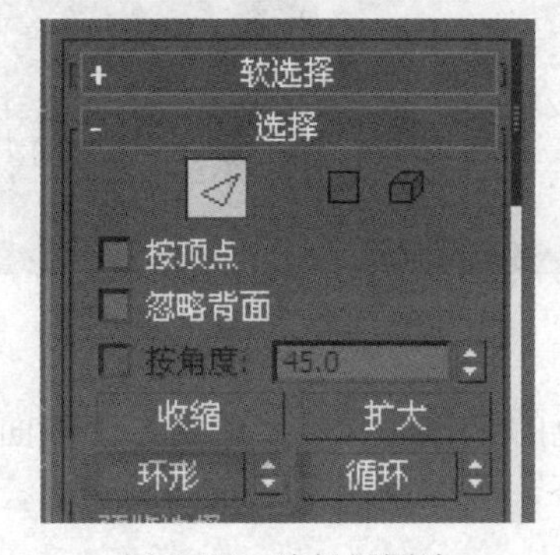

图 8-37　选择周围边

关闭框架视图，单击“切角”命令，切角量为1.8mm，分段为12，单击确定。效果如图8-38所示。

图8-38　制作切角

这时，需要将之前删除的面再创建回来，单击◁层阶，选取对立的两个边，用“桥”命令，建立之前删除的面，如图8-39所示。用同样的方法创建之前删除的其他面，如图8-40所示。

图8-39　“桥”命令建立面

图8-40中出现了两个黑色的三角面，这个就是一个破面。需要补这两个破面，在修改器列表里选择“边界”命令，选取这两个三角面的边界，再使用“封口”命令补面。如图8-41所示。

图 8-40　“桥”命令建立其他面

图 8-41　“封口”补面

再到“面”级别，修改面板中选择“多边形”。对补的两个三角面进行进一步的改进，选取这两个面，再用插入命令，插入个新的面在其表面，类型为按多边形，插入量自己调节，比原来的面小即可（0.128）。如图 8-42 所示。使用塌陷命令，将倒角的边界连接起来，如图 8-43 所示。

图 8-42　“插入”面

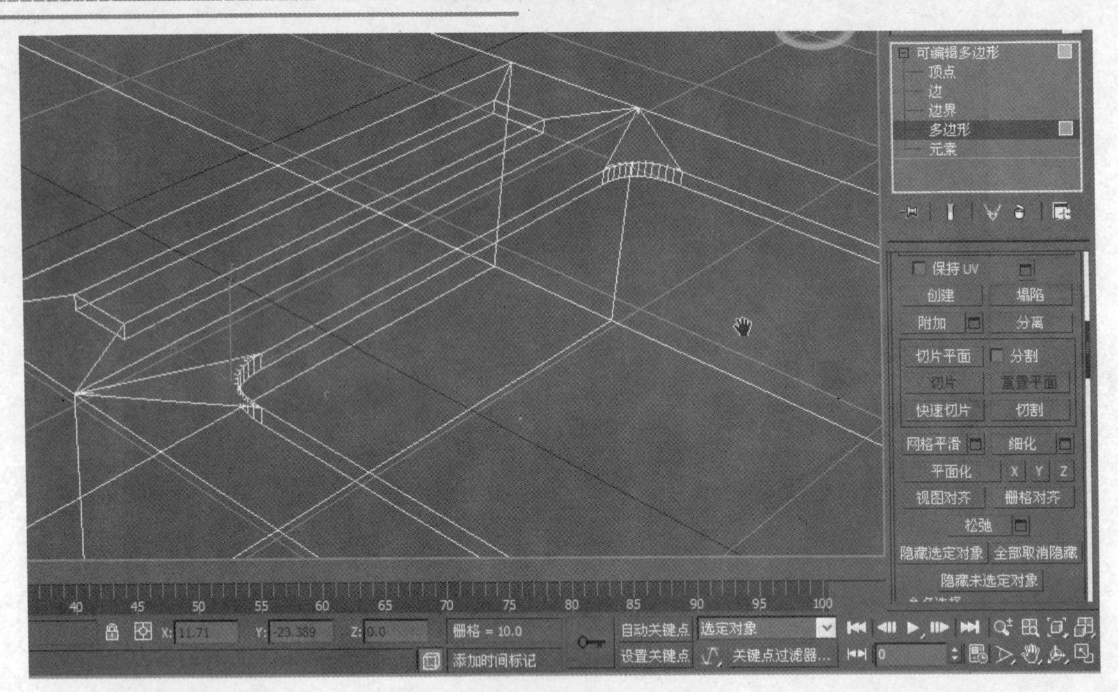

图 8-43 “塌陷”连接倒角边

再进入点的阶层，将合并出来的点，使用“目标焊接”命令拖移至边角上，如图 8-44 所示。

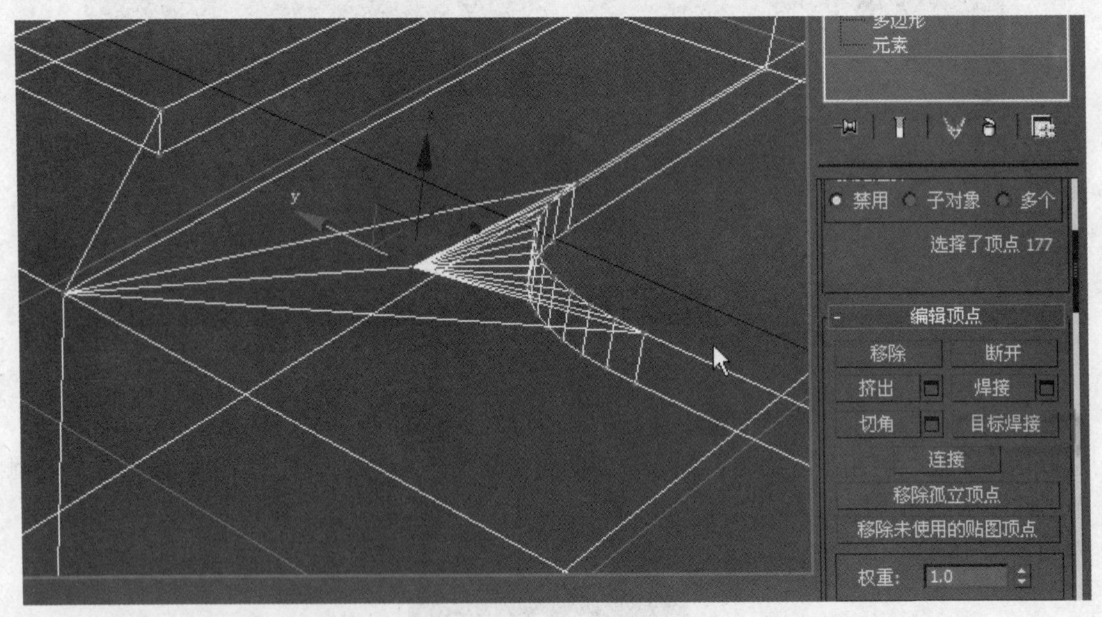

图 8-44 目标焊接

另一半也用同样的方法制作，并用以上的方法将小块的向下挤出的长方体制作倒角，如图 8-45 所示。

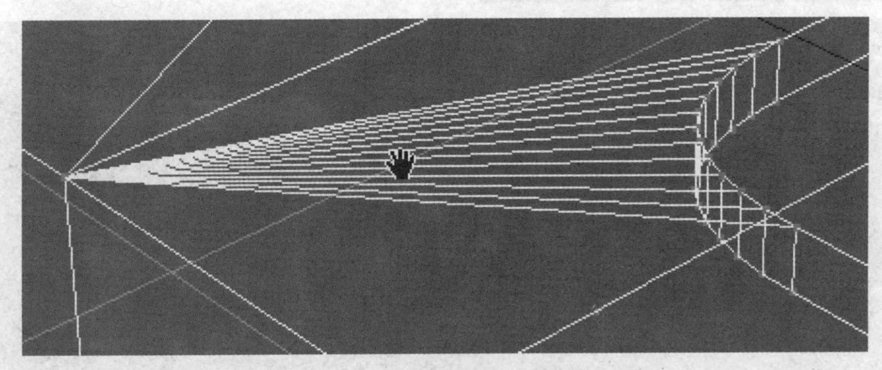

图 8-45　焊接后效果

将该切角的切角量调为 1.1，数量不变，如图 8-46 所示。切角后效果如图 8-47 所示。

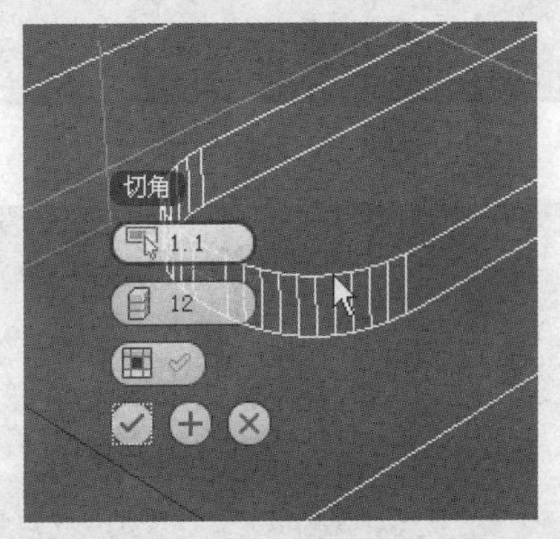

图 8-46　切角量

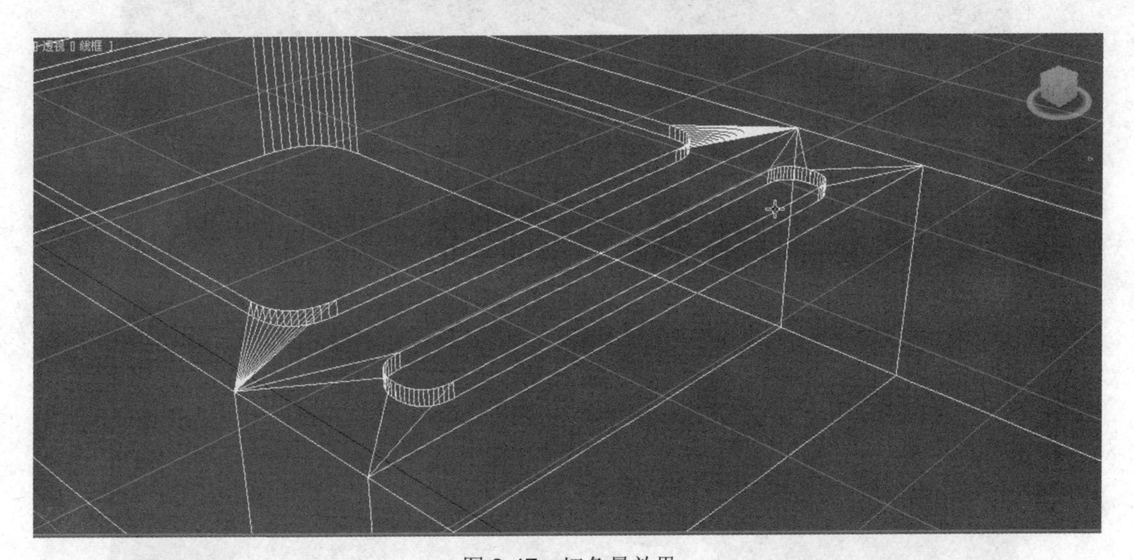

图 8-47　切角量效果

此时，必须对插入的面单独进行塌陷，若 4 个面一同塌陷会出现错误，如图 8-48 和图 8-49 所示。

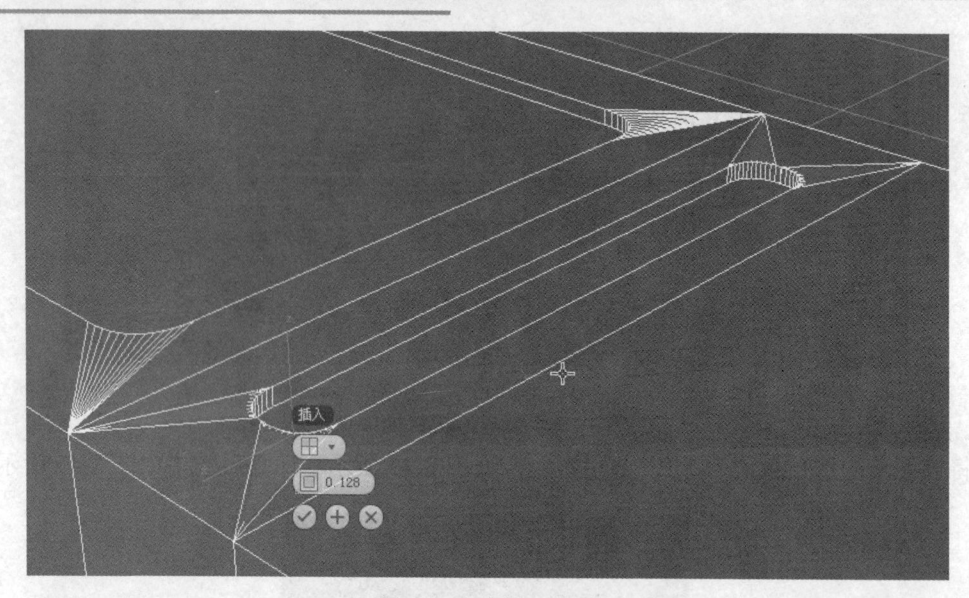

图 8-48　选择 4 个面

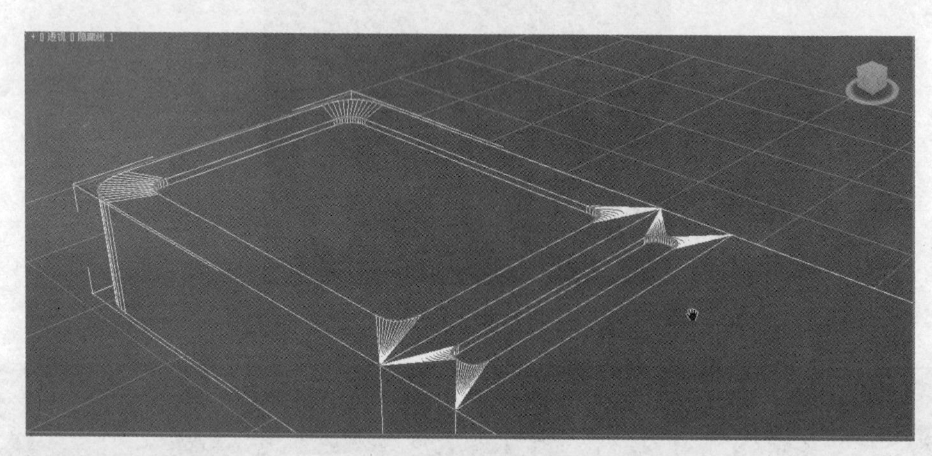

图 8-49　塌陷效果

在修改面板中的“可编辑多边形”里选择“多边形”，进入面阶层，选择两个挤出的底面，按“分离”按钮后，勾选“以克隆对象分离”，如图 8-50 所示。

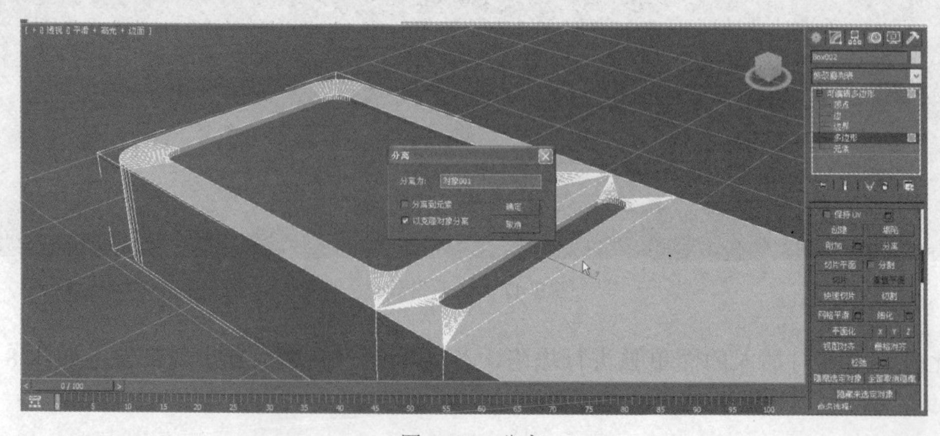

图 8-50　分离

退出对多边形的编辑，单击刚才分离出的两个面进行编辑，进入多边形阶层，用轮廓命令对这两个面进行收缩，轮廓量为-0.1。如图 8-51 所示。

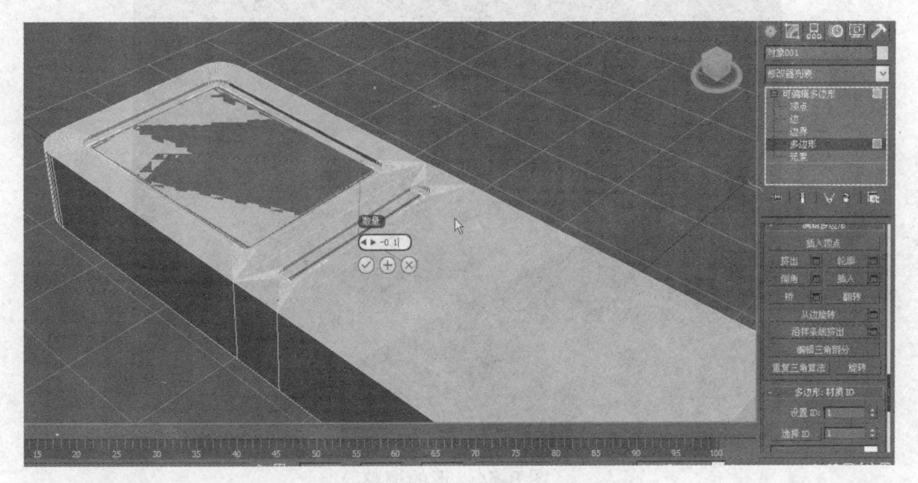

图 8-51　收缩轮廓

确定之后再使用挤出命令，挤出量为 0.5，与之前向下挤出的部分齐平，如图 8-52 所示。

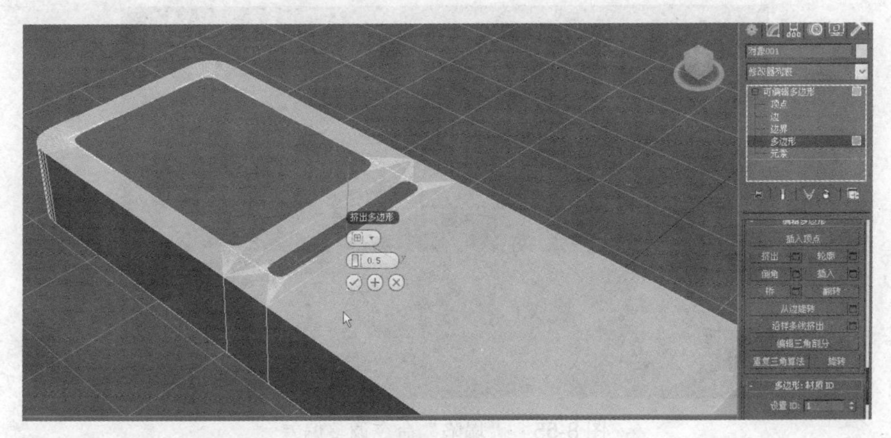

图 8-52　挤出

在修改面板中的“可编辑多边形”里选择“顶点”，进入点阶层，选择大方块的顶端的两组点，将其向下移动，做出上面方块的盖子造型，如图 8-53 所示。

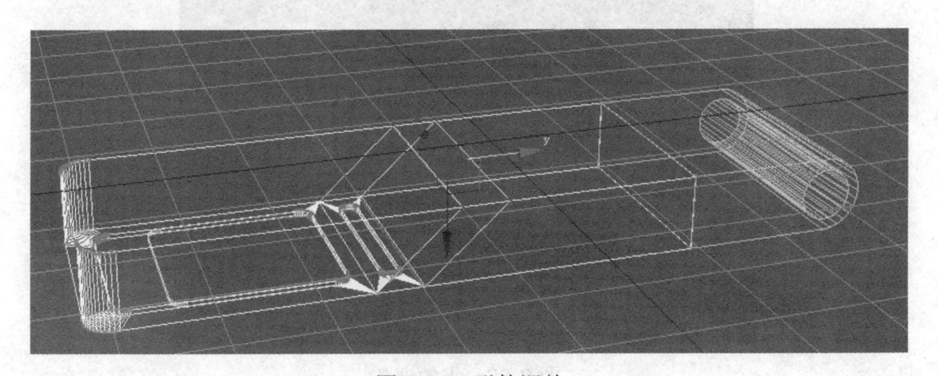

图 8-53　形的调整

进入面阶层，选择上方的大块面，再使用插入命令，插入量为3.2。如图8-54所示。

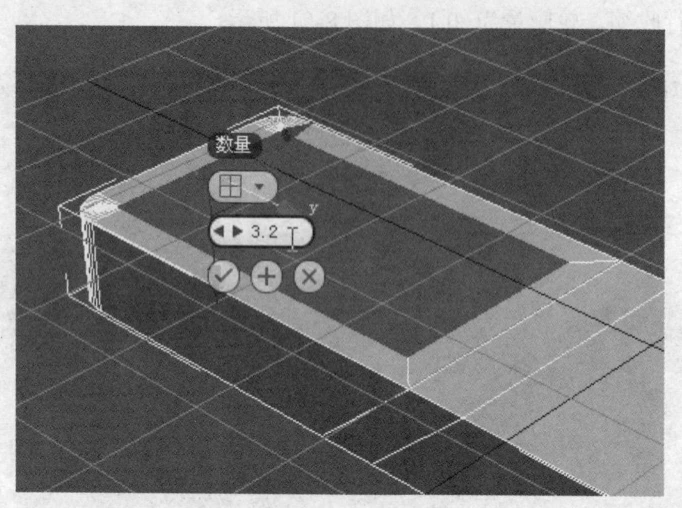

图8-54　形的调整

进入点阶层，用塌陷命令调整插入面的顶点和倒角产生的偏差。如图8-55所示。

图8-55　“塌陷”命令调整偏差

再将塌陷出的两个点进行一个沿y轴方向的平移。如图8-56所示。

图8-56　点的调整

进入面阶层，选择中间的面对其进行挤出，数量为-0.5，再应用之前的方法对该挤出进行倒角。效果如图 8-57 所示。

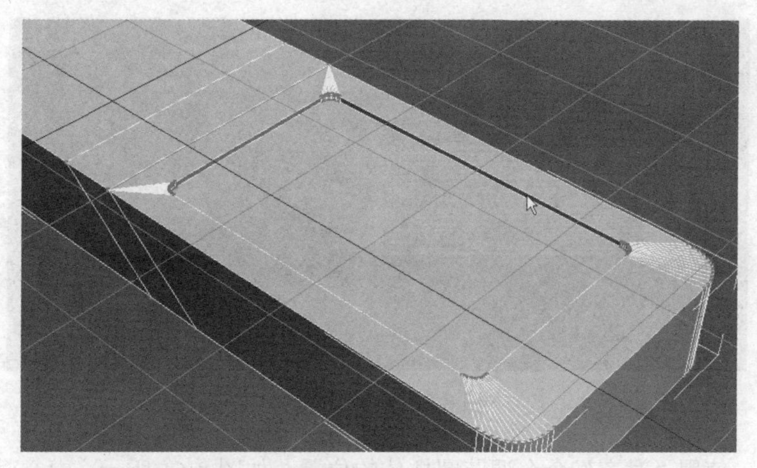

图 8-57 倒角

选择中间面，使用“插入”命令，数量为 0.1，如图 8-58 所示。再将这个面挤出，挤出量为 0.5，以达到中间有个凹缝的效果，如图 8-59 所示。

图 8-58 中间面的插入

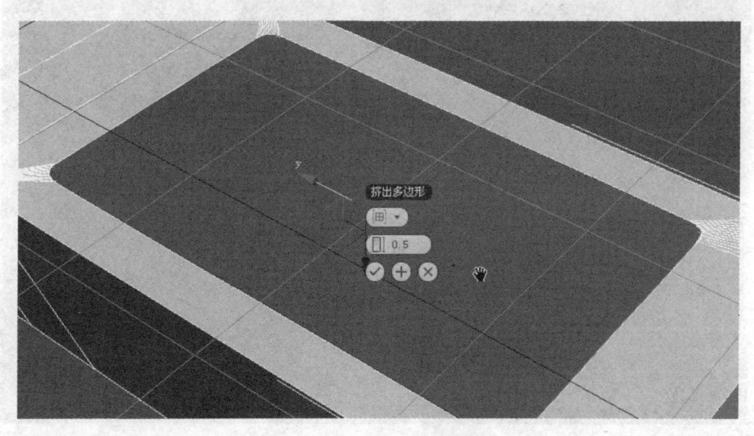

图 8-59 挤出多边形

进入前视图，在顶部的地方创建一个圆柱体，通过布尔运算，将之做成耳机线插口。

调节它的参数，半径为2，高度为5，分段为1，如图8-60所示。

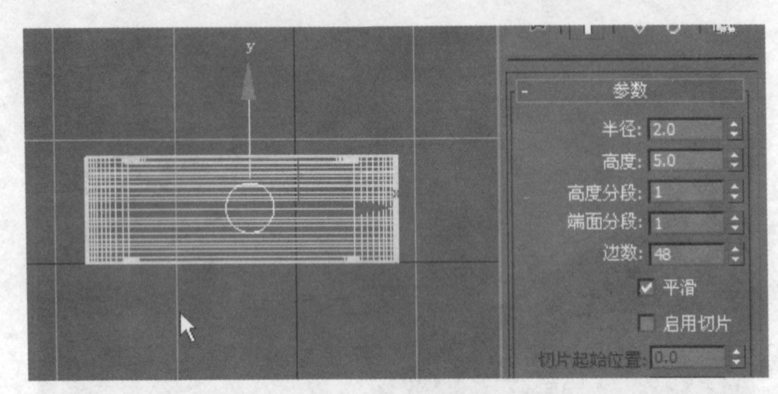

图8-60　耳机线插口

透视图中，使用“对齐”命令调节圆柱体的位置，如图8-61所示。中心对齐后，沿y轴移动至MP3模型的头部，有一部分在模型的内部即可。如图8-62所示。

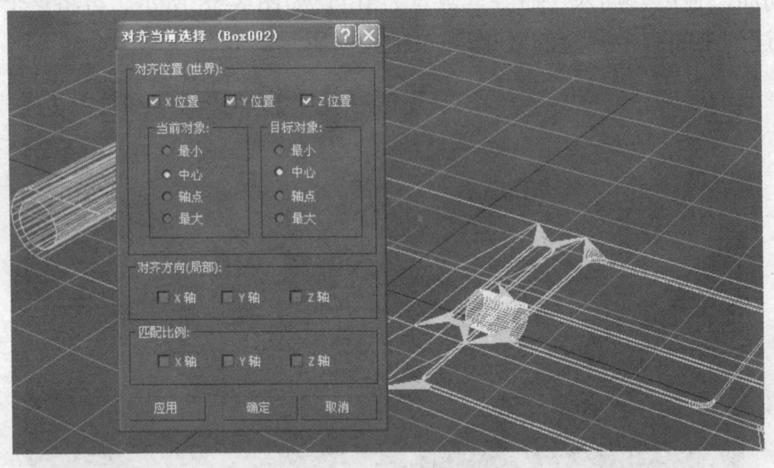

图8-61　对齐命令

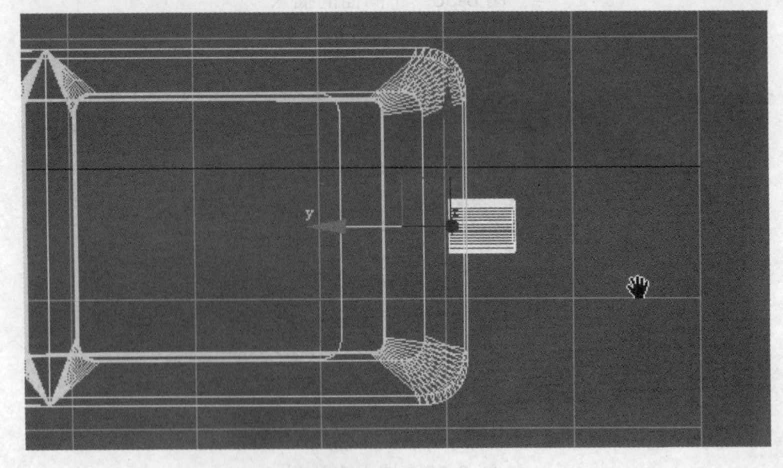

图8-62　移动插口

进入“复合对象”面板，如图 8-63 所示。接着使用布尔命令，先要选中 MP3 的模型之后再单击布尔运算中的拾取对象 B，单击圆柱体。如图 8-64 所示。

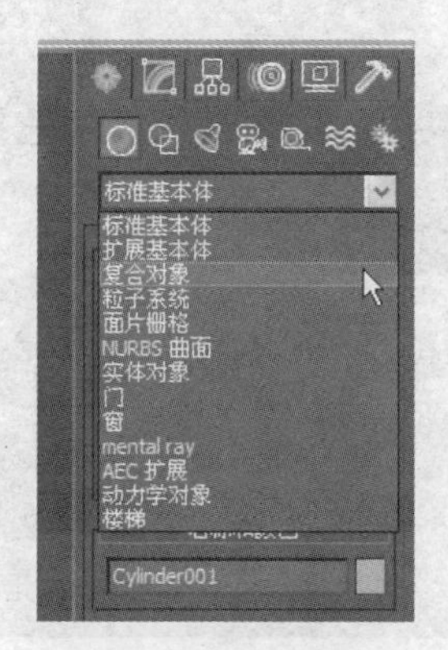

图 8-63　复合对象

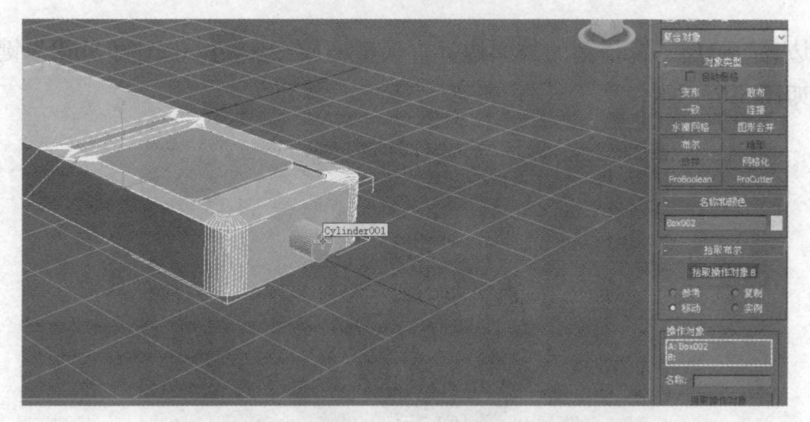

图 8-64　布尔运算

“布尔运算”之后，耳机线的插口就出现了，选中布尔运算后的圆孔，单击鼠标右键，将其转变为可编辑多边形，之后进入面的阶层，将其删除，之后留下最外圈。如图 8-65 所示。

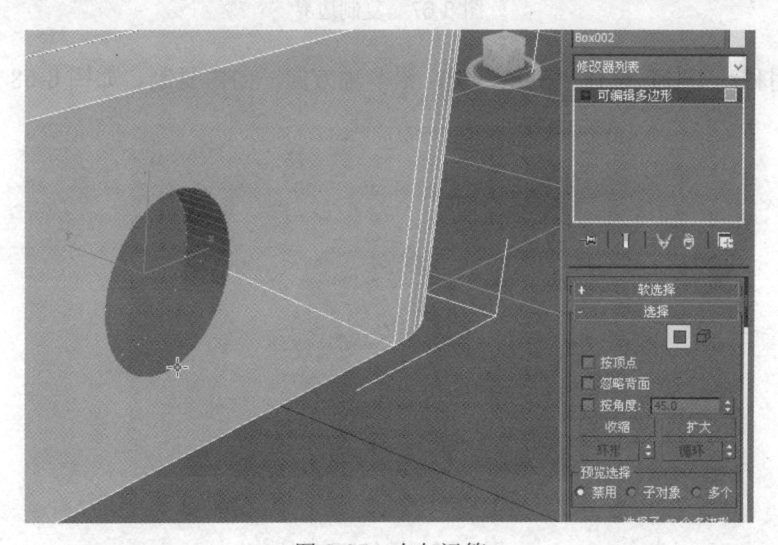

图 8-65　布尔运算

再进入点阶层，进行焊接，以防止布尔运算的时候出现破面问题，如图 8-66 所示。

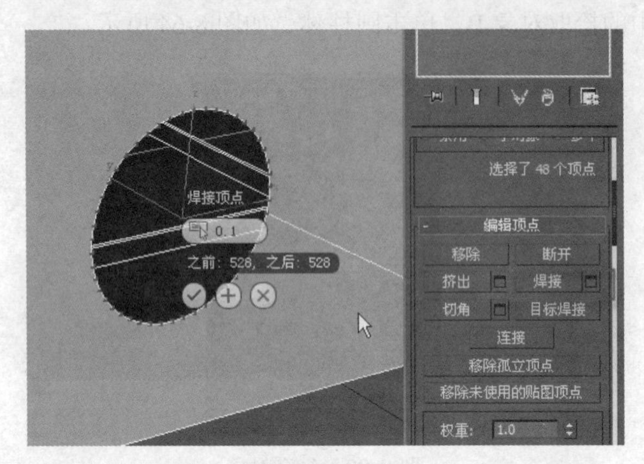

图 8-66 焊接

进入“边界”阶层，选择圆的外圈边界，使用缩放工具，按住“Shift”键，向内复制一个边界。如图 8-67 所示。

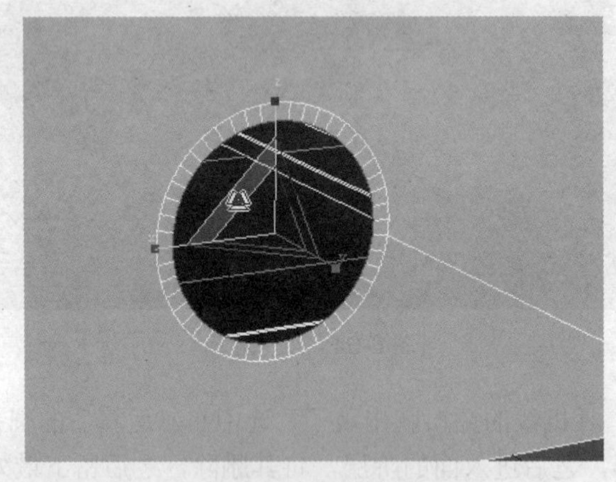

图 8-67 复制边界

接着使用移动工具，按住“Shift”键，沿 y 轴方向，向内复制。如图 8-68 所示。

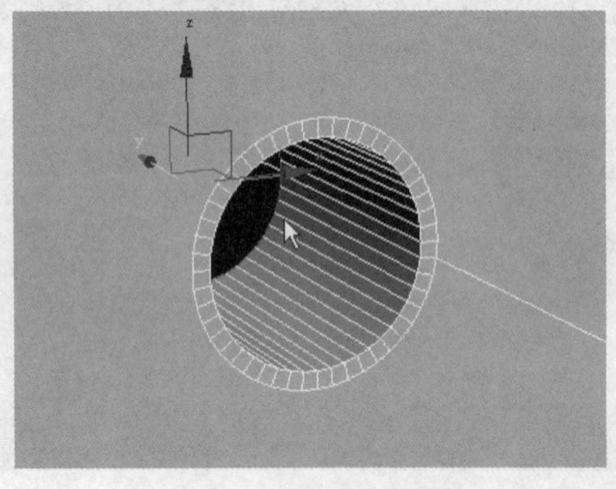

图 8-68 孔径深度制作

到边阶层，单击一根内圈的边界线，单击修改面板中的“循环”按钮，如图 8-69 所示。以选中全部一圈，再使用切角，切角量为 0.8，分段设为 5。如图 8-70 所示。

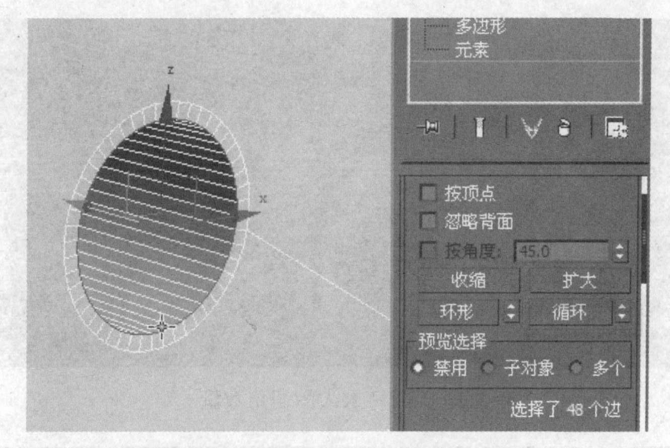

图 8-69　循环

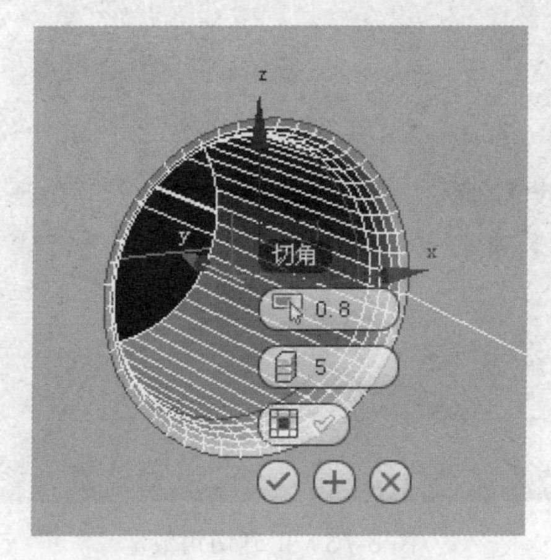

图 8-70　切角命令

接着，再为模型整体进行倒角处理，选中模型的一条边，单击循环，再按住“Ctrl”键选中剩下的边进行循环，如图 8-71 所示。

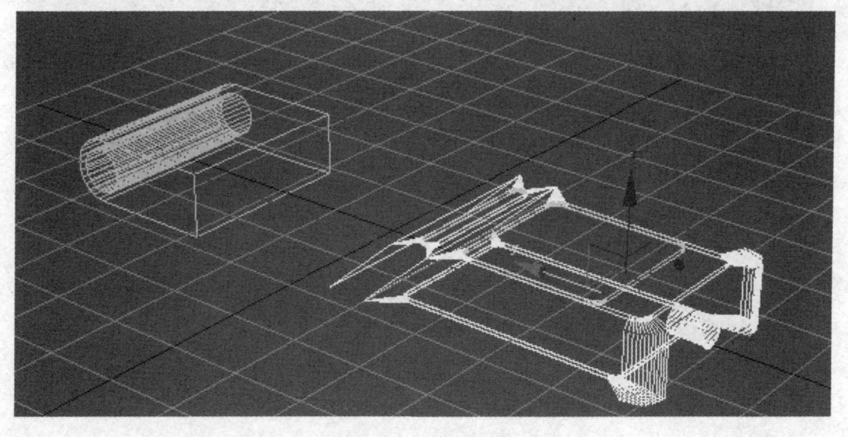

图 8-71　边的循环

之后，使用切角命令，但如果切角数量太大，会导致在节点的地方出现错误，如图 8-72 所示。所以，将切角量调整为 0.08，分段为 1。如图 8-73 所示。

图 8-72　太大的切角数量

图 8-73　正确切角数量

进入点的阶层，将之前错位的点选中，再用塌陷命令，塌陷成一个点（包括反面的点）。如图 8-74 所示。

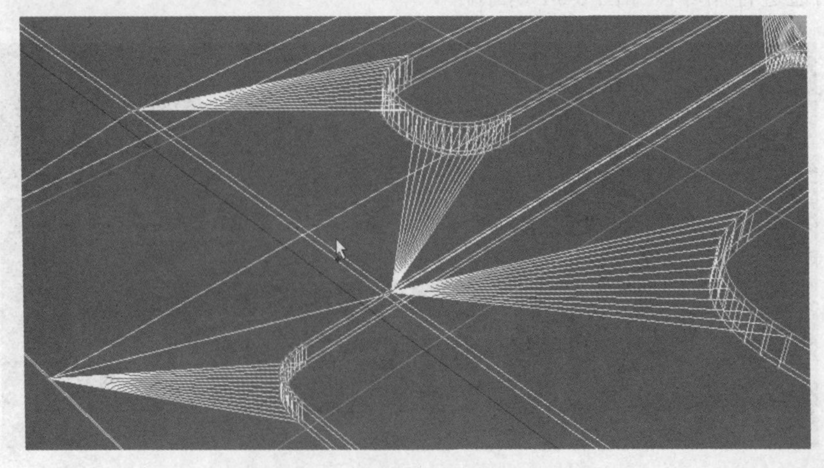

图 8-74　“塌陷”命令调整所有点

再到边阶层，这时默认选中之前倒角出的边线，但是在角点上的线是选中的，如图 8-75 所示。所以，要先执行一次循环命令，如图 8-76 所示。接着，再使用一次切角命令，切角量为 0.03，数量还是为 1，效果如图 8-77 所示。

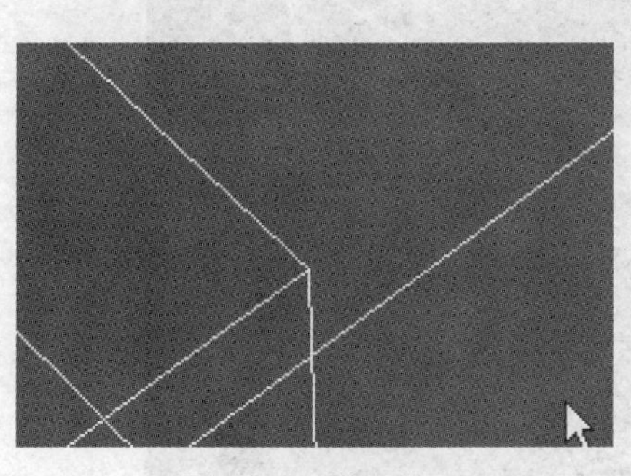
图 8-75 循环前

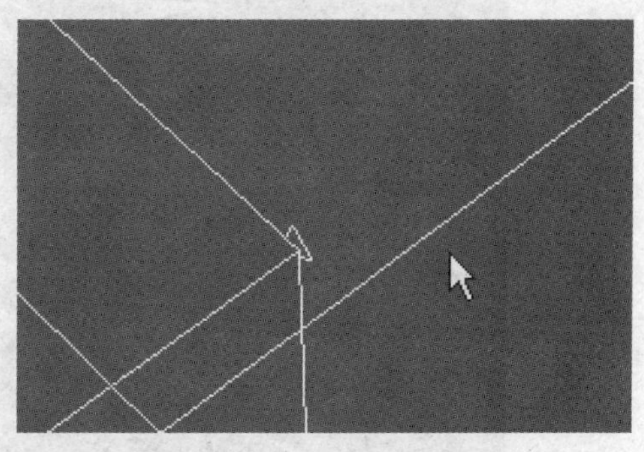
图 8-76 循环后

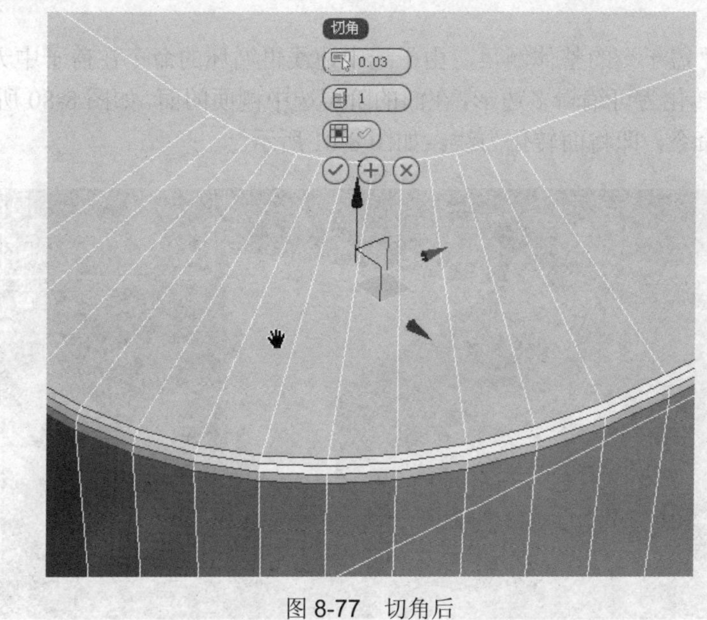

图 8-77 切角后

切角制作完毕后，还是做和之前一样的步骤，将分散的节点，使用塌陷命令成一个点。完成后如图 8-78 和图 8-79 所示。

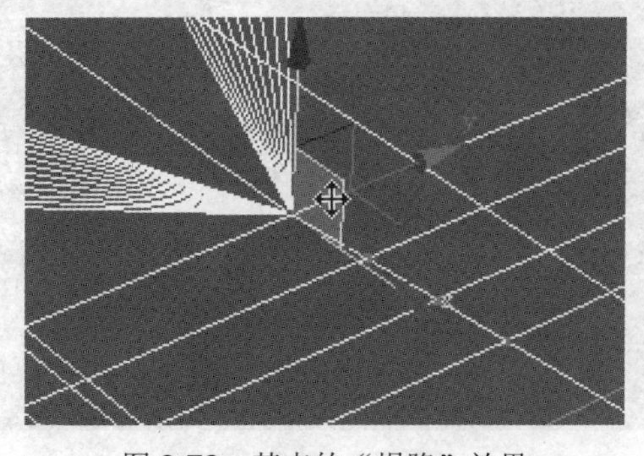
图 8-78 某点的“塌陷”效果

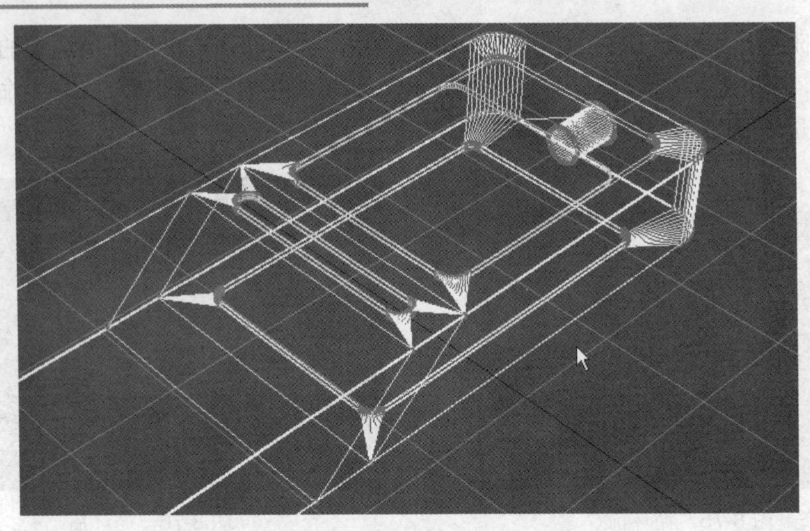

图 8-79 “塌陷”整体效果

接着，再做“盖子”的整体倒角，由于选中边线再循环的命令在盖子中无法实现，所以必须先将“盖子”转化为可编辑多边形，在面的阶层选中侧面的面，如图 8-80 所示。按住“Ctrl”键单击线阶层的命令，即将面转化为线。如图 8-81 所示。

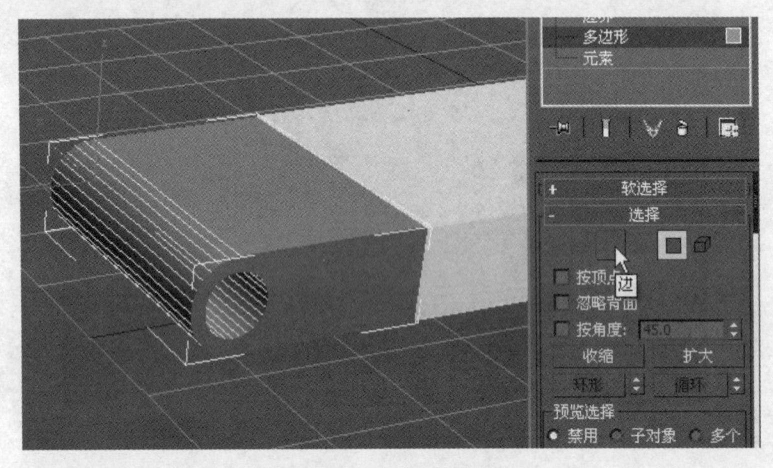

图 8-80 选中侧面的面

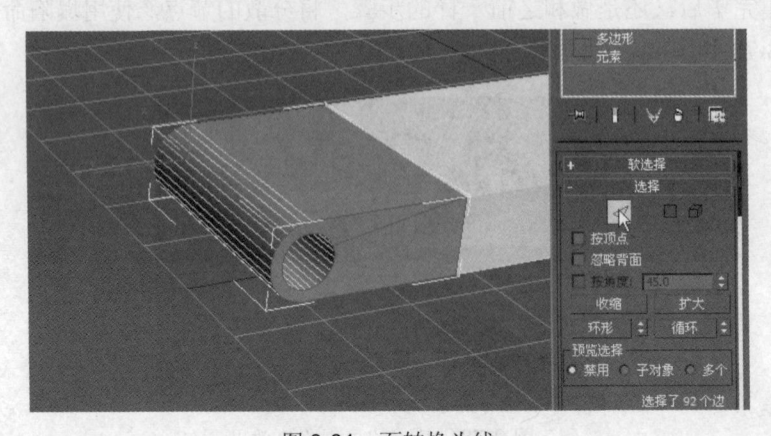

图 8-81 面转换为线

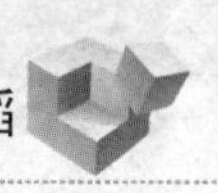

将中间多余的线按住“Alt”键去除（包括对面）后，再选中与机身相连的大块面上的两条边，之后单击切角命令，和机身一样，切角量为 0.08，分段为 1。如图 8-82 所示。

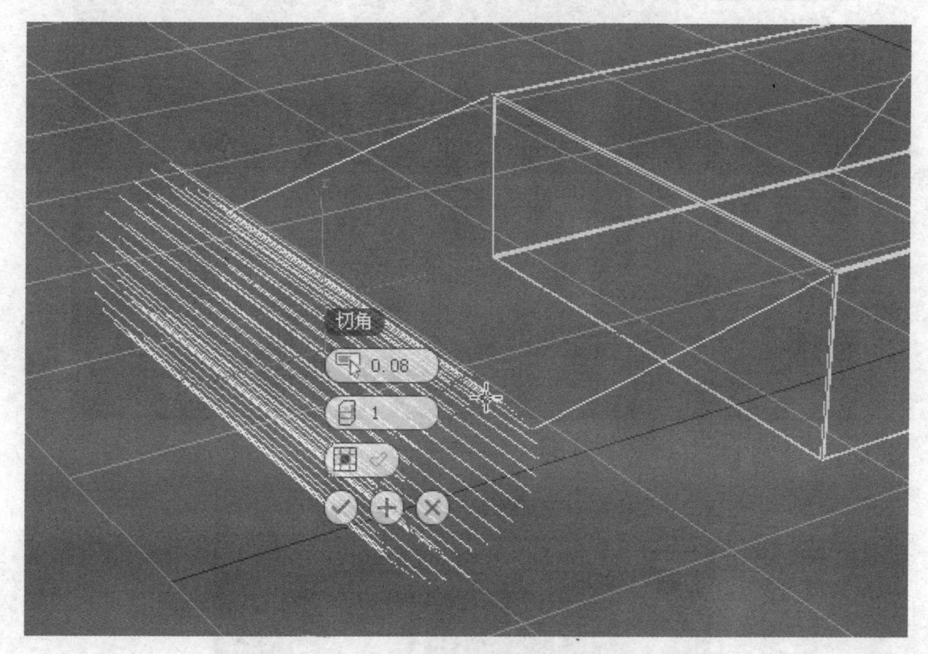

图 8-82　制作切角

切角制作完毕后，执行循环命令，这样可以把切角后边角上的边线都选择进去，之后再做一次切角，与之前的制作方法一样，切角量为 0.03，分段为 1，单击“确定”，如图 8-83 所示。

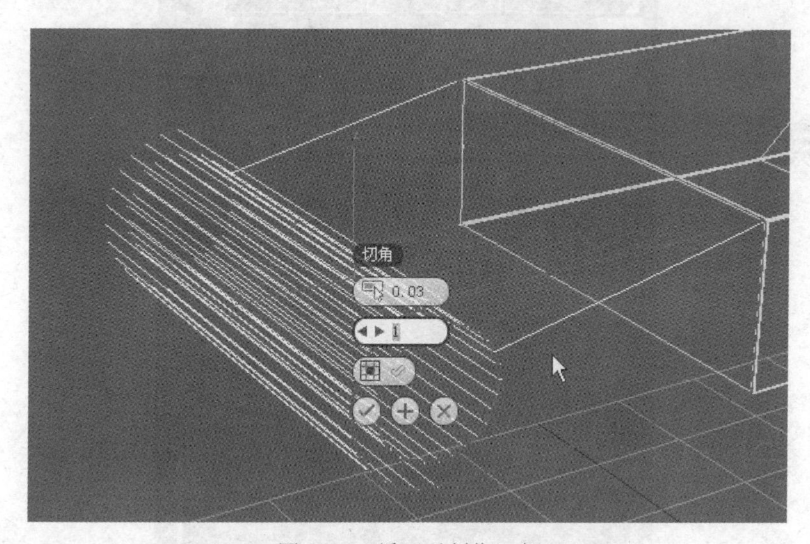

图 8-83　循环后制作切角

2. 赋予材质

制作到这里，模型已经建好了。接着，需要赋予模型材质。点开材质编辑器，出现图 8-84 所示界面，则选择精简材质编辑器，如图 8-85 所示。

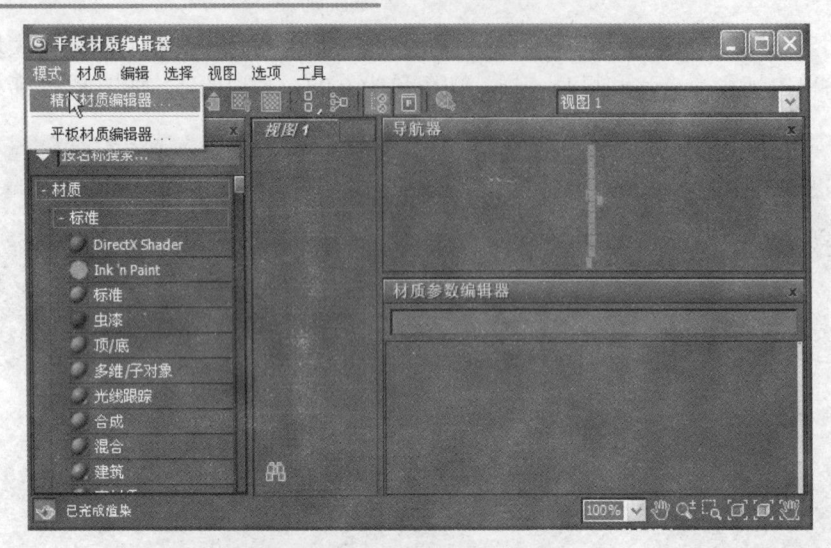

图 8-84 平板材质编辑器

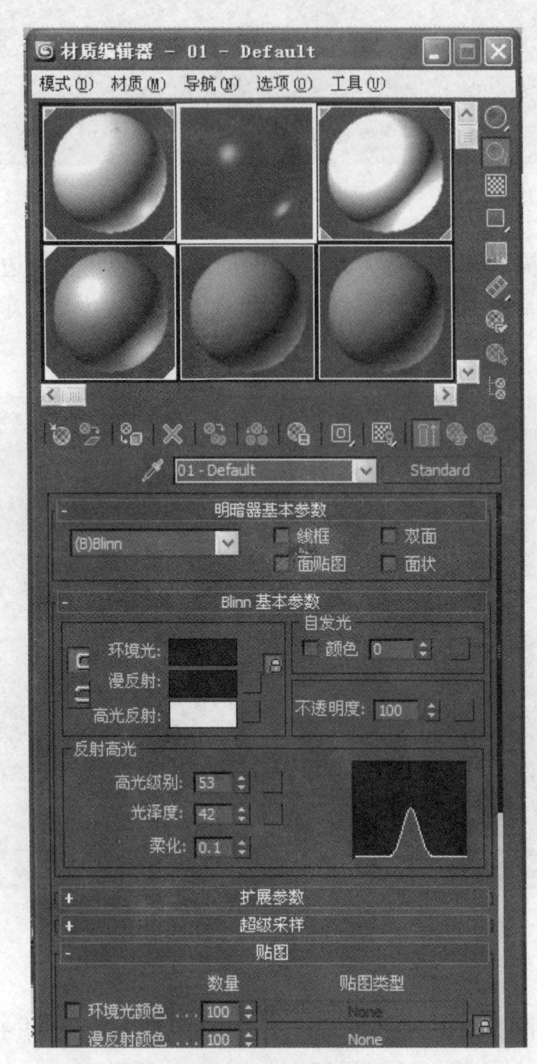

图 8-85 材质编辑器

选中一个材质球，调整它的漫反射颜色，漫反射即为视觉见到的颜色，系统默认的漫反射和环境光是锁定的，由于 MP3 是白色塑料外壳，所以可以给一个浅颜色，这里就选择白色即可。高光级别调为 30，光泽度选为 35。如图 8-86 所示。

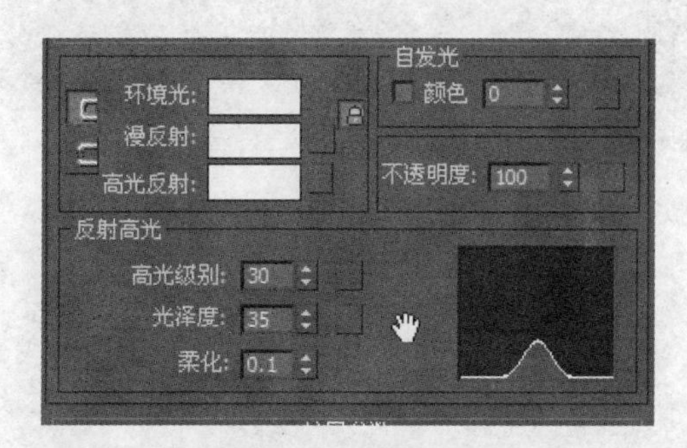

图 8-86 漫反射

再将反射选项前打勾，并把贴图面板打开，反射选项，数量调为 30，并单击后面的贴图类型，选择光线跟踪。如图 8-87 所示。

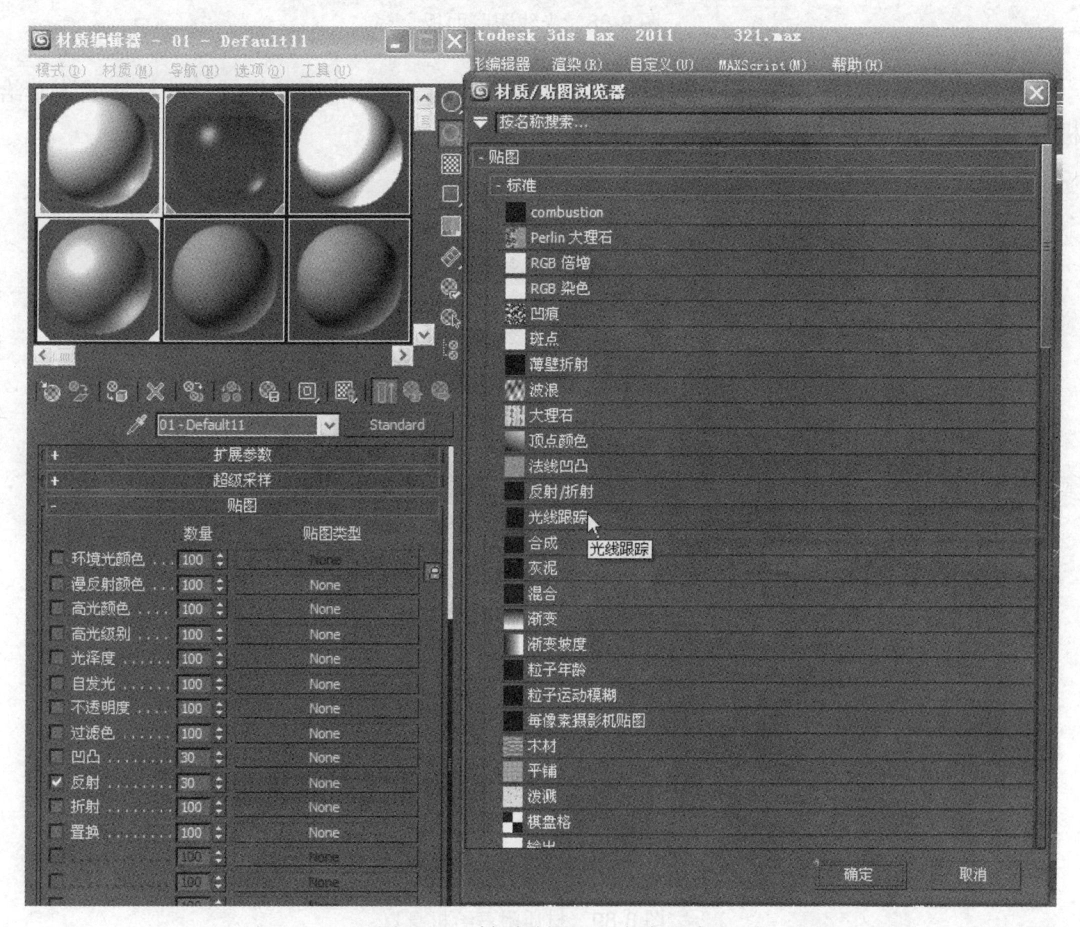

图 8-87 材质贴图——光线跟踪

单击后会出现图 8-88 所示界面，不用改动，默认即可，单击转到父对象。

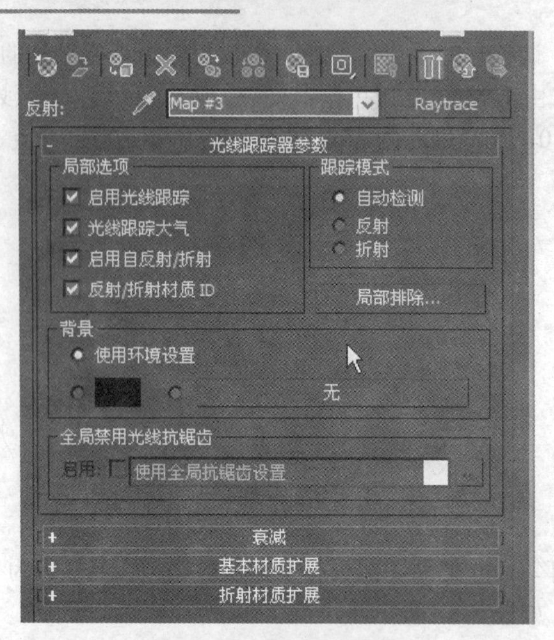

图 8-88　光线跟踪面板

选择刚才建立好的材质球按住鼠标左键拖拽到模型上，这样刚才设置好的材质就附着给机身了，机身的材质就做好了。如图 8-89 所示。

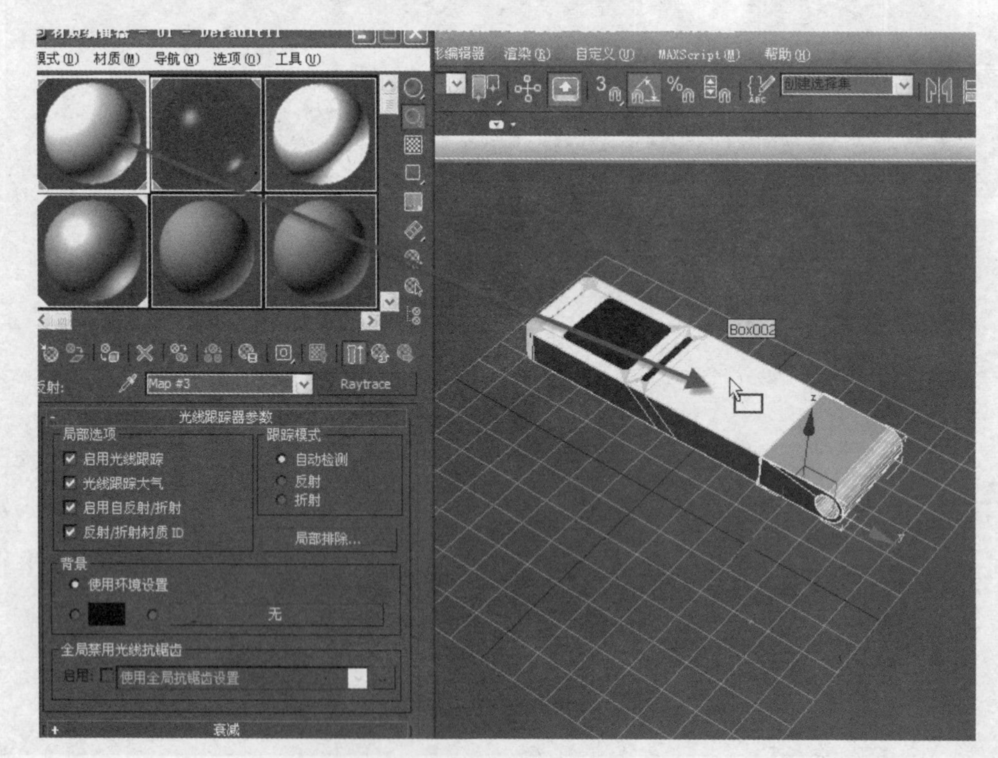

图 8-89　材质附着给机身

现在再要给它加个 LOGO 贴图，单击漫反射后面的小方块，弹出“材质/贴图浏览器”中选择“位图”。如图 8-90 所示。

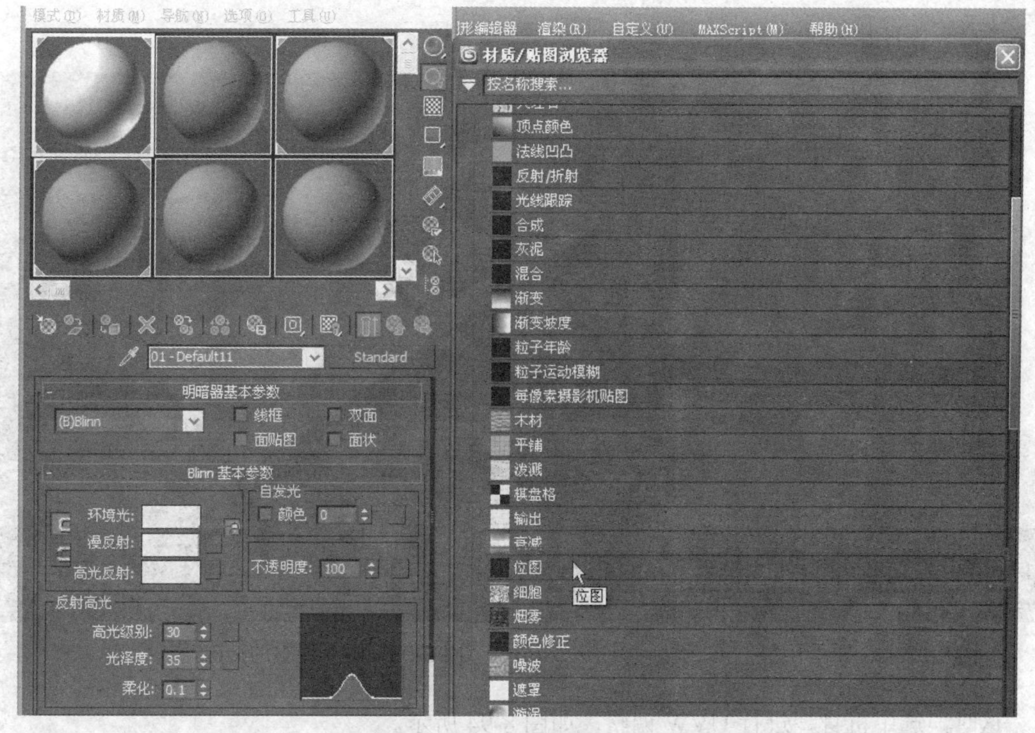

图 8-90　给 LOGO 添加贴图

选择一张可以做 LOGO 的图片，最好图片的底色为白色。如图 8-91 所示。

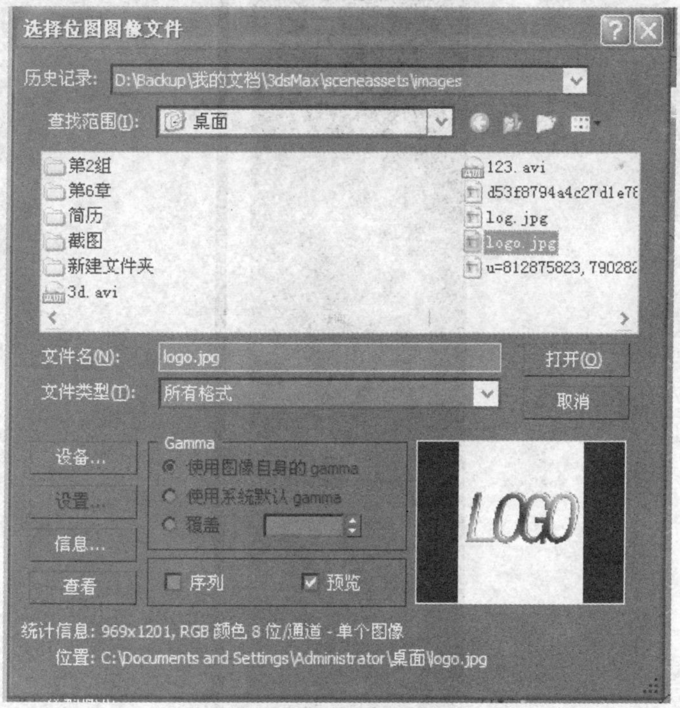

选择位图图像文件

历史记录: D:\Backup\我的文档\3dsMax\sceneassets\images

查找范围(I): 桌面

第2组
第6章
简历
截图
新建文件夹
3d. avi
123. avi
d53f8794a4c27d1e7
log. jpg
logo. jpg
u=812875823, 790282

文件名(N): logo.jpg　打开(O)

文件类型(T): 所有格式　取消

设备...
设置...
信息...
查看

Gamma
使用图像自身的 gamma
使用系统默认 gamma
覆盖

序列　预览

LOGO

统计信息: 969x1201, RGB 颜色 8 位/通道 - 单个图像

位置: C:\Documents and Settings\Administrator\桌面\logo.jpg

图 8-91　选择位图图像文件

贴上图后再单击“贴图显示按钮”，如图 8-92 所示，就可以看见贴图的情况了。但是，

贴图显示会发生和想象不一样的情况。如图 8-93 所示。

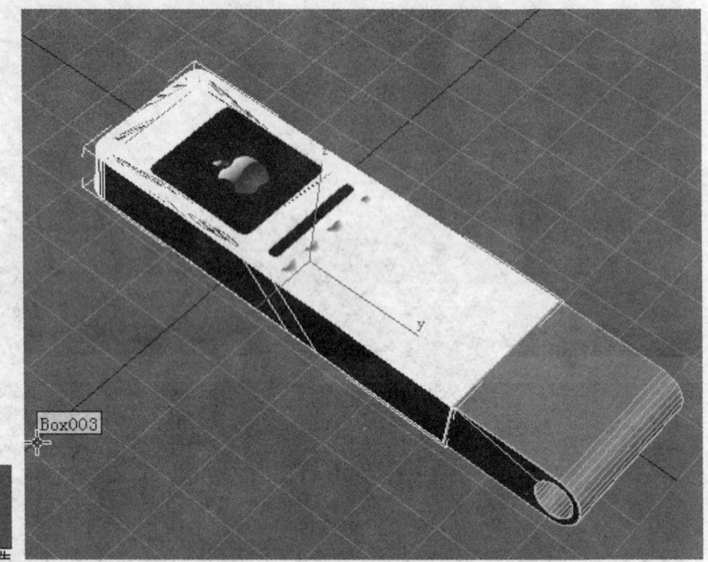

图 8-92　贴图显示按钮　　　　图 8-93　没有调整的贴图

这时，选中机身，进行 UVW 调整，如图 8-94 所示。

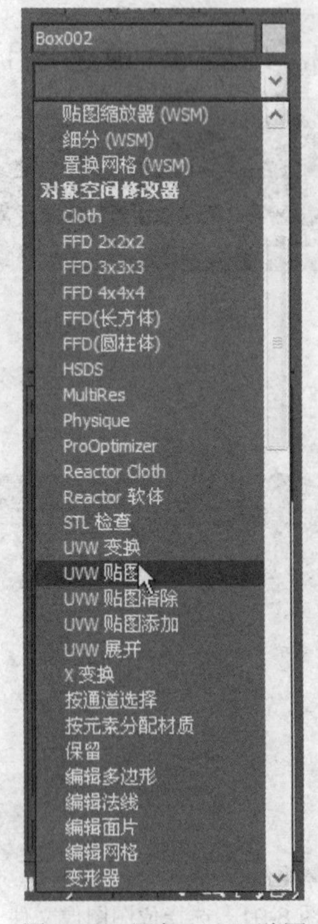

图 8-94　添加 UVW 贴图

接着，要将贴图选项中的两个“瓷砖”按钮勾去掉，并调整 UV 贴图的长度为 40，宽度为 25，并视情况将“V 向平铺”、“U 向平铺”（或两者）的方框勾选上。将 UVW 贴图下的子选项打开可以调整贴图的位置。如图 8-95 所示。

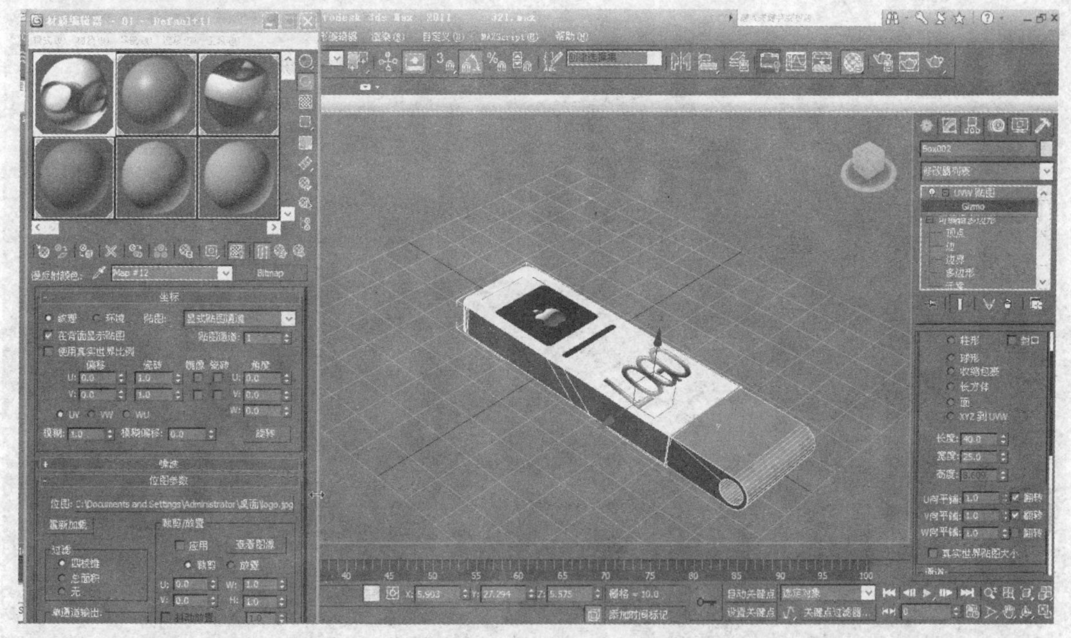

图 8-95 UVW 贴图选项

接着，制作盖子的材质球和开关按键的材质球。可以将原来壳子的材质球选中，并拖曳到新的材质球上，在贴图的 M 按键上右键清除。

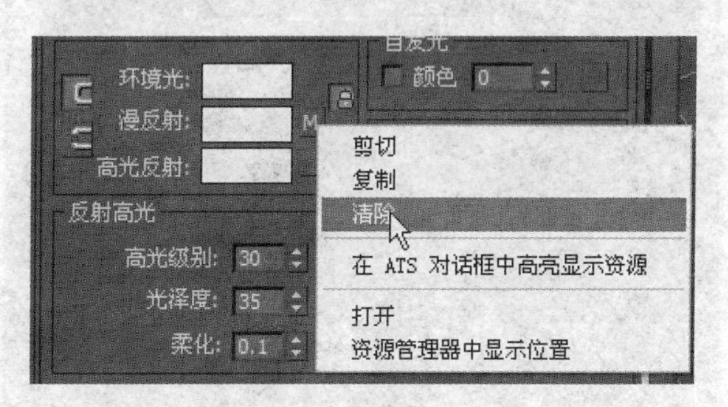

图 8-96 UVW 贴图选项

再调整漫反射的颜色为灰色 01 - Default22 ，并将修改材质球的名字，这样不会和复制过来的材质发生冲突。

同上的方法，将刚才做的灰色材质球按住鼠标左键拖放到新的材质球上，（将材质球拖曳到模型上赋予材质）换漫反射的颜色为黑色，这边可以再加个贴图，选择一个深色背后的图片。如图 8-97 所示。

同样，要单击按钮，以显示标准贴图，然后选中加贴图的这个模型，并添加 UVW 贴图。这两个瓷砖要勾选去掉。如图 8-98 所示。

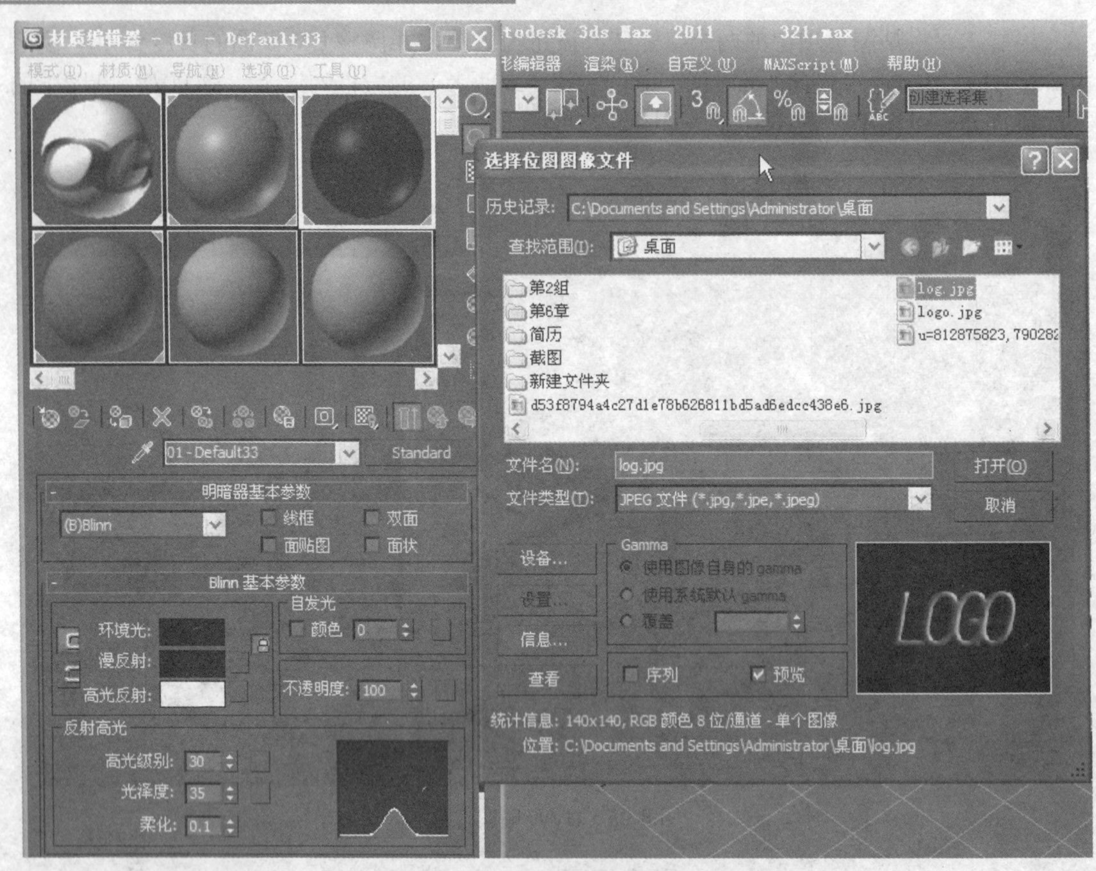

图 8-97　更换贴图

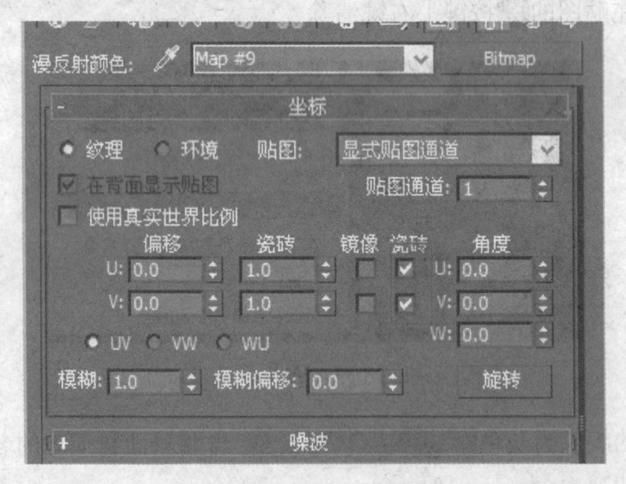

图 8-98　添加 UVW

UVW 贴图的属性长度改为 10，宽度也为 10，并视情况勾选 V 向平铺的“翻转”。再点开 UVW 选项下的子项，可以调节贴图的位置。如图 8-98 和图 8-99 所示。

调节完成后可以单击工作栏中的渲染按钮来观察，根据屏幕的窗口来定渲染的试图。如图 8-100 和图 8-101 所示。

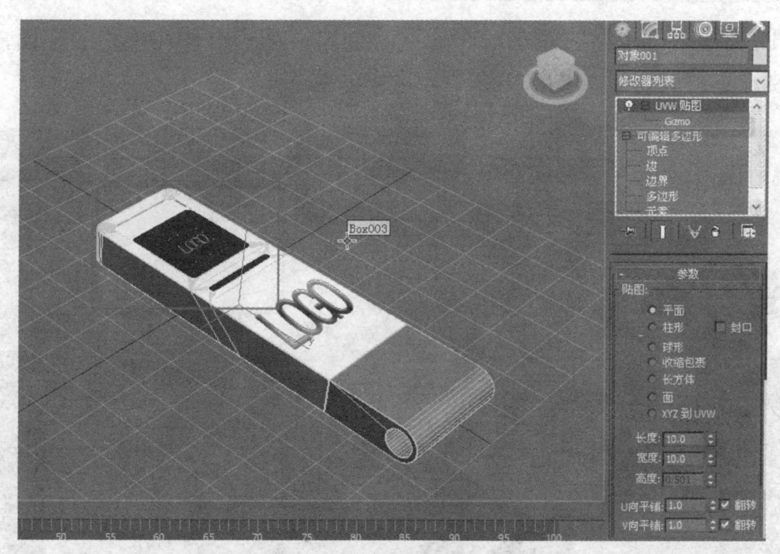

图 8-99　UVW 选项

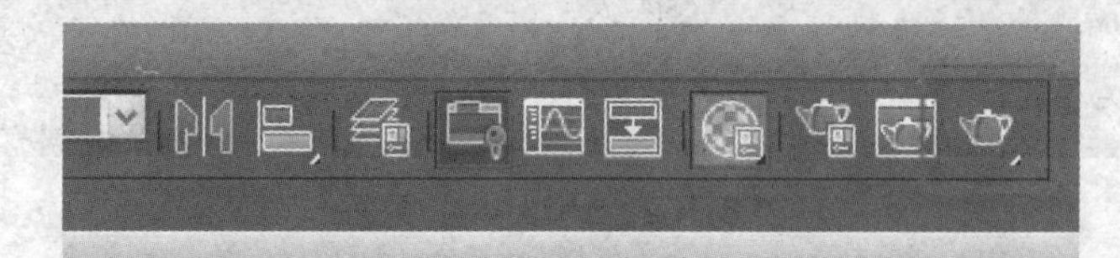

图 8-100　渲染按钮

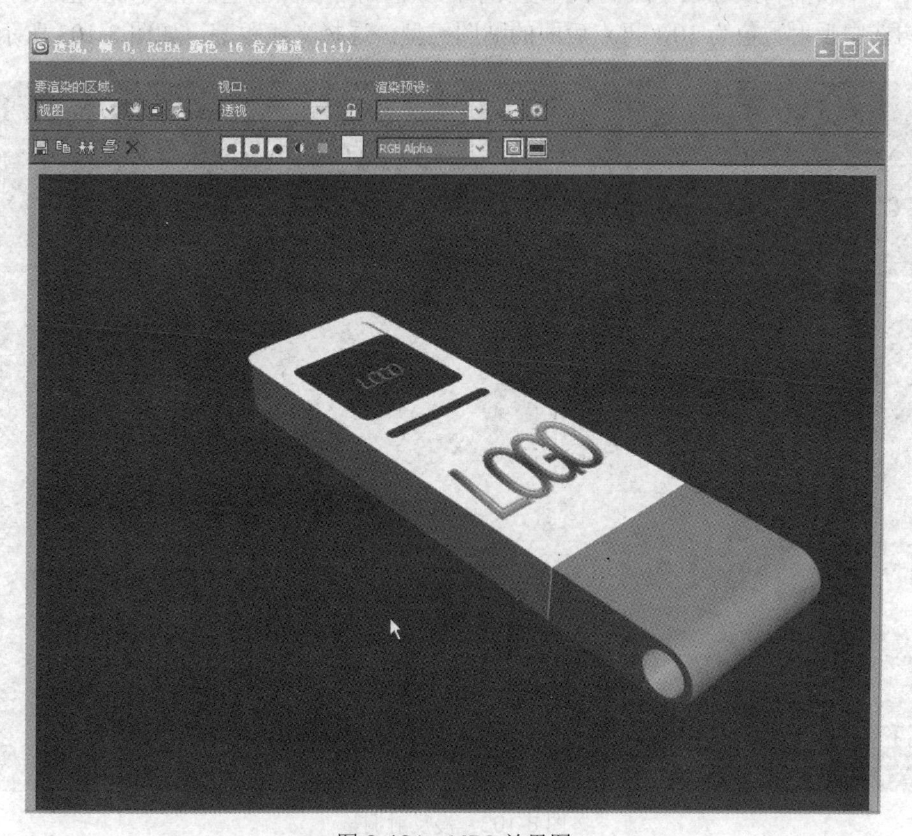

图 8-101　MP3 效果图

为了效果的美观，可以给它添加一个底面，创建一个长方体在模型的下面，长宽都调到600，高度只要是负值即可。如图 8-102 所示。

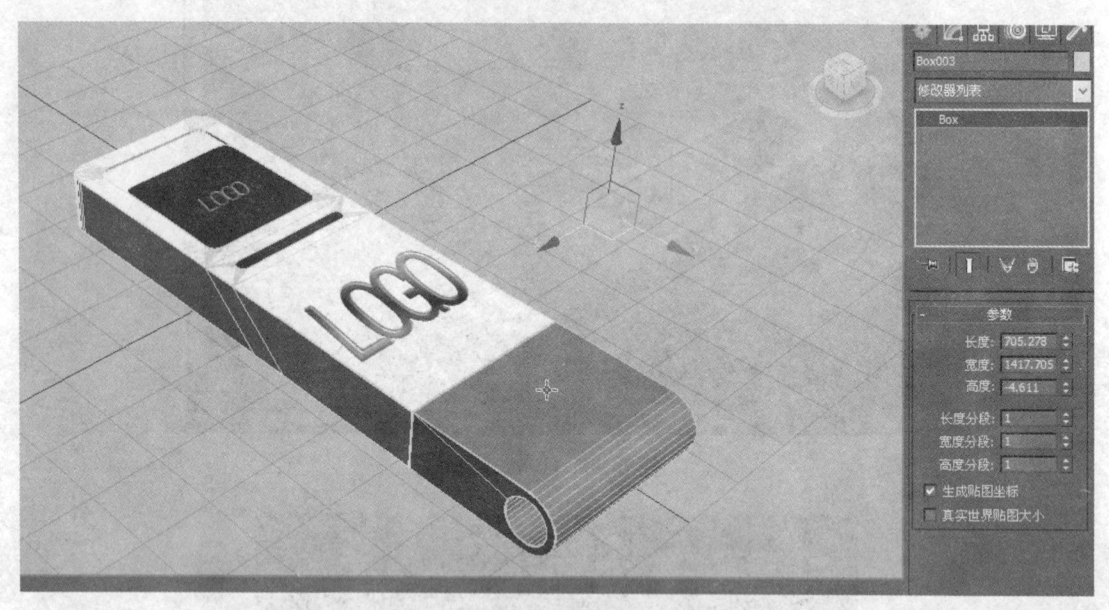

图 8-102　MP3 参数调整

选择一个新的材质球赋予底面，将漫反射的颜色调为较深颜色的灰（深绿色即可），贴图打开，勾选中反射数值为 30，再点后面的贴图类型，选择光线跟踪。如图 8-103 所示。

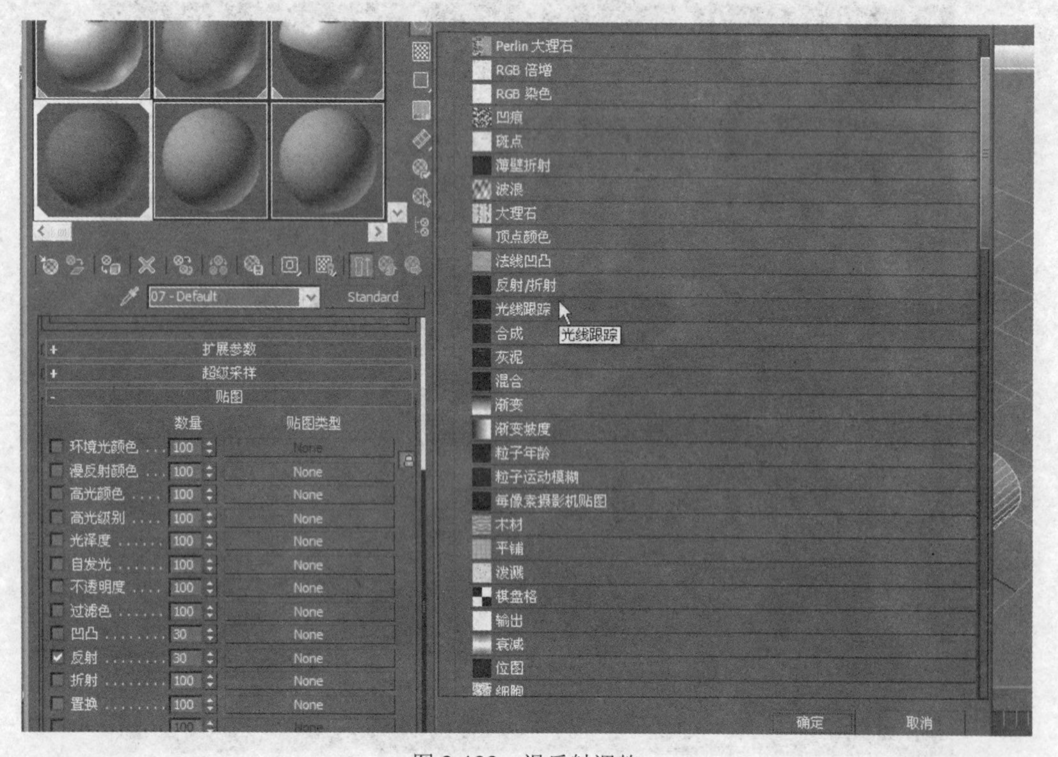

图 8-103　漫反射调整

这样，渲染的部分就完成了，效果如图 8-104 所示。

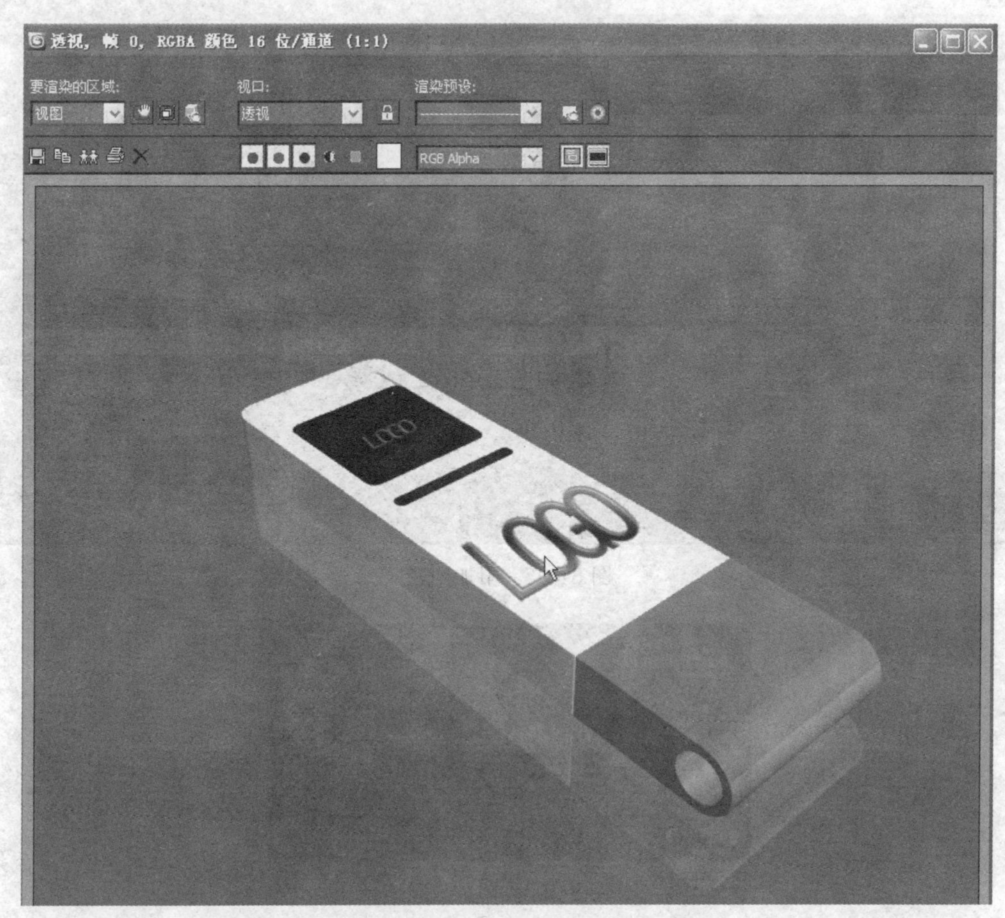

图 8-104　MP3 最终效果图

8.2.2　建立动画

制作动画的部分，要点就在于关键帧，每个关键帧的关联的结合来使动画连贯。首先，将底面的 BOX 选中并单击鼠标右键，在快捷菜单中选择“隐藏”。再选中一个机身的模型，单击附加命令，在“附加选项”对话框中选择“匹配材质 ID 到材质”，单击“确定”，将另外的几个几何形都附加到一个可编辑多边形中。这样，对这个 MP3 就可以进行一个整体的制作了（这会导致不能再修改之前的模型，所以要将模型渲染等确认完成后再执行）。如图 8-105 和图 8-106 所示。

选中模型，单击修改面板的层，在“调整轴”中，选择“仅影响轴”，如图 8-107 所示。

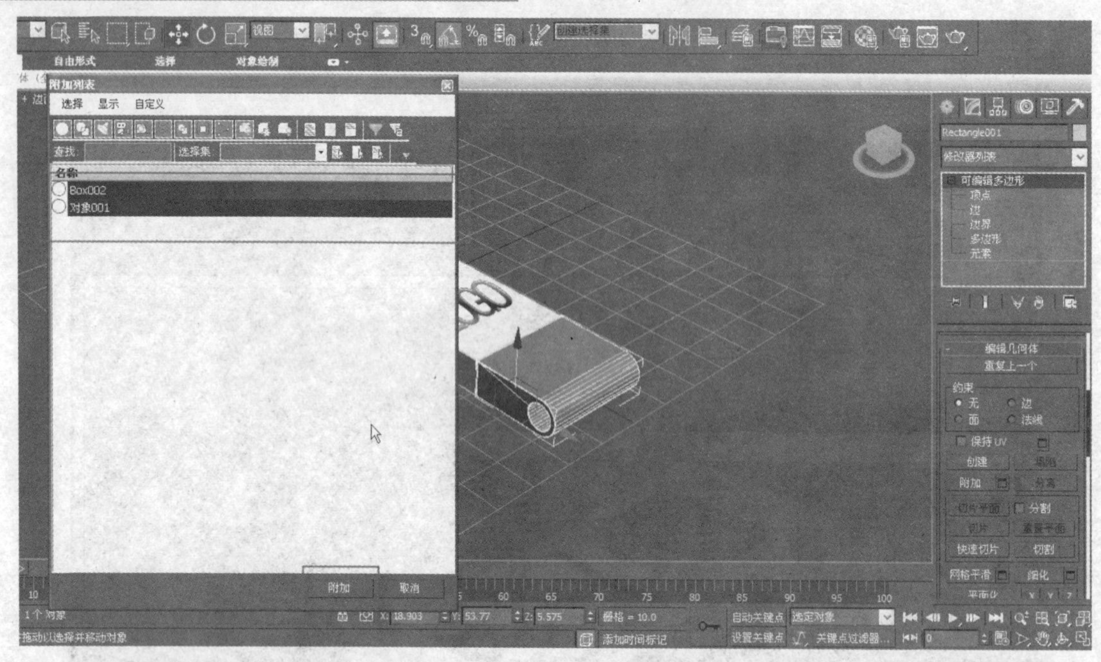

图 8-105　附加列表

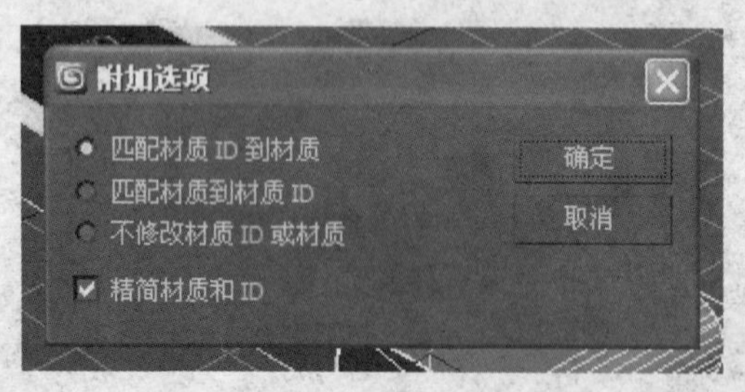

图 8-106　附加选项

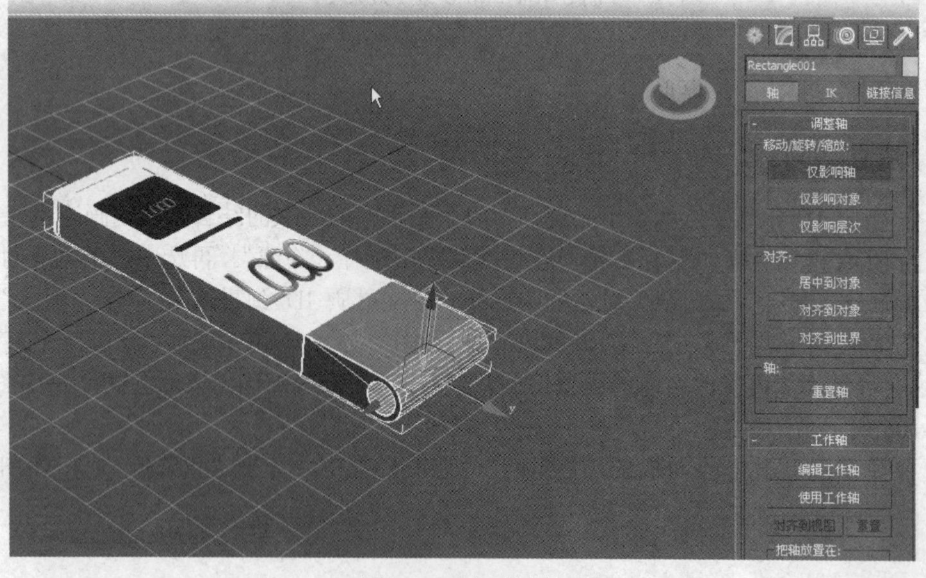

图 8-107　仅影响轴

再使用对齐命令，将这根轴与模型对齐，即单击对齐后，再单击模型，并选择 *x*、*y*、*z* 3 个轴，选择轴点和中心对齐。如图 8-108 所示。

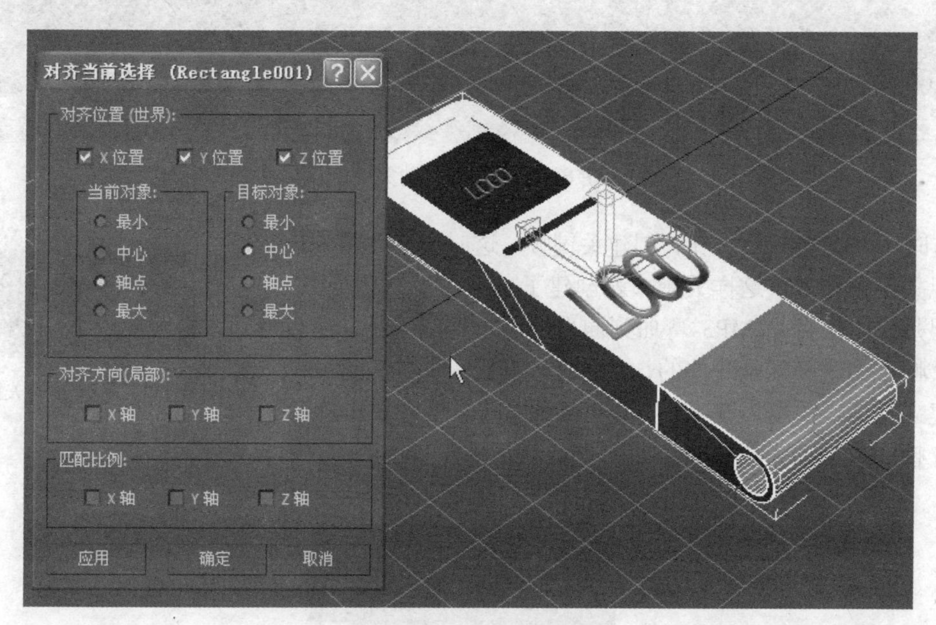

图 8-108　对齐当前选择

再用移动命令，沿 *y* 轴将轴心移到模型底部，如图 8-109 所示。

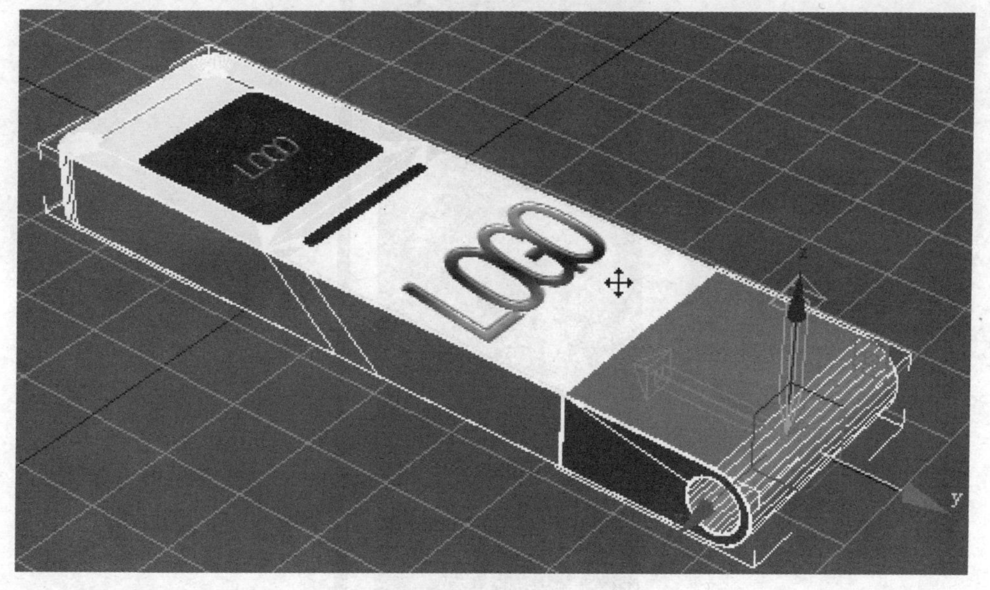

图 8-109　轴心移动

回到透视图界面下，这样不会调整到轴。选中模型，在动画栏里把自动关键点打开，如图 8-110 所示。

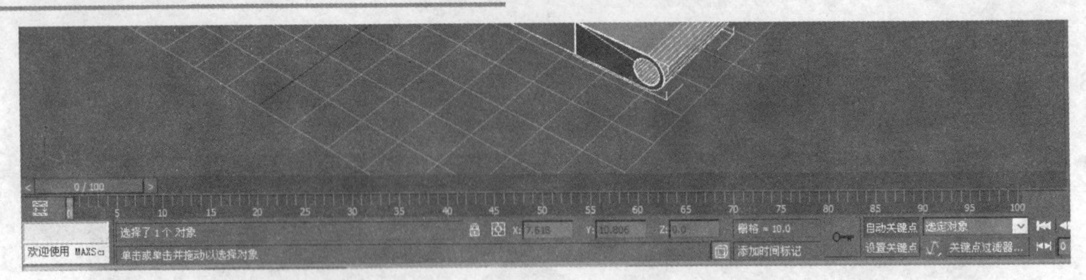

图 8-110　打开自动关键点

这时，可以单击按钮，创建关键帧。这时会在 0 帧的地方出现关键帧符号，这样关键帧就创建了。如图 8-111 所示。

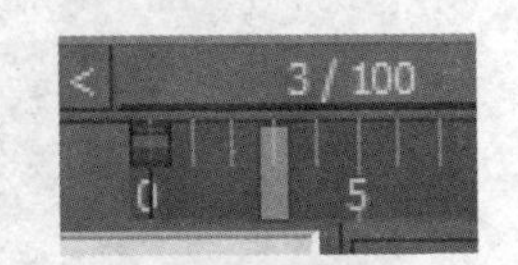

图 8-111　0 帧处的关键帧

但是，本项目是 MP3 弯曲到伸直的一个舞蹈动画，所以在第一帧，MP3 必须是弯曲的，否则会影响到后面的关键帧动作。建立弯曲，角度为 0，反向为 90，轴为 x。这时单击创建第 0 帧的关键帧为起始帧。如图 8-112 所示。

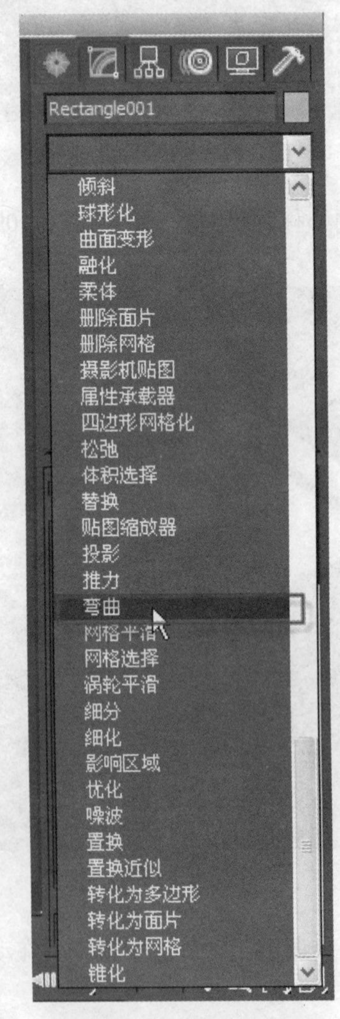

图 8-112　修改面板中的弯曲

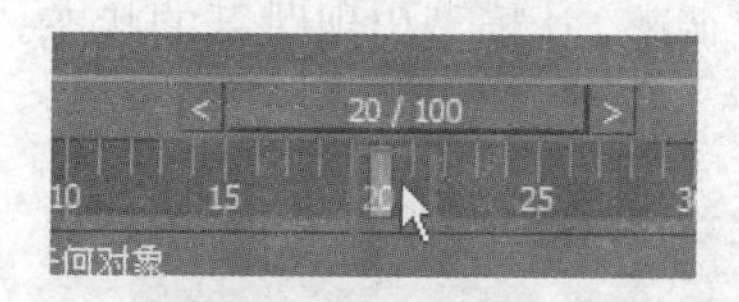

图 8-113　时间滑块至 20 帧

将拖动时间滑块到 20 帧，如图 8-113 所示。单击 ，将模型沿 y 轴旋转 90°，这样将模型竖起来。如图 8-114 所示。

再单击 创建关键帧（或者不点也可行，自动关键点会自动记录），这样最简单的动画就创建了，可以通过滑动时间滑块以观察。

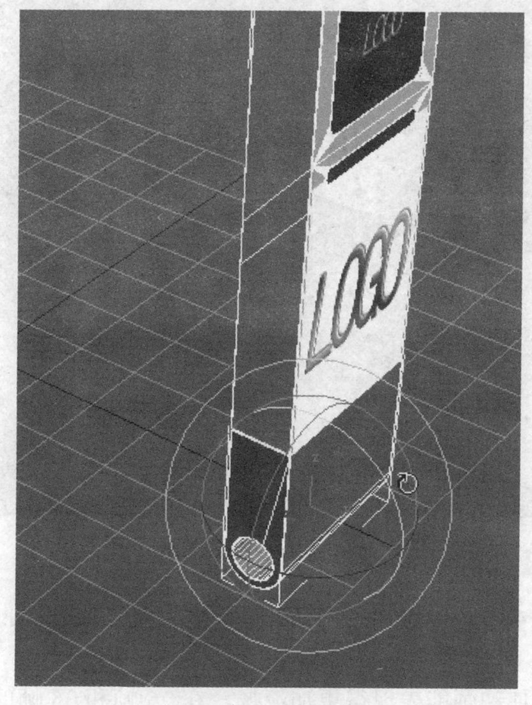

图 8-114　MP3 站立

但是，这样的动作显得很单调，所以给它加个过渡的动作，选到第 10 帧。在模型修改中的弯曲命令对它的属性进行修改（改动过的时候就已经自动记录了）。弯曲数值为-90，方向为 90，弯曲轴为 x 轴。如图 8-115 所示。

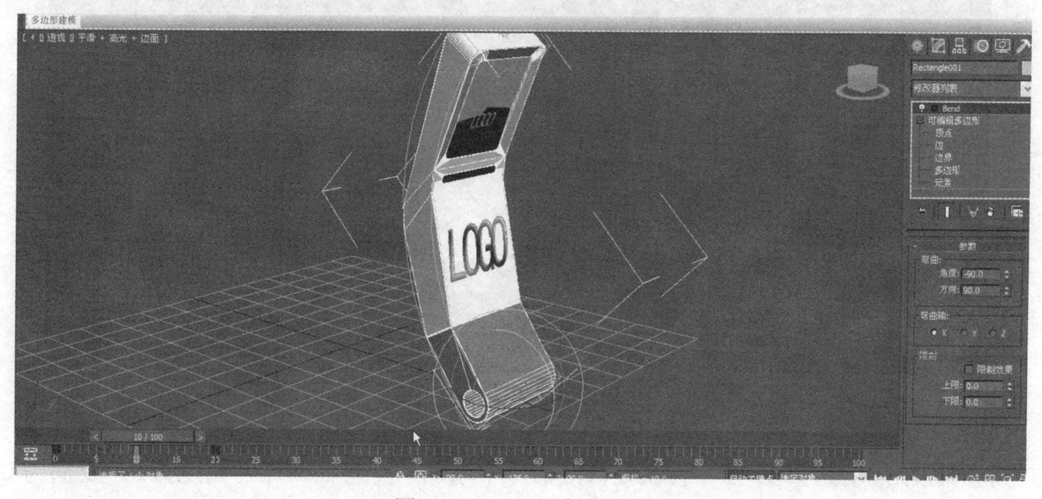

图 8-115　MP3 弯曲动画

将时间轴拖动到第 30 帧，用移动命令，将模型沿 z 轴向上调整，让模型出现跳跃的状态。如图 8-116 所示。

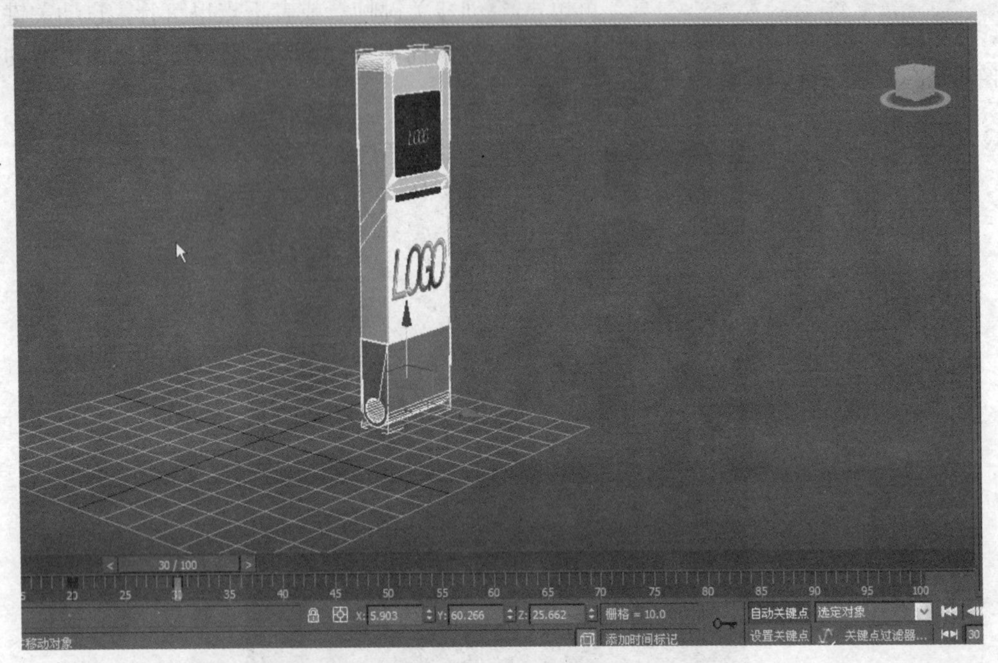

图 8-116　MP3 跳跃

将时间轴拖动到第 40 帧，沿 z 轴将 MP3 向下移动调整到原来的位置，MP3 就又回到地面上了。

同上的原理，为了使动画能表现得更加流畅，在 25 帧和 35 帧的地方，分别将扭曲的参数角度调为 15 和−15，这样看上去就像在跳的时候抖动。如图 8-117 所示。

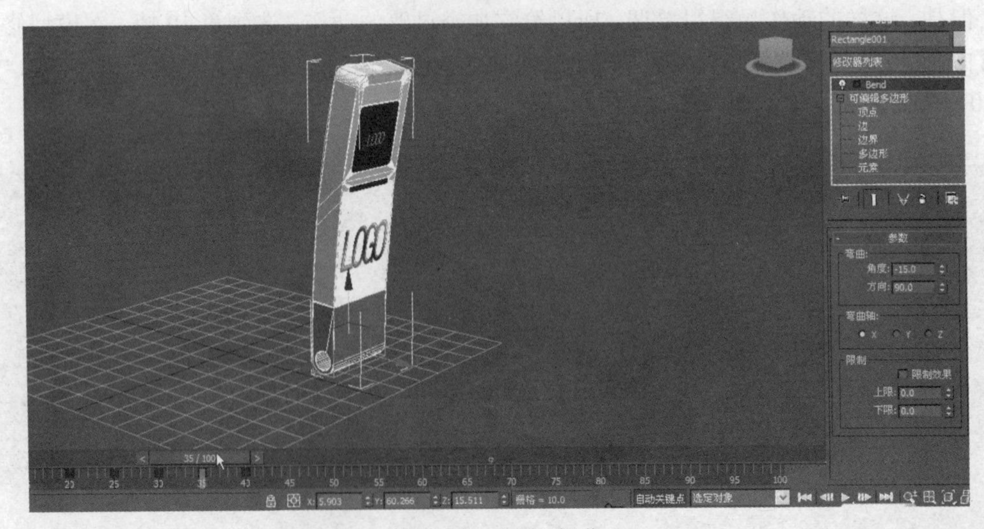

图 8-117　MP3 扭曲

将时间轴拖动到第 41 帧，再次在修改命令中添加一个弯曲命令，角度为 0，反向为 0，弯曲轴为 x 轴。单击 作为关键帧。如图 8-118 所示。

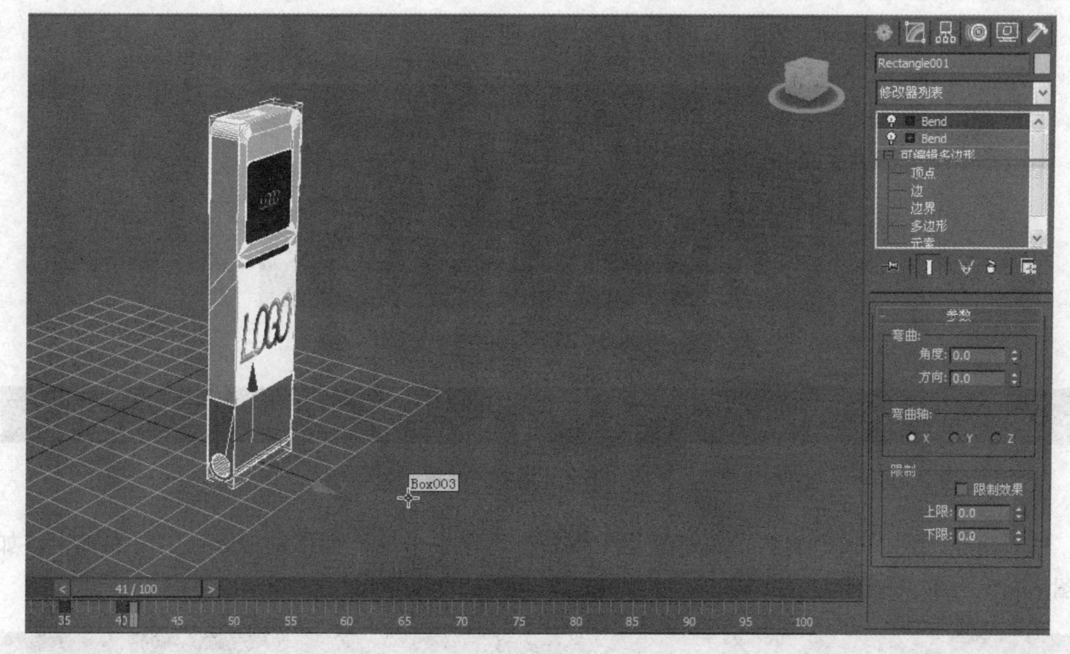

图 8-118　MP3 弯曲

到 50 帧、60 帧、70 帧和 80 帧时再改动第二次弯曲的参数，角度分别为 60，−60，60 和 0，方向都改为 0。如图 8-119 所示。

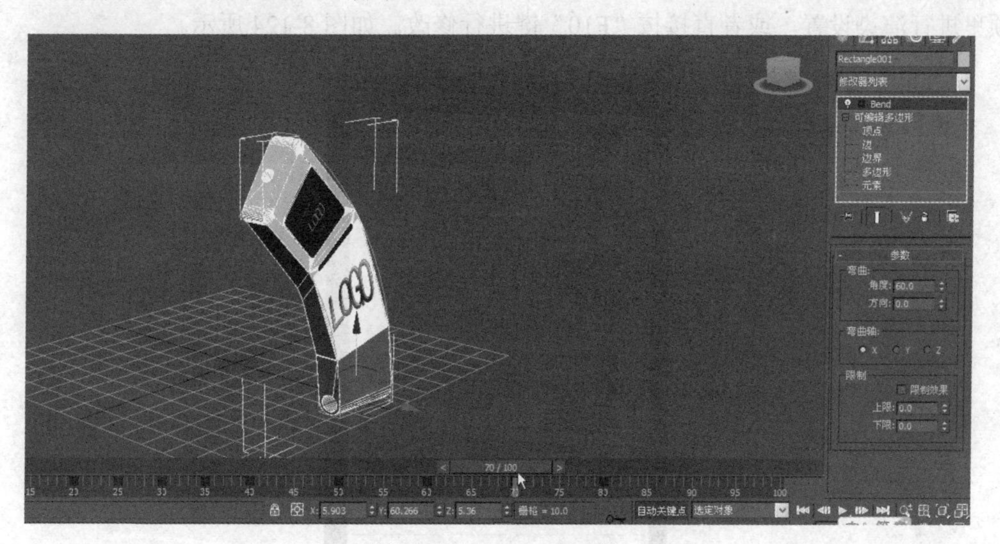

图 8-119　MP3 二次弯曲

经过以上操作，做出模型类似扭腰的动画。这样简单的 3D 动画就制作好了。如果觉得动画长度不够的话，可以单击时间配置命令，如图 8-120 所示。

图 8-120　时间配置

调整它的结束时间，如图 8-121 和图 8-122 所示。

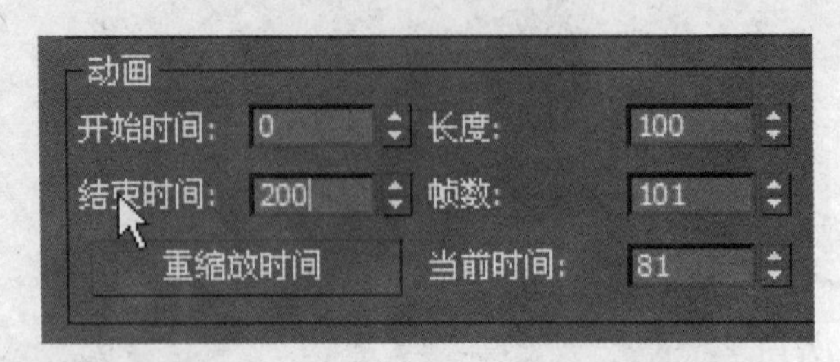

动画
开始时间:
0
长度:
100
结束时间:
200
帧数:
101
重缩放时间
当前时间:
81

图 8-121　时间长度

0
10
20
30
40
50
60
70
80
90
100
110
120

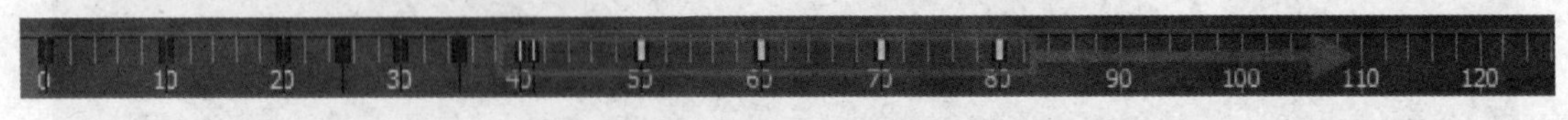

图 8-122　拖动关键帧

再将下面时间轴中的各个关键帧逐个或者框选选中平稳地拖移到 200 帧的时间轴上，如图 8-123 所示。

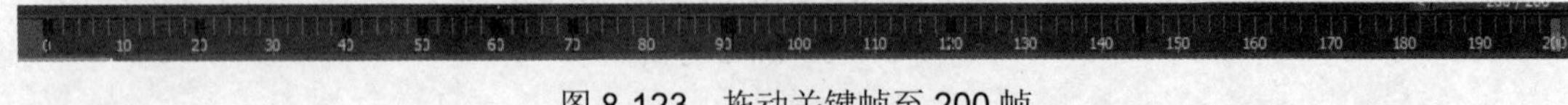

图 8-123　拖动关键帧至 200 帧

不再修改设置的话，3ds Max 导出的是单帧的渲染也就是静态的图片，所以要在渲染的选项里进行渲染设置，或者直接按“F10”键进行修改。如图 8-124 所示。

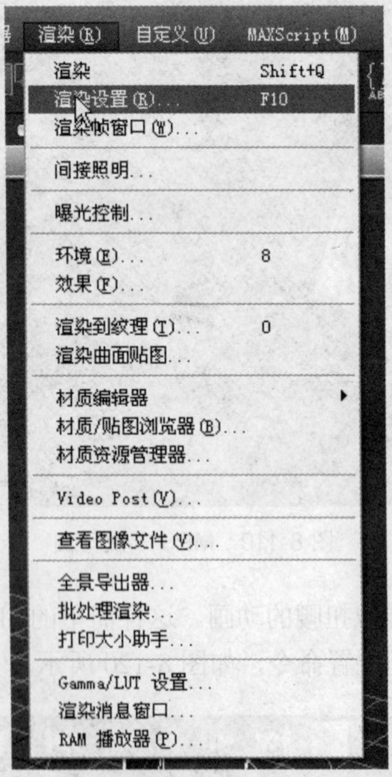

渲染(R)
自定义(U)
MAXScript(M)
渲染　Shift+Q
渲染设置(R)...　F10
渲染帧窗口(W)...
间接照明...
曝光控制...
环境(E)...　8
效果(F)...
渲染到纹理(T)...　0
渲染曲面贴图...
材质编辑器
材质/贴图浏览器(B)...
材质资源管理器...
Video Post(V)...
查看图像文件(V)...
全景导出器...
批处理渲染...
打印大小助手...
Gamma/LUT 设置...
渲染消息窗口...
RAM 播放器(P)...

图 8-124　修改渲染设置

在公用面板中的公用参数下，将时间输出修改为“活动时间段”，输出大小可以根据个人的要求修改，在输出大小中修改影片的大小，单击保存文件后面的文件按钮，选择要导出的地方，输入将要导出的文件名，要将保存类型选择 AVI 类型，再单击保存。如图 8-125 和图 8-126 所示。

图 8-125　渲染设置

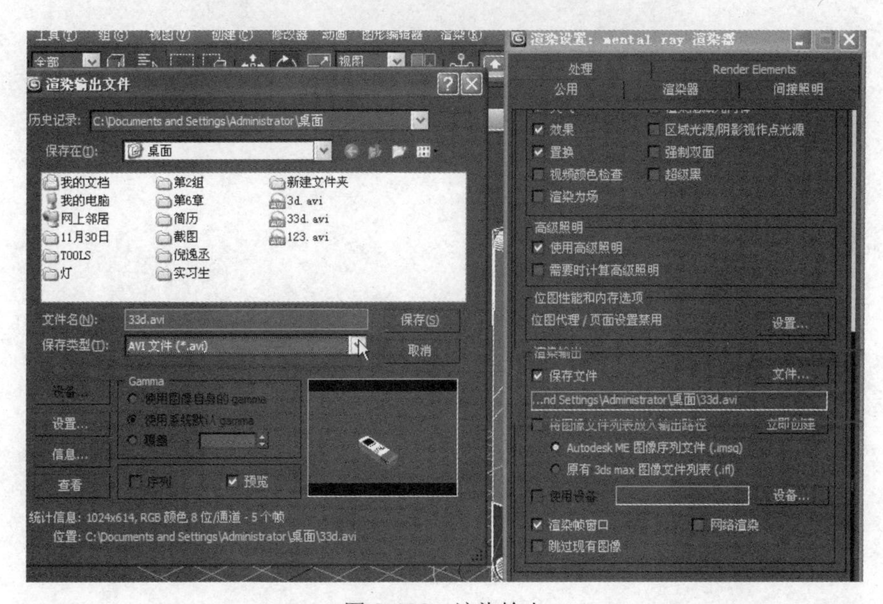

图 8-126　渲染输出

然后单击渲染，等它导出动画即完成整个项目的制作，如图 8-127 所示。

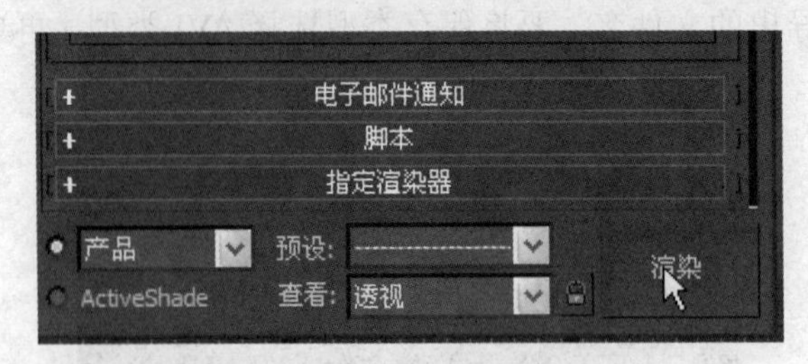

图 8-127　渲染

项目九　刚体动力制作

9.1　刚体动力——柔体

大多数场景中，最基本的物体都属于刚体。刚体指的是形状不会发生变化的物体，如茶杯、桌子和地面等。3ds Max 2011 场景中创建的任何对象都可以指定为刚体，而且刚体不仅可以是单独的几何体，还可以由一个以上的几何体组合在一起成为复合刚体。

reactor 使用实体集合方式来控制物体的属性。物体只有添加到刚体集合中才能有刚体属性，才能设置自身的物理属性，如质量、弹性和摩擦力等，这些物理属性决定着在进行动力学模拟时的动画方式。同时，也可以为刚体添加约束，使用这些约束来控制刚体在动力学模拟时的动画方式。在本节中将介绍刚体属性、复合刚体的创建。

9.1.1　刚体属性

调节刚体属性有两种方法。一种是在工具面板下单击 reactor 按钮，在下方的 + 属性 卷展栏中进行调节；另一种是在 reactor 工具栏中单击打开属性编辑器按钮，调出一个用于调节刚体属性的浮动面板，如图 9-1 所示。在实际的应用中，通常都会选择第二种方法，因为这种方法更加方便，不用在各个面板之间来回切换。

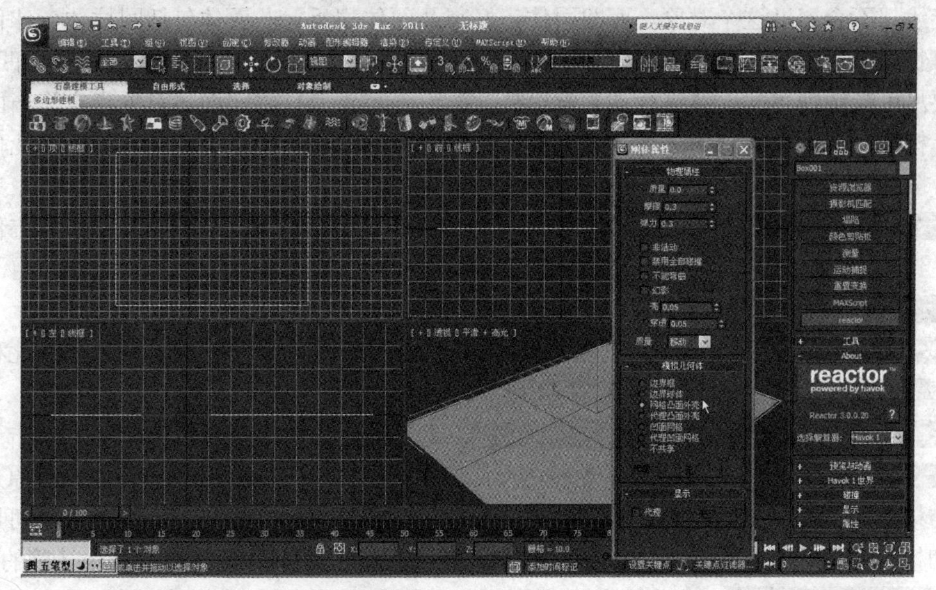

图 9-1　reactor 工具栏

调节刚体属性主要从两个方面进行调节。在刚体属性浮动面板中分为两个卷展栏，分别是 - 物理属性 和 - 模拟几何体 。 显示 卷展栏则是用于指定在实时预览窗口中进行模拟时显示刚体的方式。如图 9-2 所示。

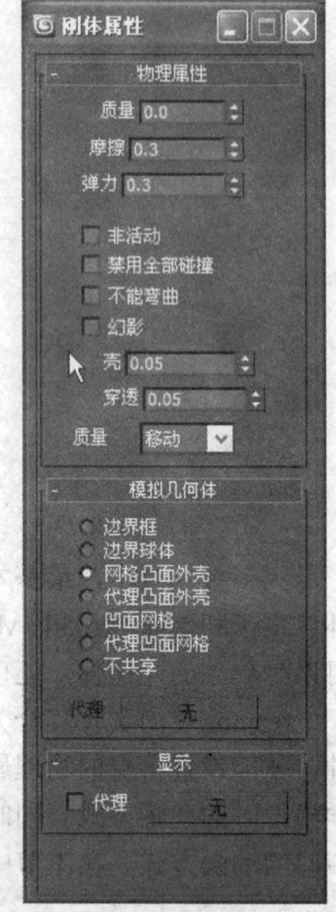

图 9-2　刚体属性

- 物理属性 ：用于为刚体指定物体属性，如质量、摩擦力和弹力等。

质量 0.0 ：用于设置刚体的质量，当该值为 0 时，对象将在模拟过程中保持空间上的固定，即使其他对象可以与它碰撞，也无法影响它的位置。

摩擦 0.3 ：对象表面的摩擦系数，会影响刚体相对于其接触表面的移动平滑程度。

弹力 0.3 ：用于控制碰撞对刚体速度的影响。

非活动 ：勾选该选项后，在模拟过程中对象为非活动状态，除非受到其他对象的交互作用才会进行模拟。

禁用全部碰撞 ：勾选该选项后，该刚体不计算与其他对象的碰撞，与其相碰撞的对象会互相穿透，但是该对象会受到重力、风和马达等作用力的影响。

不能弯曲 ：勾选该选项后，刚体可以与其他刚体发生碰撞并不影响其他刚体的运动或外形，但是运动是原有的动画设置，而不会受到动力学的影响，reactor 也不会为其创建关键帧。

幻影 ：勾选该选项后，产生的效果与勾选 禁用全部碰撞 一样不会计算与其他对象的碰撞效果，不同在于勾选 幻影 会记录下刚体与其他刚体发生碰撞时的信息，这些信息可以用来作为动画的触发条件。

- 模拟几何体 ：用于指定对象在进行动力学模拟时使用何种几何外形进行模拟，这里需要重点理解的概念是凸面体和凹面体的区别。所谓凸面体是指在该对象的任意两点之间的连接线都不会穿过这个对象，而凹面体正好与凸面体相反。凸面体包括圆柱体、球体和立方体等物体；凹面体包括圆环、茶壶等物体。从计算速度上来说，凸面体要远远快于凹面体，所以要尽可能地使用凸面体进行动力学模拟，并且 reactor 允许将凹面体对象指定为凸面体对象进行模拟，这样在计算速度上会大大提高。同时，reactor 也提供了其他几种模拟几何体的选项，分别是边界框和边界球体。

边界框 ：使用长方体作为物体的外框进行碰撞测试，将对象作为长方体进行模拟，该长方体是使用对象的边界框构造成的。

边界球体 ：使用紧密对齐物体最外边界的球体作为碰撞测试的物体。

网格凸面外壳 ：根据当前物体的外形，使用一个凸面体外壳来包裹物体，此种方式比 边界框 和 边界球体 更加精确一些，也是 reactor 默认的方式。

代理凸面外壳 、 代理凹面网格 ：选择其中任何一个选项时，需要单击下方的 代理 无 在场景中拾取另外一个物体，reactor 将使用拾取的物体作为外壳来代替原来的物体参与模拟测试。这种方式使用非常方便，当参与动力学模拟的物体过于复杂时，便可以制作一个和模拟外形类似但更为简单的物体作为外壳，参与动力学模拟，这样会加快计算的速度。

凹面网格 ：用对象的实际网格进行模拟，这种方式所得到的模拟效果最接近真实物体，但是计算速度较慢。

不共享：该选项仅在选择多个设置不同的刚体物体时候才会显示。

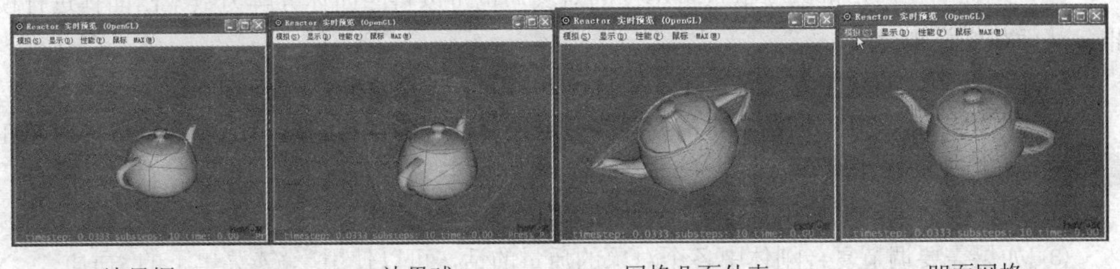

边界框　　边界球　　网格凸面外壳　　凹面网格

图 9-3　碰撞测试的不同形式

“显示”卷展栏用于指定在实时预览窗口中进行模拟时显示刚体的方式，实际参与动力学的茶壶面数较多，但是在实时预览窗口中显示的则是拾取的一个低面数茶壶，这样可以加快交互显示的速度。

了解刚体的基本属性之后，就需要将一个物体指定为刚体。在 reactor 的工具栏上单击刚体集合的图标，在视口中单击创建即可。进入修改面板即可将需要指定为刚体的对象添加到刚体集合中。如图 9-4 所示。

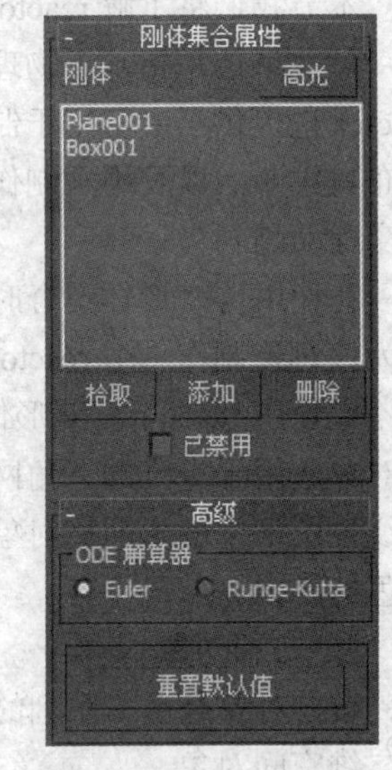

图 9-4　刚体集合属性面板

- 刚体集合属性：用于将场景中的对象添加到刚体集合中，从而使对象的刚体属性能够参与到 reactor 动力学模拟中。

高光：单击该按钮，会在视口中将刚体集合列表中的对象高亮显示一次。

刚体：列出当前位置刚体集合中的对象名称。

拾取：单击该按钮可以在视口中拾取对象添加到刚体集合中。

添加：使用该按钮可以将场景中的一个或多个对象添加到集合中。单击该按钮可以打开选择刚体对话框，在提供的列表中进行选择，然后按选择按钮，便可将对象添加到集合中。

删除：单击该按钮可以将在刚体集合列表中选定的对象从集合中删除。

已禁用：启用时，不会将集合与其包含的对象添加到动力学模拟中。

- 高级：卷展栏用于修改刚体的解算方式。

ODE 解算器：提供了两种刚体解算的方式，分别是 Euler 欧拉和 Runge-Kutta 龙格-库塔。欧拉是最简单快速的计算方式，不适合计算复杂的场景；龙格-库塔则是一种更加精确的解算方式，适合于复杂的场景，当使用了约束或将布料绑定到物体上时，建议使用龙格-库塔解算方式。

重置默认值：将刚体集合的设置还原为默认值。

9.1.2　创建复合刚体

reactor 可以将多个对象组合起来创建一个复杂的刚体，也就是复合刚体。复合刚体中每个单独的对象都有自身的质量，这些对象的质量之和为复合刚体的质量。在 - 物理属性 卷展栏中可以为复合刚体指定弹性和摩擦力，但是无法指定整体质量。

复合刚体的作用是可以模拟重量不一的对象，也可以将凹面体分解为数个凸面体进行模拟，从而加快模拟速度。

创建复合刚体的操作方式是运用 3ds Max 2011 的 组(G)，操作方法如下。

① 在 3ds Max 2011 场景中将需要成为复合刚体的对象成组。成组的方式是选择对象在 组(G) 菜单栏下选择 成组(G) 。

② 创建刚体集合，使用 添加 工具将组添加到刚体集合中。

③ 如果需要调节复合刚体中各个对象的质量的话，可以使用 组(G) 菜单下的 打开(O) ，然后逐一选择物体，在 - 物理属性 卷展栏下调节 质量 0.0 ；如果需要调节复合刚体的弹性和摩擦力的话，可以直接在组未打开的情况下进入 - 物理属性 卷展栏中进行调节即可。

9.1.3 可变形体介绍

本节我们将了解 reactor 可变形体的类型及可变形体的具体使用方法。

可变形体是指基于物理属性的能够产生几何变形的物体，如软体、布料、绳索等。同时，reactor 也提供了专门用于制作可变形体的集合，如用来制作软球的软体集合，用来制作床单的布料集合，以及用来制作绳子的绳索集合，这些用来模拟可变形体的对象还可以与刚体产生交互动画。

在使用可变形体集合时，必须先为该对象指定特定的修改器，如在制作布料时，需要首先为该对象制作一个 reactor 布料修改器，接下来才能将其添加到布料集合中。

在使用 reactor 可变形体时，需要注意的是每种可变形体都用于处理比较特殊的对象。布料对象适用于二维的三角网格。软体对象适用于三维的闭合三角网格。绳索对象适用于一维的线性图形。变形网格对象是较为特殊的一个集合，适用于顶点已经设置了动画的网格，如角色的肌肉。

1. 布料对象

布料对象是由一系列的二维三角网格组成的，可以用来模拟桌布、床单、蹦床和其他一些二维空间对象。

图 9-5 cloth 属性面板

布料对象的创建分为两个步骤，首先为对象添加 reactor 布料修改器，然后将该对象添加到布料集合。

① 布料集合。

布料集合的面板与刚体集合的面板极为相似，如图 9-5 所示。

Cloth 实体 布料实体：在下方的列表中列出作为布料对象的物体名称。单击 高光 按钮会在视口中将列表中的对象高亮显示一次，使用 拾取 和 添加 工具可以添加物体到布料集合中，使用 删除 工具可以将布料集合中的对象删除。

内部步数 3 ：在模拟布料时由于过程比较复杂，所以通常情况下需要设置更高的步数来提高布料模拟的稳定性。模拟布料如果出现了严重的炸开现象，可以提高该值。

② Reactor Cloth reactor 布料修改器。

Reactor Cloth Reactor 布料修改器提供了关于布料对象的参数，这些参数决定了布料对象的物理属性和模拟计算结果，如图 9-6 和图 9-7 所示。

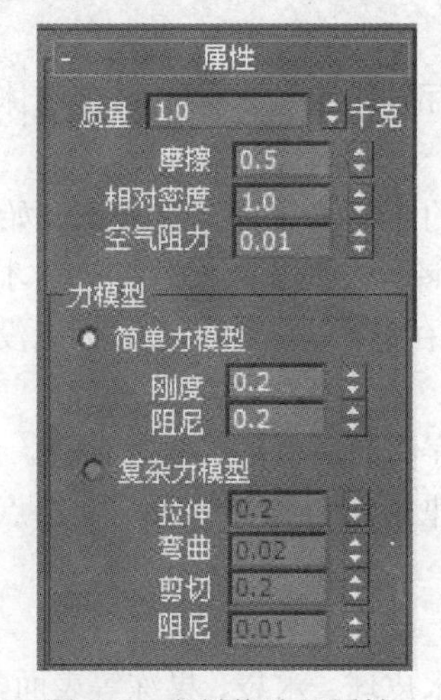

图 9-6 布料修改器属性

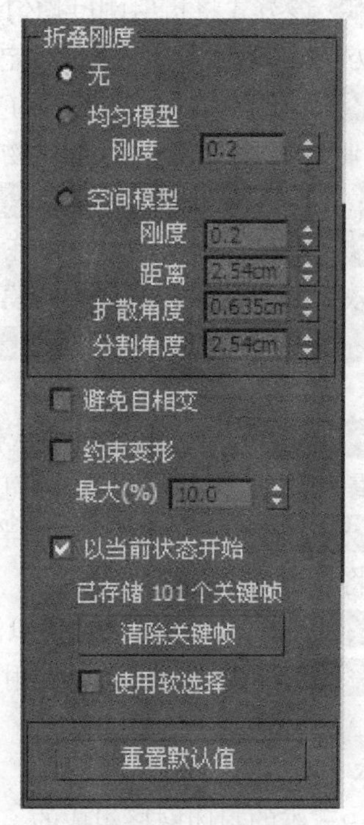

图 9-7 折叠刚度

质量 1.0 千克：设置布料物体的质量，单位是千克。

摩擦 0.5：设置布料物体表面的摩擦系数。

相对密度 1.0：因为布料没有体积，无法计算布料的密度，所以采用相对密度。默认值为 1，等于水的密度。仅当要使布料在水中漂浮或浸泡时，该值才会起到作用。

空气阻力 0.01：相当于布料物体移动时与空气摩擦所产生的阻尼系数，取值范围是 0～1，值为 1 时产生最大的阻力效果。

力模型：reactor 提供了两种模拟布料的方式，一种为简单力模型，另一种为复杂力模型。简单力模型为默认作用方式，如果需要更加精确的模拟布料运动，可以选择复杂力模型作用方式，但是这种方式会耗费过多的系统资源。

简单力模型：可以较好地应用于大多数的场景，模拟的速度较快而且占用的资源相对较少，控制的参数只有刚度 0.2 和阻尼 0.2。刚度用于控制布料对象的刚度，取值范围是 0～1；阻尼用于控制布料对象摆动的阻力大小，它可控制布料散开时改变外形的速度。

复杂力模型：该方式可以更加精确地模拟布料对象的动力学效果，模拟的速度较慢而且占用的资源相对较多，控制的参数也要多一些，包括拉伸 0.2、弯曲 0.02、剪切 0.2 和阻尼 0.01。拉伸用于控制布料拉伸的阻力，弯曲用于控制布料弯曲的阻力，剪切用于控制布料剪切的阻力，阻尼用于控制布料对象摆动的阻力大小，它可控制布料散开时改变外形的速度。

折叠刚度：这是专用于指定布料刚度属性的参数，可以控制折叠时受到的阻尼，从而影响布料的折叠效果。通过设置下面的参数可以模拟出类似于棉布、亚麻甚至金属薄片的效果。

无：该项是默认设置，此时的布料没有任何折叠刚度，适用于类似于丝绸般柔软的布料。

均匀模型：该方式将折射刚度均匀地指定给布料的整个表面，而不考虑布料表面的拓扑。可以通过下方的刚度 0.2 来设定布料的刚度。

空间模型：该方式提供了更多的参数可供调节，这些参数可以控制折叠刚度的方式和效果，对于制作衣服等复杂的布料物体非常适合。其提供的参数包括刚度 0.2、距离 2.54cm、扩散角度 0.635cm 和分割角度 2.54cm。

避免自相交：勾选该项，可确保在模拟时布料物体自身不穿插。勾选该项可以产生更加逼真的布料效果，但是会耗费更长的模拟时间。

约束变形：勾选该项，可以通过最大(%) 10.0 百分比参数来调节布料物体伸展变形的程度。

以当前状态开始：勾选该项，将从修改器中存储的布料物体的当前状态开始模拟，否则将使用物体最初的状态开始模拟，只有当布料对象存储了关键帧数据时，该项才有效。

已存储 101 个关键帧：该项用于显示当前布料物体中存储的关键帧数量，如果没有任何关键帧数据，则将显示为无关键帧存储。

清除关键帧：单击该按钮可以清除布料物体存储的所有的关键帧信息。

使用软选择：勾选该项，可以启用软选择方式来平滑布料物体的关键帧顶点和模拟顶点之间的变换。

2. 软体

软体是由三维的封闭网格组成的，可以用来模拟水皮球、水袋、果冻等表面柔软的物体。模拟软体的方法有两种，一种是基于网格的顶点，另一种是使用自由变形。在使用自由变形这种方式来进行软体模拟时，需要为其添加自由变形修改器。

在模拟软体时也分为两个步骤，首先是为物体添加 Reactor 软体，然后是将该物体添加到软体集合。

① 软体集合。

软体集合与布料集合参数相同，可参见布料集合的讲解。

② reactor 软体修改器。

Reactor 软体软体修改器提供了关于软体物体的参数，这些参数决定了软体物体的物理属性和模拟计算结果，如图 9-8 所示。

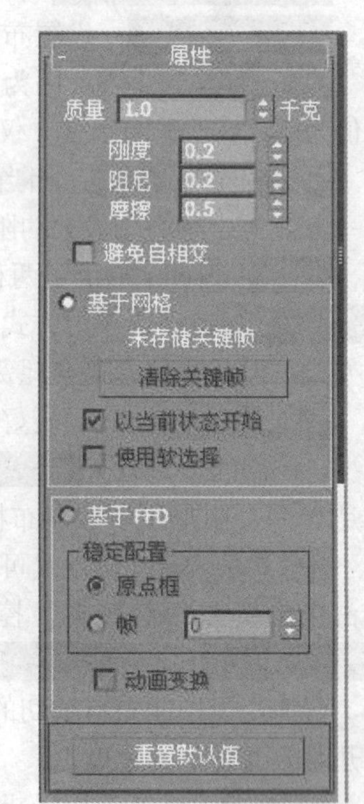

图 9-8　软体修改器

质量 1.0 千克：用于设置软体的质量，该参数会影响到软体与其他对象碰撞时的效果，与水进行交互时的漂浮效果，以及使用附加到刚体方式约束到其他刚体时软体的伸缩程度。

刚度 0.2：用于设置软体的刚度，值越大软体越不容易变形。

阻尼 0.2：用于设置软体变形时的阻力系数，数值越大软体在进行伸缩变形时的效果越粘稠。

摩擦 0.5：用于设置软体表面的摩擦系数。

避免自相交：勾选该项，可确保在模拟时软体自身不穿插，可以产生更加逼真的软体效果，但是会耗费更长的模拟时间。

基于网格：选择该项时，计算软体变形的方式为基于对象的网格。

未存储关键帧：该项用于显示当前软体对象中存储的关键帧数量，如果没有任何关键帧数据，则显示为无关键帧存储。

清除关键帧：单击该按钮可以清除软体对象存储的所有关键帧信息。

以当前状态开始：勾选该项，将从修改器中存储的软体对象的当前状态开始模拟，否则将使用对象最初的状态开始模拟。只有当软体对象存储了关键帧数据时，该项才有效。

使用软选择：勾选该项，可以启用软选择方式来平滑软体物体的关键帧顶点和模拟顶点之间的变换。

基于 FFD：选择该项时，计算软体变形的方式为基于自由变形修改器。

稳定配置：通过下方的原点框和帧两个选项来指定软体的初始稳定状态，软体在发生碰撞变形时总是趋向于恢复到稳定状态。选择为原点框时，稳定配置为未调整过的自由变形网格；选择为帧时，可以指定某一帧的形态作为稳定形状。

动画变换动画变换：勾选该项，可以解决自由变形修改器产生的异常情况。

9.1.4　绳索

绳索是二维对象构成的，可以用来模拟绳索和头发等。

在模拟绳索时分为两个步骤，首先是为对象添加 Reactor 绳索 修改器，然后是将该对象添加到绳索集合。

① 软体集合。

绳索集合与布料集合参数相同，可参见布料集合的讲解。

② Reactor 绳索 绳索修改器。

Reactor 绳索 绳索修改器提供了关于绳索的参数，这些参数决定了绳索物体的物理属性和模拟计算结果，如图 9-9 所示。绳索修改器中许多参数与布料修改器和软体修改器的相同，这里不再赘述，重点讲解 Reactor 绳索 修改器所特有的属性。

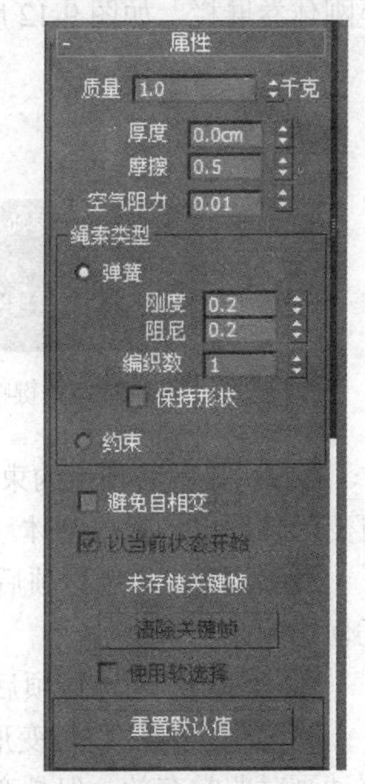

图 9-9　绳索修改器

厚度 0.0cm：二维图形本身并没有厚度，通过该参数可以设置绳索的厚度，这样绳索物体才具有体积，才能受到风力等外力的作用。

绳索类型：有两种绳索的类型可供选择，分别是 弹簧 和 约束。

弹簧：reactor 默认的方式，可以通过调节下方的参数来控制绳索伸缩的程度。

约束：该方式为较为简单的模拟方式，耗费的系统资源也较少，使用该方式模拟的绳索刚性较大，也无可供调节的参数。

在 reactor 刚体中时，通过创建约束对象将两个刚体约束在一起，从而使刚体之间的运动产生限制的效果。在可变形体的约束中则不需要另外创建约束对象，每个可变形体的修改器都含有一个约束卷展栏，在这个卷展栏中就可以轻松地创建出变形体的约束效果。如图 9-10 所示。

图 9-10　可变形体约束面板

固定顶点：可以将变形体中的顶点固定到世界空间中的当前位置。

关键帧顶点：使用该约束可以使变形体的所选顶点跟随其当前动画。使用关键帧顶点约束之后，会多出一个关键帧卷展栏，如图 9-11 所示。

使用当前存储的关键点：勾选该项时，选定顶点的动画将使用 reactor 修改器中存储的关键帧；不勾选该项时，这些顶点的动画将使用 reactor 修改器应用之前的关键帧，而忽略 reactor 修改器中存储的关键帧信息。

附加至刚体：可以使可变形体对象的部分顶点约束到刚体上，从而跟随刚体进行运动，其他的顶点则按照动力学计算的方式进行运动。使用附加至刚体约束之后，会多出一个附加至刚体卷展栏，如图 9-12 所示。

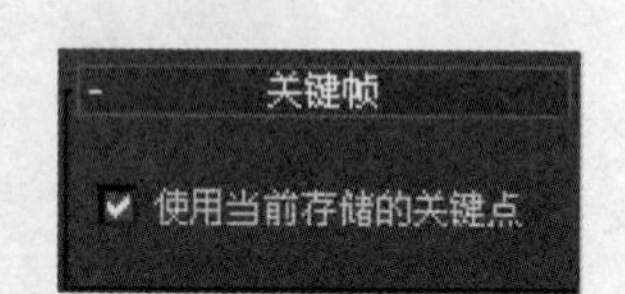

图 9-11　关键帧卷展栏

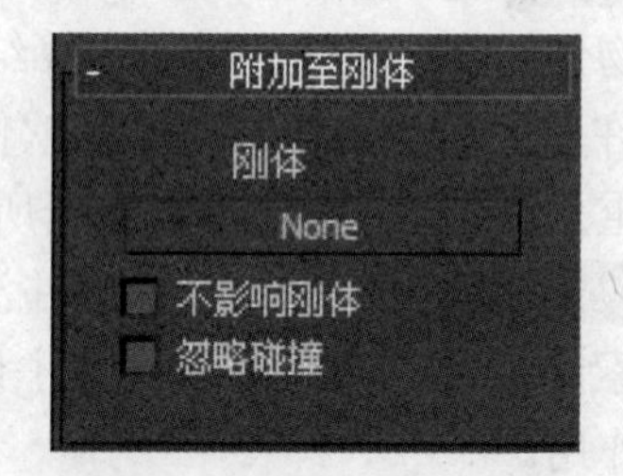

图 9-12　附加至刚体卷展栏

刚体：显示将顶点约束到刚体的名称，单击下方的 None 按钮可以在场景中拾取可变形体约束到目标刚体。

不影响刚体：勾选该项后，可变形体将会跟随刚体进行运动，但是不会对刚体的运动产生任何影响。

忽略碰撞：勾选该项后，将不计算刚体和可变形体之间的碰撞。

附加至变形网格：将可变形体对象的部分顶点附加到变形网格上。这个功能在制作角色穿衣服动画时非常有效，但是变形网格对象的变形必须添加到变形网格集合中才有效。

9.2　刚体动力——粒子

粒子系统是相对来说比较独立的一个特殊模块，它可以用来模拟大量细小物质的效果，如雨雪、灰尘、爆炸和火焰等，还能够将场景中创建的任何对象作为粒子，制作群组动画。例如，蒲公英的飘散、鸟群的起飞等。在 3ds Max 6 之前的版本中，主要使用的是非事件驱动型粒子系统，然而在 3ds Max 6 之后的版本中，新加了一种比较高级的事件驱动型粒子系统——粒子流。这种更加高级的粒子系统可以自定义粒子的行为，设置粒子的寿命、碰撞、旋转和速度等测试条件，使 3ds Max 2011 的粒子系统在功能上得到了质的飞跃。本章主要讲解粒子系统的组成部分，使读者能准确判断各种粒子系统所擅长表现的效果。

9.2.1　不同的粒子系统

单击→→粒子系统，打开粒子系统，如图 9-13 所示。它一共包含 7 种粒子类型，分别是PF Source粒子流、喷射、雪、暴风雪、粒子云、粒子阵列、超级喷射。

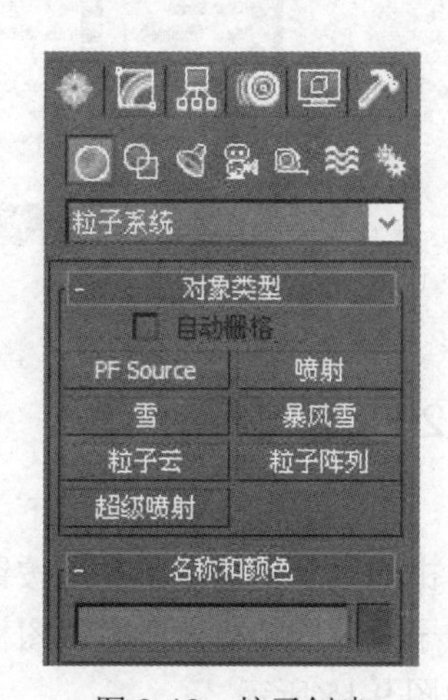

图 9-13　粒子创建

粒子系统通过组织所有的粒子对象为一个可控制的实体，通过修改单个的参数来影响所有对象。一个粒子是很小而且简单的对象，通过大量复制创建出雨雪、尘土、火焰等特殊效果，7 种不同类型的粒子可以任意改变他们的数量、大小、材质和运动。

粒子流：一种功能强大的粒子系统，操作方式不同于传统的粒子，而是使用子视图的特殊对话框来进行事件驱动操作的。如图 9-14 所示。在粒子视图中可以指定粒子的属性。

喷射：喷射粒子发射的是垂直运动的粒子效果。粒子的外形可以是锥形四面体，也可以是四方形面片，可以用来模拟水滴、下雨、水管喷水和喷泉等效果。

雪：与喷射非常类似，只是雪的外形可以选择为六角形面片，还提供了翻滚参数，可以用来模拟雪花、彩纸等效果。

暴风雪：从一个平面向外发射的粒子系统，可以认为它是一个增强的雪效果，除了包含雪粒子系统的基本属性之外，还可以调节粒子的外形、旋转等属性。常用来制作暴风雨、暴风雪效果。

粒子云：限制所有产生的粒子到确定的空间中，空间的外形可以设置为长方体、圆柱体或球形，也可以为任意指定的分布对象。空间的粒子可以为任意形态，通常用来制作成群的飞鸟、昆虫和人群等效果。

粒子阵列：以场景中的三维物体作为分布对象，从该物体的表面向外进行粒子的发射，可以设置粒子类型为碎片，通常与粒子爆炸空间扭曲配合使用来制作物体喷发和爆炸等效果。

超级喷射：从一个点向外发射粒子流，更像是喷射粒子系统的增强版本，常用来制作飞机喷气、瀑布、喷泉等效果。

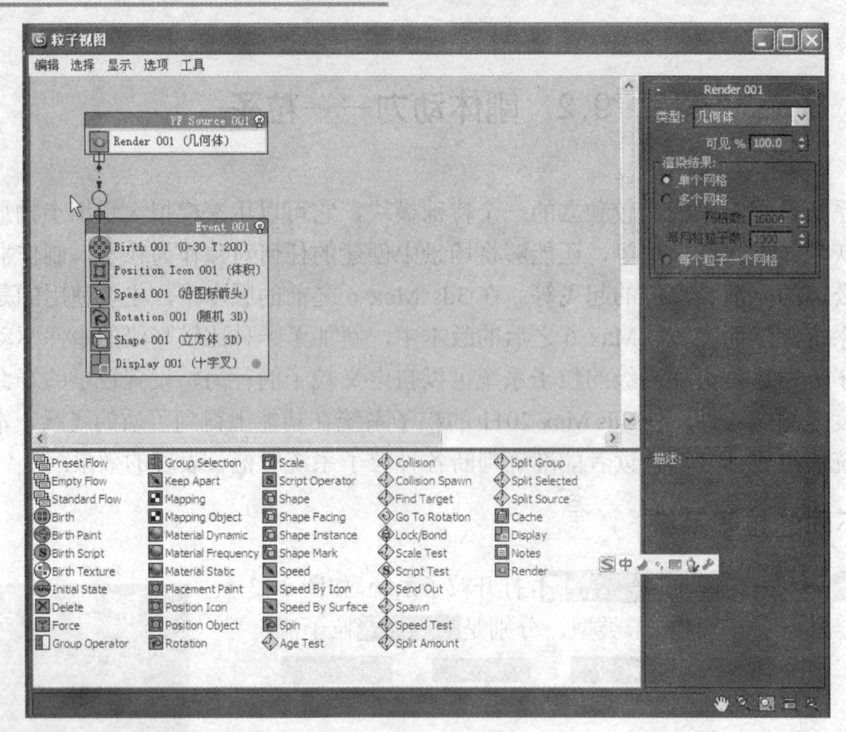

图 9-14 粒子视图

9.2.2 创建粒子系统

单击几何体图标，下方列表中选择粒子系统，将显示出所有的粒子类型按钮。单击需要创建的粒子类型按钮，鼠标左键按下的状态下在视图中拖曳即可创建出相应类型的粒子发射器图标。发射器图标看起来像一个平面或球体的图符，用来定义粒子的发射位置。如图 9-15 所示。

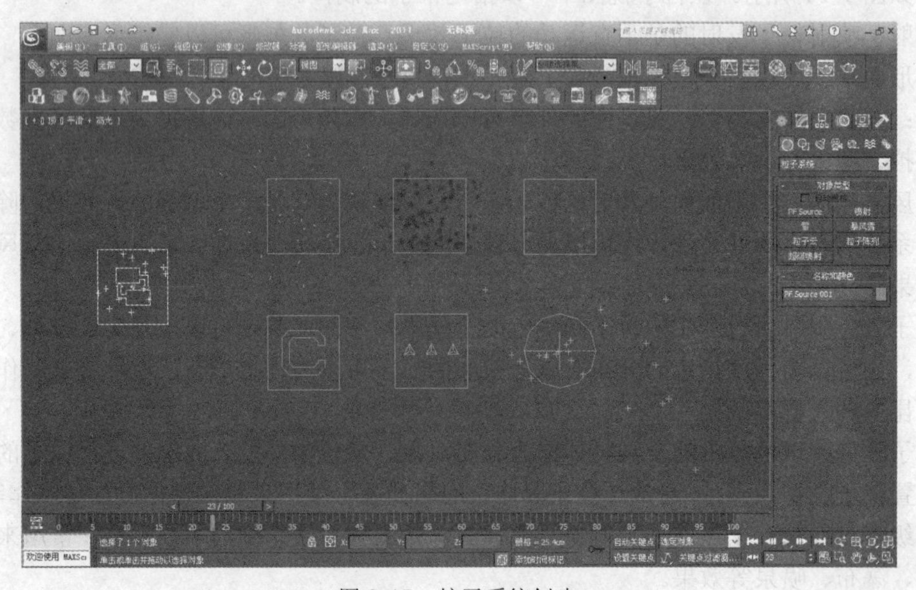

图 9-15 粒子系统创建

这些图符可以进行变换操作，如移动、旋转和缩放，选择发射器图标可以改变粒子发射的方向，每种粒子类型的发射器图标根据相应的参数进行调整，如 粒子云 可以选择场景中的对象作为发射器，也可以设置为球体发射器或圆柱体发射器。

当创建一个粒子类型的图标后，可以在创建面板中设置参数，后续的参数调节需在修改面板中进行。“喷射”和“雪”只有一个参数卷展栏，其他粒子类型则有多重卷展栏，详细请查阅“3ds Max 2011 白金手册”。在参数卷展栏中设置粒子的数量、形状、大小及运动方式等。 PF Source 粒子流在视图中创建后，按下快捷键“6”可以打开其特有的粒子视图进行设置。要想给粒子应用材质，只需将设置好的材质指定给发射器图标即可。

在使用粒子系统制作案例时，不仅仅是使用到粒子系统中的对象，还需要配合其他部分使用，常用的有以下 4 种。

① 粒子支持 3ds Max 2011 中的大部分材质，同时还配有专用于制作粒子效果的贴图，分别是粒子年龄和粒子运动模糊。

② 制作粒子效果时经常配合空间扭曲中的力或导向板一起使用，这可以对粒子产生重力、风力和爆炸等效果。

③ 在表现粒子高速运动时经常会使用到对象模糊和场景模糊。

④ 配合视频合成器可以制作出特殊的合成效果，如发光、模糊和光晕等效果。

9.2.3　喷射粒子设置

“喷射”可以模拟水滴下落效果，如下雨、喷泉等。在命令面板中单击几何体图标，然后在下方列表中选择 粒子系统 ，单击 喷射 按钮。

在顶视图中拖曳创建一个喷射粒子发射器图标，拖动时间滑块，可以看到从发射器喷射出的粒子，如图 9-16 所示。

喷射粒子的参数，如图 9-17 所示，下面进行详细解释。

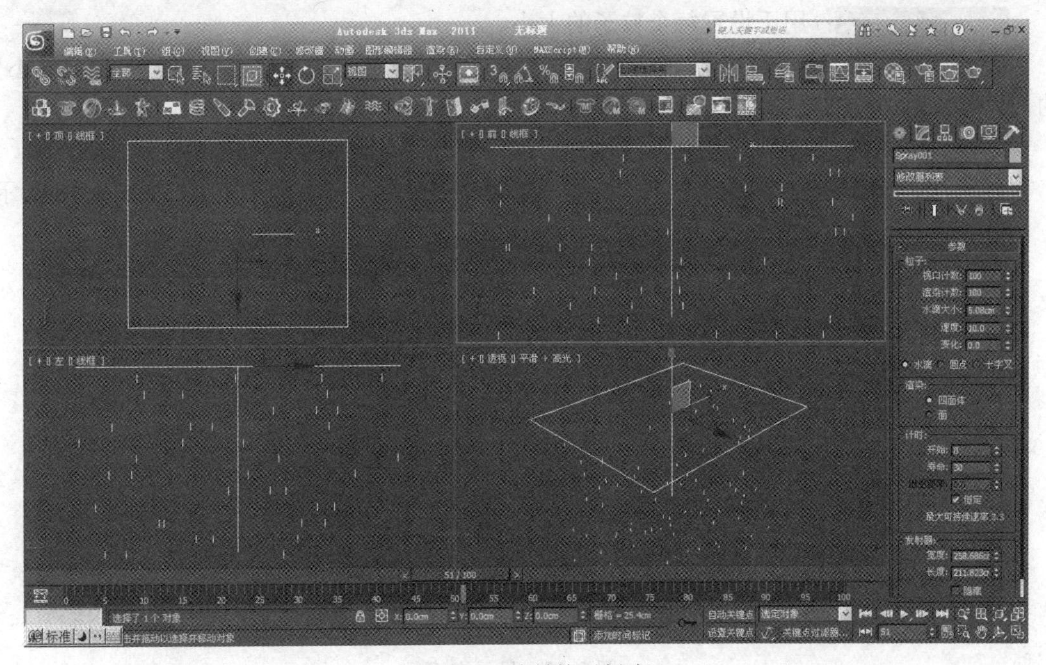

图 9-16　喷射粒子创建

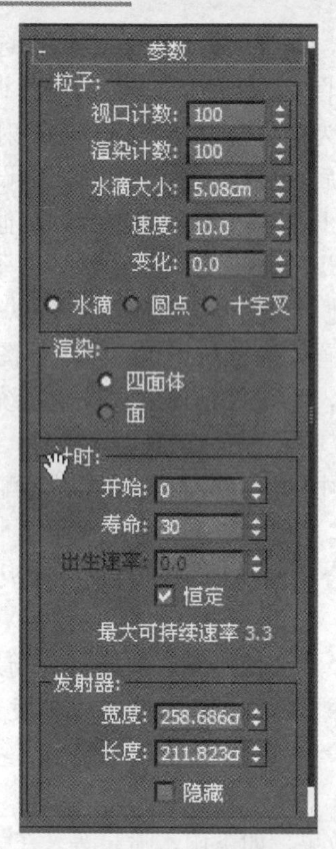

图 9-17　喷射参数

粒子参数组主要用于调节粒子的数量、大小及速度等基本属性。

视口计数: 100：用于设置视口中显示粒子的数量，数量过多会降低显示速度。

渲染计数: 100：用于设置的渲染时可以同时出现在同一帧中的粒子数量。

水滴大小: 5.08cm：用于设置每个粒子的大小。

速度: 10.0：用于设置每个粒子从发射器发射出来时的初始速度。该速度是匀速不变的，只有使用了空间扭曲中的力，粒子的速度才会发生变化。

变化: 0.0：影响粒子的初始速度和方向，数值越大，粒子喷射的范围越大。

显示方式：粒子在视口中有 3 种显示方式，分别是水滴、圆点和十字叉。如图 9-18 所示。

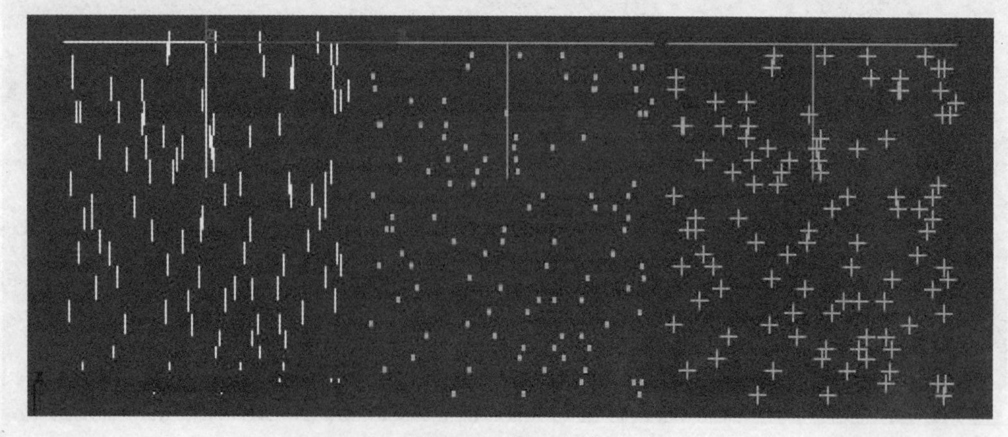

图 9-18　显示方式

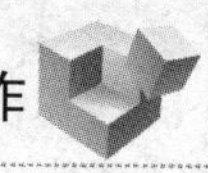

渲染参数组主要用于控制粒子最终在渲染视图中的显示方式。

四面体：以锥形四面体作为粒子的外形进行渲染，常用来表现水滴效果。

面：以四方形面片作为粒子的外形进行渲染，常配合透明贴图一起使用。

计时：该参数组用于控制粒子生成和消亡的速度。

开始: 0：设置粒子从发射器发射出来的开始帧数，设置为负值表示动画还没有开始播放，粒子已经发射。

寿命: 30：设置每个粒子在视图中存在（从出生到消亡）的帧数。

出生速率: 0.0：设置每帧所产生的粒子数量。

恒定：勾选该项会禁用“出生速率”，可以产生连续不间断的粒子运动效果。

发射器：发射器参数组用于指定粒子喷出的范围和方向。调节粒子的发射位置和范围，也可以进行移动、缩放、旋转等变换操作。

宽度: 258.686cr、长度: 211.823cr：用于设置发射器的宽度和长度，相同粒子数目发射器的面积越大，粒子越稀疏。

隐藏：勾选该项将隐藏发射器。

参考文献

[1] 豆豆．朱峰社区带你走近 Greeble【DB/OL】．2011[2011-10-25]．http://www.zf3d.com./news.asp?Id=6520.

[2] 芯蕾．3dsMax 插件入门教学之 Afterburn【DB/OL】．2007[2007-6-29]．http://www.s2design.com/html/200706/design 200762994705.shtml.